KRIEGSSCHIFFE UND FLUGZEUGTRÄGER

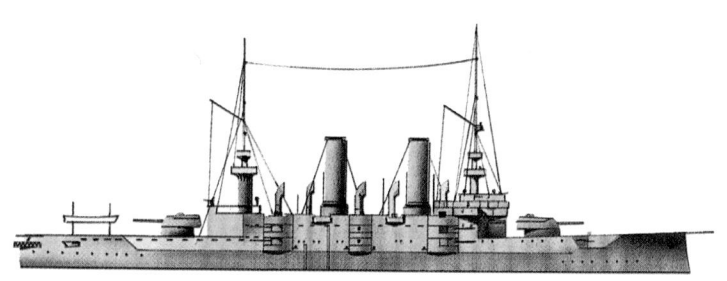

STEVE CRAWFORD

KRIEGSSCHIFFE UND FLUGZEUGTRÄGER

GONDROM

Lizenzausgabe für Gondrom Verlag GmbH, Bindlach 2000
© Brown Packaging Books Ltd., 1999
Farbtafeln © Instituto Geografico De Agostini S.p.A., 1999
und © Aerospace Publishing 1999

Bearbeitung und Koordination der deutschen Ausgabe:
akapit Verlagsservice, Berlin – Saarbrücken
Übersetzung: Martin Köbele (akapit Verlagsservice)

ISBN 3-8112-1737-2

Bildnachweise:

Alle Bilder von TRH und Istituto Geografico De Agostini S.p.A., außer die von Aerospace
Publishing auf den Seiten 16, 27, 39, 45, 58, 93, 186, 203, 204, 207, 229, 241, 254, 258, 269,
279, 281 und die von Bob Garwood auf den Seiten 50, 126

Covervorderseite: *Ammiraglio di Saint Bon, Aquila, America, Ark Royal*
Coverrückseite: *Henri Grace à Dieu*

Inhalt

Einführung

Kriegsschiffe und Flugzeugträger sind nicht nur die größten und leistungs-stärksten Schiffe der Marine eines jeden Landes, sie gelten auch als Aushängeschild für die Stärke einer maritimen Streitkraft. In diesem Buch wird eine große Vielzahl an Typen und Größen von Schiffen dargestellt: vom Küstenverteidigungsschiff aus dem 19. Jahrhundert, wie der preußischen *Arminius,* bis zum riesigen, atomar angetriebenen Flugzeugträger der Neuzeit, zu denen etwa die USS *Enterprise* der US-Marine gehört.

Alle in diesem Buch dargestellten Schiffe wurden für den Einsatz im Kampf gebaut. Die Motivation der Erbauer war stets, durch technische Innovationen dem eigenen Schiff im Kampfeinsatz Vorteile über den Gegner zu verschaffen. Was in den 1850er Jahren mit dem Einbau von Dampfmaschinen in hölzerne Dreidecker wie der französischen *Bretagne* begann, führte nur 40 Jahre später zu großkalibrigen Kriegsschiffen wie etwa Japans riesigem Panzerschiffgiganten *Yamato* aus dem 2. Weltkrieg, dessen Hauptgeschütztürme mehr wogen als die *Bretagne* unter vollen Segeln. Schiffe wie die *Yamato* sind der Urtyp des großen Kriegsschiffs, aber auch die kleineren Schiffe vergangener Jahrhunderte werden als Großkampfschiffe klassifiziert. Der Leser sollte also wissen, dass ein „Schlachtschiff" als großes, schwer gepanzertes und mit großkalibrigen Kanonen ausgestattetes Schiff

Oben: Moderne Großkampfschiffe, wie der atomar angetriebene Flugzeugträger USS George Washington, *transportieren Luftstreitkräfte in entlegene Gebiete.*

Oben: Das amerikanische Kriegsschiff USS Iowa
feuert eine Breitseite ihrer 40,6-mm-Geschütze.

definiert ist. So war die *Ark Royal* zu Zeiten der Königin Elisabeth I. von England vor rund 400 Jahren ein typisches Schlachtschiff; 200 Jahre später galt wiederum die *Stonewall* im Amerikanischen Bürgerkrieg als ein Schlachtschiff der konföderierten Streitkräfte.

Die logische Weiterentwicklung wird bei vielen Schiffen in diesem Buch deutlich. Die *Agincourt* von 1862 hatte z.B. ihre Kanonen ebenso an der Breitseite wie 300 Jahre zuvor die *Ark Royal*. Sie hatte zwar eine Dampfmaschine, verließ sich aber auf See immer noch auf ihre Segel. Ihre Panzerung bestand aus eisernen Platten, die auf dickerem Holz befestigt waren, und das machte sie tatsächlich zu einem „Panzerschiff" im wahrsten Sinne des Wortes. Wie viele Schiffe ihrer Zeit war sie mit geriffelten Hinterladern ausgestattet, die genauer trafen und eine größere Reichweite hatten als die alten glattläufigen Vorderlader. Ihre Kanonen konnten auch Explosivladungen abfeuern. Die von den Franzosen in den 1840ern perfektionierten Waffen bewiesen ihre Kraft 1853 in der Schlacht von Sinope zwischen Russland und der Türkei.

Der Bedrohung durch effektivere Kanonen und Munition wurde durch eine bessere Panzerung begegnet. Die französische *Gloire* von 1859 hatte vor ihrer 650 mm dicken, hölzernen Hülle, die knapp unterhalb der Wasserlinie bis zum Oberdeck reichte, einen breiten eisernen Gürtel. Holz wurde jedoch immer seltener. Die *Warrior*, die im folgenden Jahr für die britische Marine vom Stapel lief, war das erste Schiff mit einer eisernen Hülle. Sie deklassierte die *Gloire* mit vier 70-Pfünder- und zehn 110-Pfünder-Kanonen geradezu und galt als das mächtigste Kriegsschiff der Welt – allerdings nicht sehr lange.

Ein Offizier der britischen Marine mit Namen Cowper Coles schrieb 1861 an die Admiralität, er könne die *Warrior* mit einem von ihm entworfenen, halb so teuren und mit der Hälfte der *Warrior*-Besatzung bemannten Schiff in nur einer Stunde kampfunfähig machen und überwältigen. Sein Geheimnis war der Geschützturm. Die Admiralität nahm Cowper Coles Vorschlag an. Die *Prince Albert* lief 1864 vom Stapel und bewies das Potential ihres Geschützturms damit, dass die Kanonen wesentlich schneller auf Ziele ausgerichtet werden konnten als bei jedem Schiff mit starr eingebauten Kanonen. Dennoch konnte sie bezüglich ihrer Seetüchtigkeit nicht mit der *Warrior* mithalten, da sie zu leicht getakelt und ihre Dampfmaschine zu schwach für das Gewicht der gepanzerten Hülle sowie der jeweils 112 Tonnen schweren, von Hand hergestellten gepanzerten Türme war.

Unentwegt setzte Cowper Coles mit der 1869 gebauten *Captain* seine Versuche fort, die Seetauglichkeit eines Kriegsschiffs mit Geschütztürmen zu beweisen. Die Türme des voll aufgetakelten Schiffs waren nur wenig über dem Wasser, damit die Masten nicht im Weg standen. Leider machte sie das seeuntauglich, und so kenterte sie während ihrer Erprobung in einem Sturm, bei dem fast die ganze Mannschaft und Cowper Coles umkamen.

DER SIEGESZUG VON KRIEGSSCHIFFEN MIT GESCHÜTZTÜRMEN

In den frühen 1870er Jahren hatten sich die gepanzerten Kriegsschiffe mit Türmen im Kampf als tauglich erwiesen. So besiegte die *Monitor* der US-Navy – während des Amerikanischen Bürgerkrieges 1862 – die CSS *Virginia* in der ersten Schlacht vollständig gepanzerter, dampfangetriebener Schiffe. Als die *Monitor* nach Ende des Kanonenduells in flachen Küstengewässern versuchte, auf die offene See hinauszufahren, teilte sie das Schicksal der *Captain* – sie sank bei stürmischem Wetter. Es schien, als seien solche Entwürfe auf den Einsatz in der Küstenverteidigung begrenzt.

Kein Rückschlag konnte den Ehrgeiz der Schiffsplaner der Werften und der Marine vieler Länder bremsen. Die Vorteile eines dampfgetriebenen, gepanzerten Kriegsschiffs mit riesigen Kanonen lagen klar auf der Hand, waren aber bei der Herstellung problematisch. Ein Schiff benötigte zur Verteidigung eine ausreichende Panzerung, zur Erzeugung einer guten Geschwindigkeit bei hohem Gewicht eine Hülle, welche die nötigen Maschinen tragen konnte, und zum Angriff Kanonen, die denen des Gegners zumindestens ebenbürtig waren. Diese Herausforderung an die Technik führte in den 1870er und 1880er Jahren zu einer Vielzahl von Schiffsentwürfen.

Die Platzierung der Kanonen und Geschütztürme in Schiffen war bis in die Mitte der 1870er Jahre, als die meisten Großkampfschiffe noch volle Takelage und Masten hatten, ein besonderes Problem. Die Kanonen mussten ausreichend geschützt, aber dennoch weit genug über der Wasserlinie sein, um nicht zu fluten und das Schiff zum Sinken zu bringen. Einige Schiffe wie die türkische *Lutfi Djelil* hatten verstellbare Schanzwerke, um den Türmen ein freies Schussfeld zu geben, andere wie die französische *Caiman* besaßen Barbetten und erhöhte gepanzerte Schanzen. Eine andere Lösung – die Hauptbewaffnung mittschiffs in einer zentralen Batterie – hatte man bei Frankreichs massivem Schlachtschiff *Dévastation* gefunden.

Der Rammsporn

Ein charakteristisches Merkmal der meisten hochseetauglichen Großkampfschiffe dieser Zeit war der Rammsporn. Die Schiffsbauarchitekten wurden darin vom Kampf um Lissa 1886 beeinflusst, bei dem das italienische Schlachtschiff *Re d'Italia* gerammt und versenkt wurde. Obwohl die größten Seekanonen eine Reichweite von mehr als 2.750 m hatten, sahen viele das Schicksal der *Re d'Italia* als Beweis an, Rammen als wichtige Seetaktik einzusetzen, zu der eine eiserne Hülle gut geeignet war. In den nächsten 30 Jahren sollten Kriegsschiffe nun einen meißelähnlichen Rammsporn haben. Einige wie der Kaper *Stonewall* der konföderierten US-Streitkräfte wurden ausdrücklich als Ramme gebaut.

Diese Zeit experimenteller Kriegsschiffentwürfe konnte jedoch nicht ewig weitergehen. Keine Flotte konnte in See stechen, wenn jedes Schiff von anderer Bauweise war, unterschiedliche Segelmerkmale und Kanonen unterschiedlichsten Kalibers hatte. 1889 zog die britische Admiralität einen Schlussstrich unter diese Praxis und bestellte eine völlig neue Flotte von 70 Schiffen (einschließlich acht erstklassiger Standardschlachtschiffe). Das Großkampfschiff dieser Flotte war die *Royal Sovereign* von 1892. Die Panzerplatten ihrer Hülle waren bis zu 450 mm dick, ihre Kanonen hatten ein Kaliber von 343 mm. Beide waren aus Stahl. Obwohl sie eine Wasserverdrängung von fast 16.000 Tonnen hatte, war sie bis zu 16 Knoten schnell.

So begann die Ära großkalibriger Kriegsschiffe, deren Produktion gewaltige Kosten verursachte. Die Ausgaben für die Marine Großbritanniens stiegen während der 1890er Jahre um 290 Prozent, so dass am Ende des Jahrzehnts jedes neue Kriegsschiff der Royal Navy fast 1,5 Millionen Pfund kostete. Solche Überlegungen verlangsamten den Bau der Kriegsschiffe

Oben: Das britische Kriegsschiff HMS Warspite *war eines der wichtigsten Schiffe der Royal Navy und nahm an vielen Entscheidungskämpfen in beiden Weltkriegen teil.*

jedoch nicht. Die Welt erlebte das erste Wettrüsten in großem Stil. Jedes Industrieland – und auch viele andere Länder – sah seine eigene Marine als Zeichen von Stärke und Selbstbewusstsein an. Dieser Konkurrenzgedanke war auch bei den Deutschen und den Amerikanern besonders ausgeprägt, die für ihre Marine jeweils doppelt so viel wie die Briten ausgaben, um mit diesen gleichzuziehen.

Die Briten hatten das Wettrüsten begonnen und wollten natürlich auf keinen Fall riskieren, ihre Vorherrschaft auf See zu verlieren. Damit folgte die Rüstungsindustrie den Richtlinien der offiziellen Politik („Zwei-Mächte-Standard"). Dennoch sollte die britische Marine größer sein als die Seestreitkräfte der beiden größten potentiellen Gegner zusammengerechnet. 1906 lief die HMS *Dreadnought* vom Stapel – ein Schiff, das jede technische Errungenschaft von neuen Dampfturbinenmotoren bis zu elektrisch gelenkten Türmen in sich vereinte. Die *Dreadnought* ließ jedes andere Schlachtschiff der Welt als altmodisch erscheinen – einschließlich den Schiffen der eigenen Marine – und war Namensgeber für eine völlig neue Klasse von Kriegsschiffen.

Die Zeit der *Dreadnought* als Nummer eins der Kriegsschiffe hielt ähnlich wie bei vielen früheren Spitzenschiffen nicht lange an. 1908 baute die britische Marine so genannte „Super-Dreadnoughts" wie die *Iron Duke*, die über 8.000 Tonnen wogen.

Die Zukunft des Großschlachtschiffs schien in immer größeren Schiffen zu liegen, deren Kanonen ein immer größeres Kaliber hatten. In den Jahren vor dem 1. Weltkrieg begann man jedoch Fragen über die Zukunft des Schlachtschiffs zu stellen. Während man das technische Ergebnis feierte, machten sich viele, u.a. auch hohe Offiziere der britischen Marine, Gedanken über den Nutzen dieser riesigen, schwimmenden Waffenbatterien im Kampf.

Deutschland und einige andere Länder stiegen aus dem Wettrüsten aus und begannen, andere Kriegsschiffe, wie z.B. den Kreuzer, zu entwickeln. Diese Schiffe wurden zum schnellen Aufbringen von Handelsschiffen entworfen. Aus dieser Entwicklung stammten die großen deutschen Kaperschiffe wie die *Scharnhorst* und die *Bismarck*. Deutschland begann auch, in eine Flotte von Torpedo-Unterseebooten zu investieren.

DIE ERSTEN FLUGZEUGTRÄGER

Letztendlich machten aber die Kampfflugzeuge die konventionellen Schlachtschiffe überflüssig. Die Amerikaner begannen daran zu arbeiten, ein Flugzeug von einem Kriegsschiff zu starten. Im Januar 1911 landete schließlich Leutnant Theodore G. Ellyson einen Doppeldecker auf dem umgebauten Deck des Kreuzers *Pennsylvania*.

Im 1. Weltkrieg wurden Flugzeuge ausschließlich zur Aufklärung und zum Ausmachen von Zielen verwendet. Ihre offensiven Fähigkeiten beim Kampfeinsatz auf See wurden jedoch erst in den 1920er Jahren entdeckt. Pioniere wie der amerikanische Brigadegeneral Billy Mitchell bewiesen, dass Schiffe durch Luftbombardements zerstört werden konnten. Bei Tests versenkte sein Flugzeug 1921 das deutsche Schlachtschiff *Ostfriesland*, dies allerdings erst im Laufe von zwei Angriffstagen und mit 19 Bombentreffern. Die US-Marine war jedoch überzeugt, und so wurde 1922 ihr erster Flugzeugträger, die *Langley,* fertig gestellt. Vier Jahre später nahmen die Pläne für speziell entworfene Flugzeugträger bereits Gestalt an.

Trotz dieser Neuentwicklungen glaubten die Traditionalisten während der 20er und 30er Jahre nach wie vor an den Nutzen von Schlachtschiffen, obwohl deren Bau durch internationale Abrüstungsverträge zwischen 1921 und 1930 eingestellt wurde. Nach 1930 wurde die Produktion durch die Einführung eines beschränkten Gesamtgewichts für Kampfschiffe weiterhin erschwert.

Zu Beginn des 2. Weltkriegs waren Schlachtschiffe wie die japanische *Haruna* und die HMS *Nelson* der Royal Navy noch immer die mächtigsten, von Menschenhand hergestellten Waffen. Bis 1942 ließ jedoch die moderne Kriegsführung diesen Typ bedeutungslos werden. Flugzeugüberfälle auf Taranto und Pearl Harbor, das Versenken der *Prince of Wales* und der *Repulse* vor Malaysia, die Angriffe im Mittelmeer auf die britischen *Barham, Warspite, Queen Elizabeth* und *Valiant* bewiesen, dass Schlacht-

Oben: Das angewinkelte Deck der russischen Kiew-Trägerklasse ist für kurze Starts und Landungen geeignet.

schiffe auf die Luftraumkontrolle über ihnen angewiesen waren. Der alte Kampfstil konnte zwar noch einige Erfolge erringen, z.B. das Versenken der *Haruna* durch die USS *Washington* vor dem Guadalcanal, aber es war klar, dass Schlachtschiffe am besten für Küstenbombardements oder als Standort von Flugabwehrkanonen geeignet waren. Der Flugzeugträger wurde zum Großkampfschiff. Der bisherige Höhepunkt des Flugzeugträgerbaus ist die Trägerkampfgruppe der US-Navy, die jeweils aus einem oder zwei Trägern besteht, von denen jeder ein Geschwader zu je neun Flugzeugstaffeln (von F/A-18- und F-14-Kampfjets bis zu SH-60-Hubschraubern) einsetzen kann. Dennoch benötigen die Träger Begleitschutz: Kreuzer und Zerstörer mit Lenkraketen, Zerstörer und Fregatten gegen U-Boote und sogar Atom-U-Boote – ein Zeichen für die Verwundbarkeit des Großkampfschiffs.

Admiral Graf Spee

Durch den Versailler Vertrag von 1919 war die deutsche Marine auf eine Höchstverdrängung von 10.000 Tonnen verpflichtet. Deshalb produzierte man ein klug entworfenes Schlachtschiff. Viel Gewicht wurde durch die elektrischen Schweißnähte und die leichten Legierungen für die Hülle eingespart. Die *Admiral Graf Spee* und ihre beiden Schwesterschiffe, die *Admiral Scheer* und die *Deutschland,* sollten in erster Linie Handelskaper sein. Das Schiff wurde vor Montevideo (Uruguay) nach dem Kampf am Rio de la Plata mit den drei britischen Kreuzern *Exeter, Ajax* und *Achilles* im Dezember 1939 versenkt. Offiziell wurde das Schiff von den Deutschen als „Panzerschiff" eingestuft, auch wenn es im allgemeinen Sprachgebrauch als „Westentaschen"-Schlachtschiff bezeichnet wurde. Streng genommen ist keiner der beiden Namen richtig, denn das Schiff war technisch gesehen eigentlich ein sehr starker Panzerkreuzer.

Herkunftsland:	Deutschland
Besatzung:	926
Gewicht:	10.160 t
Maße:	186 m x 20,6 m x 7,2 m
Reichweite:	37.040 km (20.000 nm) bei 15 Knoten
Panzerung:	76-mm Gürtel, 140–76 mm an Türmen, 38 mm auf Deck
Bewaffnung:	sechs 279-mm-, acht 150-mm-Kanonen
Motorisierung:	acht MAN-Dieselmotoren, zwei Wellen
Leistung:	26 Knoten

Affondatore

Der mit mit einer Eisenhülle versehene Schoner *Affondatore* hatte eine ausgeprägte eiserne Ramme und zwei Türme, die vom britischen Marinekapitän Cowper Coles entwickelt wurden. In der Schlacht von Lissa im Juli 1866 war die *Affondatore* das Flaggschiff der Flotte des Admirals Persano. Danach blieb sie noch weitere 41 Jahre im Einsatz der italienischen Marine. Diese Schlacht war der Höhepunkt der italienisch-österreichischen Rivalität in der Adria und stellte die einzige Flottenaktion der Ironclad-Ära dar. Die Taktik des österreichen Admirals Tegetthof stützte sich wegen der Schwäche seiner Artillerie (Kanonen von Krupp waren nicht geliefert worden, da sich Österreich und Preußen zu dieser Zeit bekriegten) auf die Ramme. Als sein Flaggschiff *Ferdinand Max* die *Re d'Italia* rammte, wurde die Ramme sofort zur bevorzugten Waffe vieler Seekommandanten. Dieses Denken war jedoch ein Trugschluss, da das italienische Schiff in Wahrheit durch einen Schuss ins Ruder bewegungsunfähig gemacht wurde.

Herkunftsland:	Italien
Besatzung:	460
Gewicht:	4.070 t
Maße:	93,9 m x 12 m x 6,3 m
Reichweite:	2.779 km (1.500 nm) bei 10 Knoten
Panzerung:	127-mm-Gürtel, 127 mm an den Türmen
Bewaffnung:	zwei geriffelte 254-mm-Vorderlader-Kanonen (MLR)
Motorisierung:	eine Schraube, horizontale Verbundmotoren
Leistung:	12 Knoten

Agamemnon

Die *Agamemnon* gehörte zur Lord-Nelson-Klasse, den letzten Vorgängermodellen der Dreadnoughts Großbritanniens. Der Bau des 1904 entworfenen Schiffs fiel zeitlich mit dem der HMS *Dreadnought* zusammen. So wurde die Fertigstellung der Agamemnon bis 1908 verschoben. Zu dieser Zeit hatte die *Dreadnought* bereits Geschichte geschrieben, und daher war die Lord-Nelson-Klasse eigentlich schon bei ihrer Einführung veraltet. Die durch ihre große Sekundärbewaffnung gekennzeichnete Klasse, welche sich erheblich von den großen Waffen der Dreadnoughts unterschied, war zu ihrer Zeit bekannt für ihr französisches Aussehen mit den hohen Aufbauten und den niedrigen, unterschiedlich hohen Schornsteinen. Während des 1. Weltkriegs befand sich die *Agamemnon* im östlichen Mittelmeer und wurde bei den Dardanellen eingesetzt. Während dieser Operationen wurde sie mehr als 60-mal getroffen. Am 15. Mai 1916 schossen ihre Kanoniere den Zeppelin L85 bei Saloniki ab.

Herkunftsland:	Großbritannien
Besatzung:	810
Gewicht:	16.347 t
Maße:	124 m x 135 m x 24 m
Reichweite:	17.000 km (9.180 nm) bei 10 Knoten
Panzerung:	304–203-mm-Gürtel, 178–304 mm Aufbau und Türme
Bewaffnung:	vier 304-mm-, zehn 234-mm- sowie 24 12-Pfünder-Kanonen, fünf Torpedorohre
Motorisierung:	4-Zylinder-Motor, Zwillingswelle
Leistung:	18 Knoten

Agincourt

Die *Agincourt* wurde so gebaut, dass sich ihre Kanonen alle in einer langen, gepanzerten Batterie befanden, während sich ihre beiden Schwesterschiffe *Northumberland* und *Minotaur* dadurch auszeichneten, dass sie die längsten mit einer einzigen Schraube gebauten Kriegsschiffe waren. Die *Agincourt* war auch eines der letzten britischen Schiffe, das mit Vorderladerkanonen ausgestattet war, die in den 1860er Jahren durch Hinterlader ersetzt wurden. Die *Agincourt* und ihre beiden Schwesterschiffe hatten jeweils fünf Masten und zwei Schornsteine. Während ihres Einsatzes diente die *Minotaur* als Flaggschiff; die *Northumberland* war mit den neuen 203-mm-Kanonen ausgerüstet und hatte eine geringere Seitenpanzerung. Die *Agincourt* wurde ursprünglich als HMS *Captain* geplant. Nach ihrer Abzahlung wurde sie als Schulschiff verwendet. Ab 1908 kam sie als Kohlenhulk in Sheerness zum Einsatz. Erst 1960 wurde die *Agincourt* abgewrackt.

Herkunftsland:	Großbritannien
Besatzung:	800
Gewicht:	10.812 t (voll ausgerüstet)
Maße:	124 m x 18,2 m x 85 m
Reichweite:	5.067 km (2.825 nm) bei 10 Knoten
Panzerung:	127-mm-Gürtel und Geschütze mit 254 mm Holzverstärkung
Bewaffnung:	vier 229-mm-Kanonen und 24 geriffelte 178-mm-Vorderlader-Kanonen
Motorisierung:	2-Zylinder-Motor, eine Welle
Leistung:	14,8 Knoten

Agincourt

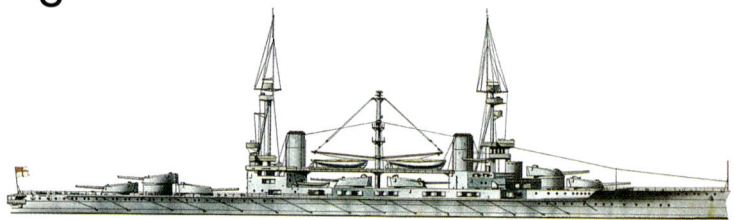

Ursprünglich wurde die *Agincourt* von der brasilianischen Regierung in Großbritannien bestellt und hieß bei ihrem Stapellauf *Rio de Janeiro*. Es stellte sich aber heraus, dass sich die Brasilianer das Schiff nicht leisten konnten, und so wurde sie als *Sultan Osman I* in die Türkei verkauft, jedoch nie ausgeliefert. Die Royal Navy eignete sich das im August 1914 fertig gestellte Schiff zum Kriegseinsatz an und nannte es in *Agincourt* um. Das Schiff zeichnete sich nicht zuletzt durch seine Länge und die starke Hauptbewaffnung mit 14 304-mm-Kanonen auf sieben Zwillingstürmen aus. Das große Gewicht schwächte jedoch die Hülle, die an sich schon relativ ungeschützt war. Dennoch galt die *Agincourt* damals als gutes Seeschiff. Ihr dreifüßiger Mast wurde 1917 auf einen Flaggenmast reduziert und später ganz entfernt. Nach dem 1. Weltkrieg wurde die *Agincourt* erfolglos zum Verkauf nach Brasilien angeboten und schließlich 1920 verschrottet.

Herkunftsland:	Großbritannien
Besatzung:	1.270
Gewicht:	27.940 t
Maße:	204,7 m x 27,1 m x 8,2 m
Reichweite:	8.100 km (4.500 nm) bei 12 Knoten
Panzerung:	229–102-mm-Gürtel, 152 mm an den Schotten
Bewaffnung:	vierzehn 304-mm-, zwanzig 152-mm-, zehn 76-mm-Kanonen
Motorisierung:	Turbinen mit vier Wellen
Leistung:	22 Knoten

Akagi

Die *Akagi* wurde als 41.820-Tonnen-Kampfkreuzer entwickelt, aber das Washingtoner Flottenabkommen von 1922 zwang Japan dazu, das Flottenbauprogramm einzuschränken. So wurde das im Bau befindliche Schiff noch verändert. Die ursprünglich zum Transport von bis zu 60 Flugzeugen gebaute *Akagi* wurde so umgebaut, dass sie schwerere Flugzeuge befördern konnte und über mehr leichte Kanonen verfügte. Danach hatte sie drei Flugdecks nach vorn, keine Insel, aber zwei Schornsteine steuerbord, von denen einer nach oben ging und der andere nach außen und unten. Während ihres Umbaus (1935–1938) wurden die zwei unteren Flugdecks entfernt und das oberste Flugdeck bis zum Bug verlängert. Eine Insel auf der Backbordseite kam hinzu. Die *Akagi* führte den japanischen Flugzeugträgerangriff auf Pearl Harbor am 7. Dezember 1941 an. Sieben Monate später wurde sie allerdings durch Sturzbomber der US-Marine bei der Entscheidungsschlacht von Midway zerstört.

Herkunftsland:	Japan
Besatzung:	2.000
Gewicht:	29.580 t
Maße:	249 m x 30,5 m x 8,1 m
Reichweite:	14.800 km (8.000 nm) bei 14 Knoten
Panzerung:	152-mm-Gürtel
Bewaffnung:	zehn 203-mm-, zwölf 119-mm-Kanonen, 91 Flugzeuge
Motorisierung:	Turbinen mit vier Antriebswellen
Leistung:	32,5 Knoten

Almirante Cochrane

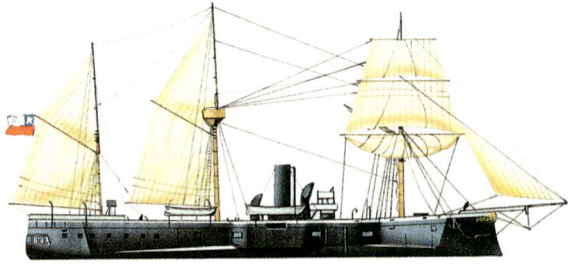

Die *Almirante Cochrane*, deren Kanonen sich in einem gepanzerten Gehäuse befanden, und ihr Schwesterschiff *Blanco Encalada* boten bei geringer Verdrängung eine gute Panzerung und eine starke Bewaffnung. Beide Kriegsschiffe nahmen am Krieg mit Peru teil, bei dem sich Chile große Teile der peruanischen Küstenlinie bemächtigte. Die *Blanco Encalada* war das erste Kriegsschiff, das von einem modernen Torpedo versenkt wurde. Die 1874 vom Stapel gelaufene *Almirante Cochrane* bekam ihren Namen zu Ehren des britischen Seeoffiziers Thomas Lord Cochrane (1775–1860), der die chilenische Marine im Unabhängigkeitskrieg befehligte. Im Bürgerkrieg von 1891 kämpfte die *Almirante Cochrane* auf Seite des Kongresses. Bis zu ihrer endgültigen Abwrackung 1934 wurde sie anschließend als Ziel von Torpedo- und Kanonenübungen verwendet.

Herkunftsland:	Chile
Besatzung:	300
Gewicht:	3.631 t
Maße:	64 m x 13,9 m x 6,7 m
Reichweite:	2.223 km (1.200 nm) bei 10 Knoten
Panzerung:	229-mm-Gürtel, 203–152 mm an der zentralen Geschützbatterie
Bewaffnung:	sechs 209-mm-Kanonen
Motorisierung:	horizontaler Verbundmotor mit Zwillingswellen
Leistung:	12,75 Knoten

America

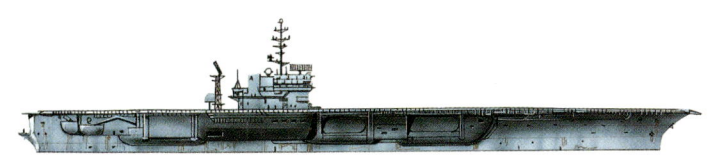

Die Flugzeugträger der Kitty-Hawk-Klasse waren die ersten, die nicht mehr mit konventionellen Waffen bestückt waren, jedoch größere und verbesserte Versionen der früheren *Forrestal*-Klasse sein sollten. Zuerst wurden die *Kitty Hawk* (CV 63) und die *Constellation* (CV 64) gebaut. 1964 erfolgte der Stapellauf der *America* (CV 66), die bereits einige Verbesserungen aufwies, die auf der Betriebserfahrung der Schwesterschiffe basierten. Ihre Maße unterschieden sich leicht von denen ihrer Schwesterschiffe, deren Schornstein breiter war. Die *America* war der erste mit einem integriertem Schlachtinformationszentrum (CIC) ausgerüstete Träger und besitzt auch ein Sonar am Bug. Ein viertes Schiff, die *John F. Kennedy* (CV 67), wurde gebaut, nachdem der US-Kongress 1964 dem Bau eines atomar angetriebenen Schiffes nicht zustimmte. Seither hat sich jedoch die Politik geändert, und so verfügen alle großen US-Träger über einen atomaren Antrieb, so dass die *America* und ihre Schwesterschiffe die größten konventionell angetriebenen Schiffe im aktiven Dienst sind.

Herkunftsland:	USA
Besatzung:	3.306 (+ 1.379 mit Flugzeugbesatzungen)
Gewicht:	81.090 t (voll beladen)
Maße:	324 m x 77 m x 10,7 m
Reichweite:	21.600 km (12.000 nm) bei 12 Knoten
Panzerung:	51-mm-Gürtel
Bewaffnung:	drei Mark-29 Raketenwerfer für NATO Sea Sparrow SAMs, drei 20-mm -Phalanx CIWS (Close-In Weapons System), 90 Flugzeuge
Motorisierung:	vier Turbinen mit Getriebewellen
Leistung:	33 Knoten

Ammiraglio di Saint Bon

Die *Ammiraglio Di Saint Bon* lief 1897 vom Stapel und war ein kompaktes, schwer gepanzertes Schiff und ein gutes Beispiel für die damalige Wichtigkeit der Panzerung. So befanden sich beispielsweise die 152-mm-Kanonen in einer zentralen, gepanzerten Geschützbatterie. Durch Verbesserungen in der Metallurgie gegen Ende des 19. Jahrhunderts wurde die Geschwindigkeit des Schiffs nicht mehr durch ihren soliden Bau beeinträchtigt. Die *Ammiraglio Di Saint Bon* nahm am italienisch-türkischen Krieg teil. 1912 unterstützte sie die italienischen Streitkräfte bei der Besetzung von Tripolis. Im selben Jahr operierte das Schiff auch im Balkankrieg als Unterstützung der italienischen Streitkräfte bei der Besetzung der Insel Rhodos in der Ägäis. Während des 1. Weltkriegs war sie für Operationen in der Adria in Venedig stationiert. Im Juni 1920 wurde die *Ammiraglio Di Saint Bon* schließlich abgewrackt.

Herkunftsland:	Italien
Besatzung:	450
Gewicht:	10.156 t
Maße:	105 m x 21 m x 7,6 m
Reichweite:	3.200 km (2.000 nm) bei 10 Knoten
Panzerung:	254-mm-Stahlplatten
Bewaffnung:	vier 254-mm-, acht 152-mm-Kanonen
Motorisierung:	zwei vertikale Dreifach-Expansionsmaschinen mit 14.000 PS; 12 zylindrische Dampfkessel
Leistung:	18 Knoten

Andrea Doria

Die 1912 geplante und vier Jahre später fertig gestellte *Andrea Doria* und ihr Schwesterschiff *Caio Duilio* wurden zwischen 1937 und 1940 rigoros rekonstruiert, wodurch die Höchstgeschwindigkeit der *Andrea Doria* von 21,5 auf 27 Knoten gesteigert wurde. Zudem erhielten die Türme und die Maschinenräume eine verbesserte Panzerung. Im 1. Weltkrieg operierte sie in der Südadria, und von 1919 an unterstützte sie im Schwarzen Meer die Interventionstruppen in Südrussland, die während des Bürgerkriegs auf der Seite der Royalisten standen. Im 2. Weltkrieg nahm die *Andrea Doria* im Konvoi an mehreren Schlachten und wichtigen Aktionen teil, u.a. an der ersten Schlacht in der Sirte. 1942 wurde die *Andrea Doria* in die Reserve gestellt. Im folgenden Jahr kapitulierte sie vor Malta vor den Briten. Beide Schiffe blieben bis 1958 in Dienst.

Herkunftsland:	Italien
Besatzung:	1.198
Gewicht:	26.115 t
Maße:	176 m x 28 m x 8,8 m
Reichweite:	8.784 km (4.800 nm) bei 10 Knoten (vor ihrem Wiederaufbau)
Panzerung:	229-mm-Gürtel, 229-mm-Türme, 127 mm an den Kanonen
Bewaffnung:	dreizehn 304-mm-, sechzehn 152-mm-Kanonen
Motorisierung:	Zwillingsturbinen mit Antriebswellen
Leistung:	26 Knoten

Appalachian

Die *Appalachian* war eines aus einer Gruppe von Schiffen, die im 2. Weltkrieg sowohl als Hauptquartier als auch zur Kontrolle des Luftraums dienten, insbesondere bei Angriffen auf die von Japanern besetzten Inseln. Im Januar 1945 wurde die *Appalachian* als Hauptquartier der amphibischen Kampfgruppe 3 eingesetzt, die bei den amerikanischen Landungen auf den Philippinen als Unterstützung im Golf von Lingayen operierte. Diese Landungen wurden von japanischen Kamikazepiloten heftig angegriffen, denen es gelang, einen US-Träger zu versenken und andere zu beschädigen. Die *Appalachian* entkam unversehrt. Die auch als AGC.1 bezeichnete *Appalachian* war das erste von 17 amerikanischen Flaggschiffen der Amphibientruppen, die an allen Kriegsschauplätzen eingesetzt wurden. Sie diente 1947 kurze Zeit als Flaggschiff der Pazifikflotte, bevor sie im selben Jahr aus dem aktiven Dienst schied. 1960 wurde sie schließlich abgewrackt.

Herkunftsland:	USA
Besatzung:	507 (+ 368 zusätzliches Personal)
Gewicht:	14.133 t
Maße:	132,6 m x 19,2 m x 7,3 m
Reichweite:	5.560 km (3.000 nm) bei 16 Knoten
Panzerung:	unterschiedlich, abhängig vom Schutz zentraler Punkte
Bewaffnung:	zwei 127-mm-, acht 40-mm-Kanonen
Motorisierung:	eine Turbine mit Einzelwelle
Leistung:	17 Knoten

Aquila

Die *Aquila* war zunächst ein 33.764-Tonnen-Kreuzfahrtschiff mit Namen *Roma*. Sie wurde 1941 von der italienischen Marine zur Umwandlung in den ersten italienischen Flugzeugträger angefordert. Während des 2. Weltkriegs erfuhr sie mehrere Verbesserungen. So wurden z.B. stärkere Maschinen und ein großer zweiter Unterwasserkiel eingebaut, in den zur Steigerung der Stabilität Zement gegossen wurde. Als sie in Genua fast fertig gestellt war, wurde die *Aquila* im September 1943 nach Italiens Kapitulation von den Deutschen konfisziert. Am 19. April 1945 wurde die *Aquila* von den Italienern schwer beschädigt, um ihre Verwendung als Blockadeschiff durch die Deutschen zu verhindern. Das Schiff sollte ursprünglich eine Flugzeugstaffel von 51 Flugzeugen befördern. Ihre Turbinen wurden den unvollendeten Kreuzern *Silla* und *Emilio* entnommen. Die *Aquila* wurde nie auf See eingesetzt und 1951 schließlich abgewrackt.

Herkunftsland:	Italien
Besatzung:	1.165 (+ 24 Luftpersonal)
Gewicht:	28.810 t
Maße:	231,5 m x 29,4 m x 7,3 m
Reichweite:	5.400 km (4.150 nm) bei 18 Knoten
Panzerung:	nicht angebracht
Bewaffnung:	acht 135-mm-Kanonen, 36 Flugzeuge
Motorisierung:	vier Turbinen mit Wellen
Leistung:	32 Knoten

Arapiles

Die *Arapiles* war ursprünglich als hölzerne Fregatte mit Schraube geplant, jedoch schon in den Docks in ein Ironclad mit Breitseite umgebaut. Der Panzergürtel mittschiffs vergrößerte die Verdrängung um mehr als 200 Tonnen. 1873 strandete die *Arapiles* vor Venezuela und wurde zu Reparaturen nach New York gebracht. Der Abtransport fiel in die Krise zwischen Spanien und den USA, die sich durch die Beschlagnahmung des amerikanischen Dampfers *Virginius* durch einen spanischen Kreuzer vor Kuba ergeben hatte. Während dieser Krise verhinderte ein versunkenes Leichterschiff wirksam jeden Fluchtversuch der *Arapiles* vom Trockendock. Der schlechte Zustand ihrer hölzernen Hülle machte es jedoch schließlich unrentabel, Reparaturen daran auszuführen. Der Name des Schiffs war der Schlacht von Salamanca (1812) entnommen, in der der Herzog von Wellington die Franzosen besiegte.

Herkunftsland:	Spanien
Besatzung:	350
Gewicht:	5.791 t
Maße:	85,4 m x 16,5 m
Reichweite:	unbekannt
Panzerung:	121-mm-Eisengürtel
Bewaffnung:	zwei 254-mm-, fünf 203-mm-Kanonen
Motorisierung:	eine 100-PS-Dampfmaschine
Leistung:	12 Knoten

Arizona

Die *Arizona* war wie ihr Schwesterschiff *Pennsylvania* eine verbesserte und vergrößerte Version der *Nevada*-Klasse. Ihre Hauptbewaffnung war in vier Dreifachtürmen untergebracht. Sie lief 1915 vom Stapel und wurde im folgenden Jahr fertig gestellt, jedoch im 1. Weltkrieg nicht eingesetzt. 1941 lief sie in den Pazifik aus, um sich mit der US-Flotte im Stützpunkt auf Pearl Harbor zu vereinigen. Am Morgen des 7. Dezember begannen die Japaner ohne Vorwarnung einen Luftangriff. Eines der ersten getroffenen Schiffe war die *Arizona*. Vermutlich streifte dabei eine Bombe einen ihrer vorderen Türme, wodurch das darunterliegende Magazin explodierte. Das ganze Schiff explodierte und riss mehr als tausend Mann in den Tod. Die Arizona war eines von vier Kriegsschiffen, die in Pearl Harbor versenkt wurden. Ein fünftes Schiff strandete, drei weitere wurden beschädigt. Ihre Überreste stehen noch heute als Kriegsdenkmal im flachen Hafenwasser von Pearl Harbour.

Herkunftsland:	USA
Besatzung:	1.117
Gewicht:	32.045 t
Maße:	185,4 m x 29,6 m x 8,8 m
Reichweite:	14.400 km (8.000 nm) bei 10 Knoten
Panzerung:	343–203-mm-Gürtel, 450–229 mm an den Türmen
Bewaffnung:	zwölf 356-mm-, 22 127-mm-Kanonen
Motorisierung:	vier Turbinen mit Getriebewellen
Leistung:	21 Knoten

Ark Royal

Das ursprünglich *Anne Royal* getaufte und für Sir Walter Raleigh 1587 gebaute Schiff (er wollte sie für sein Kolonisierungsprojekt in Nordamerika verwenden) wurde von Königin Elisabeth I. für 5.000 Pfund gekauft und in *Ark Royal* umbenannt. Die *Ark Royal* war im Kampf gegen die spanische Armada 1588 das Flaggschiff von Lord Howard of Effingham und eines der größten Schiffe der englischen Flotte. Sie hatte zwei Kanonendecks, ein doppeltes Vorderdeck, ein Achterdeck und eine Achterhütte. Sie besaß eine elegante Silhouette und war nicht, wie damals auf solch großen Schiffen üblich, mit Deckaufbauten verbaut. Ihre Bewaffnung reichte von 2,7-kg- bis zu 19-kg-Kanonen. Großbritannien baute unter Heinrich VIII. als erste Nation Galeonen, während Spanien die letzte große Seenation war, die sich ebenfalls dazu entschloss. Die *Ark Royal* verbrannte durch einen Unfall, während sie im Dock lag.

Herkunftsland:	Großbritannien
Besatzung:	340 Segelleute, 268 Kanoniere, 100 Soldaten
Gewicht:	813 t
Maße:	88,7 m x 13,1 m x 7,3 m
Reichweite:	–
Panzerung:	–
Bewaffnung:	55 Kanonen
Motorisierung:	–
Leistung:	–

Ark Royal

Die *Ark Royal* war der erste große, speziell für die Royal Navy konstruierte Flugzeugträger mit einem langen Flugdeck etwa 18 m oberhalb der Wasserlinie (bei voller Beladung). Insgesamt gehörten 60 Flugzeuge zu dem Flugzeugträger, auch wenn niemals so viele transportiert wurden, da diese Last die Kampffähigkeit reduziert hätte. Im 2. Weltkrieg nahm sie am norwegischen Feldzug von 1940 teil. Anschließend wurde sie zu den Kriegsschauplätzen im Mittelmeer verlegt, wo sie sich bei Gibraltar mit der „Force H" vereinigte. Im Mai 1941 torpedierte eines ihrer Swordfish-Flugzeuge das deutsche Schlachtschiff *Bismarck* und zerstörte dabei das Ruder des Kriegsschiffs. Dies führte dazu, dass die *Bismarck* nur wenige Stunden später von der britischen Flotte versenkt werden konnte. Im November 1941 wurde die *Ark Royal* von dem deutschen Unterseeboot *U81* torpediert, wodurch sie 14 Stunden später kenterte.

Herkunftsland:	Großbritannien
Besatzung:	1.580
Gewicht:	28.164 t
Maße:	243,8 m x 28,9 m x 8,5 m
Reichweite:	14.119 km (7.620 nm) bei 20 Knoten
Panzerung:	114-mm-Gürtel, 76-mm-Schotten
Bewaffnung:	sechzehn 114-mm-Kanonen, 60 Flugzeuge
Motorisierung:	Turbinen mit einer dreifachen Getriebewelle
Leistung:	31 Knoten

Armide

Die *Armide* und ihre sechs Schwesterschiffe wurden mit einer zentralen Geschützbatterie zum Dienst auf ausländischen Stützpunkten entwickelt. Größere, zu dieser Zeit im Dienst stehende Schlachtschiffe erwiesen sich als zu kostspielig, um weit von Europa weg gebaut und gewartet zu werden. Damit war die *Armide* das ideale Schiff für Schauplätze, an denen es eher unwahrscheinlich war, auf einen Gegner zu treffen, der stärker als man selbst war. Im französisch-preußischen Krieg 1870 operierte die *Armide* zur Aufrechterhaltung der Seeblockade in der Nord- und Ostsee. Diese Blockade überzeugte die Deutschen übrigens von der Notwendigkeit einer starken, modernen Flotte. 1873 wirkte die *Armide* in einer Zeit der Unruhen in Cartagena an der dortigen Blockade mit. 1887 wurde sie abgewrackt. Die wie eine Barke aufgetakelte *Armide* hatte eine hölzerne Hülle und eine Gesamt-Segelfläche von 1.450 qm. Die Schiffe der *Alma*-Klasse waren mit einem Wendekreis von 330 m sehr beweglich.

Herkunftsland:	Frankreich
Besatzung:	316
Gewicht:	3.569 t
Maße:	70 m x 14 x 7 m
Reichweite:	2.233 km (1.460 nm) bei 10 Knoten
Panzerung:	152-mm-Gürtel, 120 mm an der Geschützbatterie
Bewaffnung:	sechs 193-mm-Kanonen
Motorisierung:	horizontaler Verbund mit einer Getriebewelle
Leistung:	11,9 Knoten

Arminius

In den 1860er Jahren musste sich Preußen gegen Dänemark verteidigen. Da sich Preußen außerstande sah, selbst geeignete Kriegsschiffe zu bauen, wurde die in England gebaute *Arminius* gekauft. Sie lief 1864 vom Stapel und wurde schnell fertig gestellt, kam jedoch zu spät in der Ostsee an, um noch am Krieg gegen Dänemark teilzunehmen. Der Kapitän der Royal Navy, Cowper Coles, entwarf nicht nur die *Arminius* als erstes Schlachtschiff der späteren deutschen Marine, sondern trug auch wesentlich zur Entwicklung des Geschützturms bei. Die *Arminius* wurde bei der Küstenverteidigung eingesetzt und half im französisch-preußischen Krieg von 1870 bei der Elbverteidigung. Im Oktober 1870 wurde sie bei einem Zusammenstoß mit dem Kurierboot *Falke* vor Wilhelmshaven beschädigt. Nach der Reparatur wurde sie als Pionierschulschiff und als Eisbrecher eingesetzt. 1902 wurde sie in Hamburg abgewrackt.

Herkunftsland:	Deutschland
Besatzung:	132
Gewicht:	1.917 t
Maße:	63,2 m x 10,9 m x 4,6 m
Reichweite:	1.853 km (1.000 nm) bei 8 Knoten
Panzerung:	114-mm-Gürtel mit Holzverstärkung
Bewaffnung:	vier 208-mm-Kanonen
Motorisierung:	ein horizontaler 2-Zylinder-Motor mit einer Schraube
Leistung:	11,2 Knoten

Arpad

Die *Arpad* wurde als kleines Schlachtschiff entwickelt, das in der Adria eingesetzt werden sollte. Im Gegensatz zu ihrer guten Panzerung war die Hauptbewaffnung eher schwach. Dennoch stand die Sekundärbewaffnung sicherlich nicht hinter der eines großen Schlachtschiffs der damaligen Zeit zurück. Die *Arpad* war eines der ersten Kriegsschiffe, die sich bei der Bedienung der Hauptbewaffnung, der Hebevorrichtungen und der Ventilatoren stark auf die Elektrizität verließen. Sie gehörte zur *Habsburg*-Klasse der Vorgängermodelle der Dreadnought Schlachtschiffe. Ihren Namen hatte sie von einem ungarischen Nationalhelden, einem Fürsten aus dem 10. Jahrhundert. Der Stapellauf des erst 1903 vollendeten Schiffs erfolgte 1899. Zwischen 1911 und 1912 erlebte die *Arpad* einen Neuaufbau. Bei Ende des 1. Weltkriegs wurde sie als Schulschiff verwendet. 1918 war sie in Pola interniert. 1920 wurde sie schließlich in Italien abgewrackt.

Herkunftsland:	Österreich
Besatzung:	638
Gewicht:	8.965 t
Maße:	114,8 m x 19,9 m x 7,5 m
Reichweite:	6.670 km (3.600 nm) bei 10 Knoten
Panzerung:	220-mm-Gürtel, 280 mm an Türmen und Kasematten in der Mitte
Bewaffnung:	drei 240-mm-, zwölf 152-mm-Kanonen
Motorisierung:	drei Expansionsmotoren mit Zwillingsschrauben
Leistung:	19,6 Knoten

Asahi

Im Jahr 1896 startete Japan ein Flottenerweiterungsprogramm. Weil ihre eigenen Schiffswerften für ein solches Programm keine ausreichenden Kapazitäten hatten, wurden die *Asahi* und ihre drei Schwesterschiffe bei britischen Werften bestellt. Alle vier Schiffe wurden von G.C. Macrow nach der *Canopus*-Klasse der Royal Navy entwickelt. Die *Asahi* wurde 1904/05 im Krieg mit Russland ausgiebig eingesetzt und war Admiral Togos Flaggschiff. Sie nahm an der Blockade von Port Arthur teil, wo sie von einer Mine leicht beschädigt wurde. Am 27. Mai 1905 überlebte sie neun Treffer im Entscheidungskampf von Tsushima. 1923 wurde die *Asahi* in ein Versorgungsschiff für Unterseeboote umgewandelt. Am 25. Mai 1942 wurde sie schließlich vom US-Unterseeboot *Salmon* im südchinesischen Meer torpediert und versenkt.

Herkunftsland:	Japan
Besatzung:	836
Gewicht:	15.443 t
Maße:	133,5 m x 23 m x 8,4 m
Reichweite:	16.677 km (9.000 nm) bei 10 Knoten
Panzerung:	229–102 mm Gürtel, 356–203 mm um die Kanonen
Bewaffnung:	vier 304-mm-, vierzehn 152-mm -Kanonen
Motorisierung:	drei vertikale Expansionsmotoren mit Zwillingsschrauben
Leistung:	18 Knoten

Assar-i-Tewfik

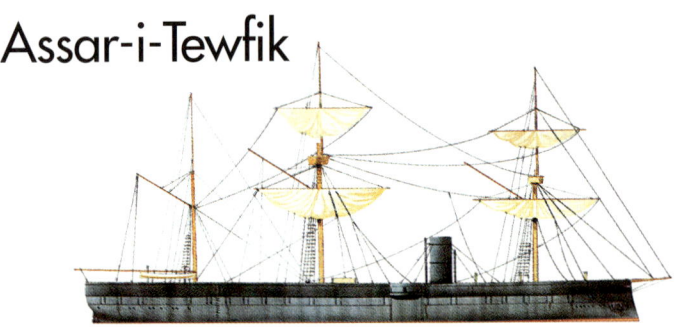

Das zunächst unter dem Namen *Ibrahmieh* bekannte ägyptische Schlachtschiff mit Eisenummantelung lief 1868 vom Stapel und wurde in *Assar-I-Tewfik* umbenannt. Die als Küstenbatterieschiff bezeichnete *Assar-I-Tewfik* war der französischen *Triden*-Schiffsklasse ähnlich. Sechs ihrer schweren Kanonen waren in einer gepanzerten Geschützbatterie untergebracht, die auch das Unterteil des Schornsteins schützte. Als zusätzliche Verbesserung wurden zwei weitere Kanonen direkt über der Batterie befestigt. Diese neue Anordnung half bei der Reduzierung der durchschnittlichen Größe der Schlachtschiffe und führte zu größerer Manövrierfähigkeit. Im Dezember 1916 wurde die *Assar-i-Tewfik* im Balkankrieg gegen Bulgarien zum Einsatz an die Dardanellen geschickt, wobei sie beschädigt wurde. Am 11. Februar 1921 lief sie schließlich bei einer Truppenunterstützung nahe Podima am Bosporus auf Grund und musste aufgegeben werden.

Herkunftsland:	Türkei
Besatzung:	320
Gewicht:	4.762 t
Maße:	83 m x 16 m x 6,5 m
Reichweite:	2.965 km (1.600 nm) bei 10 Knoten
Panzerung:	76–140 mm Gürtel, 127 mm an der Geschützbatterie
Bewaffnung:	acht 228-mm-Vorderlader-Kanonen
Motorisierung:	Verbundmotoren mit einer Getriebewelle
Leistung:	13 Knoten

Attu

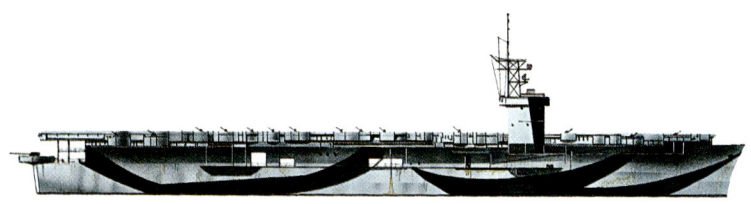

Im Jahr 1942 baute der Schiffskonstrukteur Henry J. Kaiser massenweise Frachtschiffe, um jene zu ersetzen, die im Krieg verloren wurden. Man entschied sich damals, fünfzig der unvollendeten Hüllen als Begleitträger fertig zu stellen. Dabei entstand die *Casablanca*-Klasse. Die *Attu* (CVE 102) und ihre 49 Schwesterschiffe wurden alle innerhalb eines Jahres fertig gestellt. Die *Casablanca*-Klasse beförderte bis zu neun Bomber, neun Torpedobomber und neun Kampfflugzeuge. Dies waren die ersten Schiffe, die vom Kiel aufwärts speziell als Begleitträger gebaut wurden. Alle Schiffe der *Casablanca*-Klasse leisteten mit Ausnahme der *Guadalcanal* und der *Kasaan Bay* später Dienst im Atlantik. 1947 wurde die *Attu* zum kommerziellen Gebrauch umgewandelt und in *Gay* umbenannt. Sie wurde 1949 in Baltimore ausrangiert.

Herkunftsland:	USA
Besatzung:	860
Gewicht:	11.076 t
Maße:	156,1 m x 32,9 m x 6,3 m
Reichweite:	18.360 km (10.200 nm) bei 10 Knoten
Panzerung:	ungepanzertes Flugdeck
Bewaffnung:	eine 127-mm-, achtunddreißig 40-mm-Kanonen, 27 Flugzeuge
Motorisierung:	Kolbenmotoren mit Zwillingsschrauben
Leistung:	15 Knoten

Audacious

Die *Audacious* wurde von Großbritannien im ausgehenden 18. Jahrhundert intensiv eingesetzt. Ihr Typ wurde als der beste Kompromiss zwischen Angriffsstärke und Segelfähigkeit angesehen und formte das Rückgrat der Kampffront. Schiffe wie die *Audacious* waren eigentlich eher schwimmende Kanonenbatterien, deren Hauptaufgabe es war, offensiv gegen feindliche Flotten zu operieren. Die 1785 vom Stapel gelaufene *Audacious* nahm an vielen Kampfhandlungen teil, einschließlich des Kampfes am Nil im August 1798, wo sie die französische *Conquérant* bekämpfte und besiegte. Britische Schiffe wurden zu dieser Zeit jedoch im Allgemeinen nach einem Standardmuster gebaut und als zu klein für die Zahl mitgeführter Kanonen angesehen. Französische Schiffe hatten eine bessere Rumpfform und segelten normalerweise schneller als ihre britischen Gegenstücke. 1815 wurde die *Audacious* abgewrackt.

Herkunftsland:	Großbritannien
Besatzung:	550
Gewicht:	1.422 t
Maße:	54,8 m x 14,9 m
Reichweite:	–
Panzerung:	–
Bewaffnung:	sechsunddreißig 32-Pfünder-Kanonen auf dem Unterdeck, vierunddreißig 24-Pfünder-Kanonen auf dem Hauptkanonendeck, zehn 18-Pfünder-Kanonen auf dem Oberdeck
Motorisierung:	–
Leistung:	unbekannt

Audacious

Die als Reaktion auf die stärker werdende deutsche Marine gebaute *Audacious*, die zur King-George-V-Klasse gehörte, war Teil des britischen Flottenerweiterungsprogramms von 1911. Sie hatte den Fockmast vor den Schornsteinen, was der Feuerkontrolle eine bessere Sicht verschaffte und bei allen späteren Dreadnoughts Standard war. Auf einer Patrouillenfahrt im Oktober 1914 lief die *Audacious* vor Irland auf eine Mine. Alle Versuche, sie zu bergen, scheiterten. Sie war das erste größere britische Kriegsschiff, das im 1. Weltkrieg verloren ging. Von den anderen zwei Schiffen ihrer Klasse diente die 1926 abgewrackte *King George V* nach dem 1. Weltkrieg als Übungsschiff. Die *Centurion* blieb bis in den 2. Weltkrieg hinein als schwimmende Geschützbatterie im Mittelmeer in Dienst und wurde im Juni 1944 schließlich als Teil eines künstlichen Hafens vor der Normandie versenkt.

Herkunftsland:	Großbritannien
Besatzung:	782
Gewicht:	26.111 t
Maße:	182,1 m x 27,1 m x 8,7 m
Reichweite:	12.114 km (6.730 nm) bei 10 Knoten
Panzerung:	305–203-mm-Gürtel, 280 mm an den Türmen
Bewaffnung:	zehn 342-mm-, sechzehn 102-mm-Kanonen
Motorisierung:	Turbinen mit vier Getriebewellen
Leistung:	21 Knoten

Australia

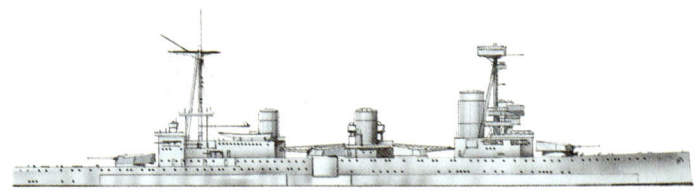

Die *Australia* war ein neuer Kreuzertyp. Verbesserungen bei der Geschwindigkeit wurden durch eine Reduzierung der Panzerung und durch eine Verminderung der Hauptbewaffnung um zwei Kanonen erreicht. Außerdem hatte die mittlere Turmgruppe durch die staffelförmige Anordnung ein größeres Feuerfeld. Die *Australia* wurde 1913 am Clyde gebaut. Nach ihrer Fertigstellung fuhr sie in den Pazifik, um das Flaggschiff der australischen Marine zu werden. Sie war im 1. Weltkrieg schon auf dem halben Weg zurück nach Großbritannien, als sie im Nebel mit dem Schlachtkreuzer *New Zealand* zusammenstieß, und so nicht an der Schlacht von Jütland teilnehmen konnte. Im Dezember 1916 wurde die *Australia* bei einem weiteren Zusammenstoß beschädigt. Dieses Mal war es der Schlachtkreuzer *Repulse*. Im Dezember 1921 wurde die *Australia* außer Dienst gestellt und anschließend als Übungsziel verwendet, bis sie im April 1924 vor Sydney versenkt wurde.

Herkunftsland:	Australien
Besatzung:	800
Gewicht:	21.640 t
Maße:	180 m x 24,3 m x 9 m
Reichweite:	11.394 km (6.330 nm) bei 10 Knoten
Panzerung:	152-mm-Gürtel
Bewaffnung:	acht 304-mm-Kanonen
Motorisierung:	vier Turbinen mit Schneckengetriebe
Leistung:	26,9 Knoten

Baden

Die *Baden* und ihr Schwesterschiff *Bayern* wurden 1916 fertig gestellt. Im Gegensatz zu
früheren Klassen der kaiserlichen Marine wie z.B. der Königsklasse war ihre Hauptbewaffnung von 304-mm- auf 380-mm-Kanonen erhöht worden, um den neuen Waffen der britischen Queen-Elizabeth-Klasse standhalten zu können, über die diese angeblich verfügten.
Die *Baden* wurde, was ungewöhnlich für ein Schlachtschiff dieser Zeit war, mit Kohle befeu-
ert, weil die Heizölversorung Deutschlands in Kriegszeiten nicht immer gewährleistet war.
Die *Baden* nahm keinen Einfluss mehr auf den 1. Weltkrieg. Von Oktober 1916 an ersetzte sie
als Flaggschiff der Flotte die *Friedrich der Große,* bis sie schließlich 1918 kapitulierte. Sie
gehörte zwar nicht zu den Schiffen, die den Alliierten übergeben werden mussten, ersetzte
aber die noch unvollendete *Mackensen.* Bei Scapa Flow wurde sie 1919 erfolglos angebohrt
und nach ihrer Rettung durch die Royal Navy als Übungsziel verwendet.

Herkunftsland:	Deutschland
Besatzung:	1.271
Gewicht:	32.197 t (voll beladen)
Maße:	179,8 m x 30 m x 8,43 m
Reichweite:	9.000 km (5.000 nm) bei 10 Knoten
Panzerung:	356–120-mm-Gürtel, 304–340 mm an den Schotten, 356–102 mm an den Türmen
Bewaffnung:	acht 380-mm-, sechzehn 150-mm-Kanonen
Motorisierung:	drei Turbinen mit Getriebewellen
Leistung:	22 Knoten

Barham

Die *Barham* und ihre Schwesterschiffe *Malaya, Queen Elizabeth, Valiant* und *Warspite* wurden entwickelt, um mit den neuen, mit 355-mm-Kanonen versehenen Schlachtschiffen Deutschlands, Japans und der USA gleichziehen zu können. Die Klasse wurde mit den neu entwickelten 380-mm-Kanonen ausgerüstet, die genauer als die Vorgänger des Kalibers 343 mm trafen und auch Munition mit einer viel größeren Explosionsladung abfeuern konnten. Bei Jütland wurde die *Barham* 1916 schwer beschädigt. Alle Schiffe dieser Klasse wurden in den frühen 1930er Jahren modernisiert. Am 25. November 1941 wurde die *Barham* vor Sollum im Mittelmeer durch das deutsche *U331* versenkt. Die Schwesterschiffe der *Barham* wurden nach langem Dienst im Krieg zwischen 1947 und 1948 abgewrackt, nachdem die *Valiant* und die *Queen Elizabeth* schon einen Angriff italienischer Taucher im Hafen von Alexandria 1941 schwer beschädigt überstanden hatten.

Herkunftsland:	Großbritannien
Besatzung:	951
Gewicht:	32.004 t
Maße:	196 m x 27,6 m x 8,8 m
Reichweite:	26.100 km (14.500 nm) bei 10 Knoten
Panzerung:	330–152-mm-Gürtel, 330 mm an den Türmen
Bewaffnung:	acht 381-mm-, vierzehn 152-mm-Kanonen
Motorisierung:	vier Turbinen mit Getriebewellen
Leistung:	24 Knoten

Barrozo

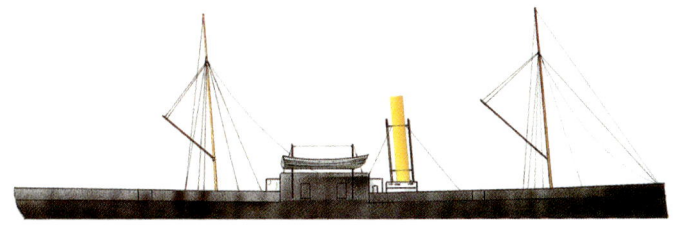

Als Staat mit einer ausgedehnten Küstenlinie besaß Brasilien schon fast von Beginn seiner Unabhängigkeit von Portugal 1822 an eine namhafte Marine. Während des Konflikts mit Paraguay erwarb Brasilien eine Flotte kleiner Panzerschiffe, die wie die *Barrozo* im Inneren Südamerikas auf den Flüssen kämpften. Die *Barrozo* war ein hölzernes Schiff mit einer zentralen, gepanzerten Geschützbatterie, das im Krieg von 1865–1870 mit Paraguay ausgiebig eingesetzt wurde. Gegen Kriegsende im Juli 1870 versuchte Paraguay, die *Barrozo* und die *Rio Grande* durch Kanus zu erobern, von denen aus dann die Schiffe geentert wurden. Man begann bei der *Rio Grande,* und der Großteil der Mannschaft kam ums Leben. Inzwischen war jedoch die *Barrozo* längsseits gefahren und konnte durch einen Kartätschenschuss alle Enterer auf dem Deck der *Rio Grande* töten. 1885 wurde die *Barrozo* ausrangiert.

Herkunftsland:	Brasilien
Besatzung:	70
Gewicht:	1.375 t
Maße:	57 m x 11,2 m x 2,4 m
Reichweite:	1.853 km (1.000 nm) bei 8 Knoten
Panzerung:	95–62-mm-Eisengürtel
Bewaffnung:	zwei 178 mm, drei 120 mm Kanonen
Motorisierung:	eine Schraube, ein Expansionsmotor
Leistung:	9 Knoten

Basileus Georgios

Die *Basileus Georgios* war ein kleines Schiff mit einer zentrales Geschützbatterie und einem Gürtel über die gesamte Länge. Die Panzerung machte 340 Tonnen der Gesamtverdrängung aus, was dem winzigen Schlachtschiff größere offensive und defensive Fähigkeiten bei geringer Verdrängung als jedem anderen Schlachtschiff ihrer Zeit verlieh. Die Geschützbatterie befand sich vor der Schiffsmitte und vor dem Schornstein mit Schießscharten in den Ecken, um das Schießen nach vorn oder achtern zu ermöglichen. Die nach dem griechischen König Georg I. (1845-1913) benannte *Basileus Georgios* war eins von zwei kleinen Panzerschiffen, die man Mitte des 19. Jahrhunderts erworben hatte. Diese blieben die Hauptschiffe der griechischen Marine bis zur Indienststellung von den drei kleinen Schlachtschiffen der Hydra-Klasse (*Hydra, Psara* und *Spetsai*) im Jahr 1887. Bis etwa 1900 wurden keine weiteren Maßnahmen zur Verstärkung der griechischen Marine ergriffen.

Herkunftsland:	Griechenland
Besatzung:	152
Gewicht:	1.802 t
Maße:	61 m x 10 m x 4,8 m
Reichweite:	2.409 km (1.300 nm) bei 12 Knoten
Panzerung:	178–152-mm-Eisengürtel, 152 mm an der Geschützbatterie
Bewaffnung:	zwei 229-mm-Kanonen
Motorisierung:	zwei Schrauben, Verbundmotoren
Leistung:	12,2 Knoten

Béarn

Zur Herstellung des Flugzeugträgers *Béarn* wurde die unfertige Hülle eines Schlachtschiffs der Normandie-Klasse verwendet, deren ursprünglicher Turbinenantrieb durch ein kombiniertes System ersetzt wurde, das extra für dieses Schiff entwickelt worden war. Im Oktober 1939 formte sie das Kernstück der in Brest stationierten Jagdgruppe „Force L", die gemeinsam mit anderen britischen und französischen Seestreitkräften nach der deutschen *Admiral Graf Spee* suchte. Abgesehen davon wurde die *Béarn* wegen ihrer geringen Geschwindigkeit im 2. Weltkrieg nicht an der Front eingesetzt, sie leistete jedoch wertvolle Dienste als Flugzeugfähre. Nach Frankreichs Kapitulation 1940 wurde die *Béarn* erobert und in Martinique gehalten, um ihre Rückkehr nach Frankreich zu verhindern. Nach dem Krieg wurde sie vor Indochina (Vietnam) in den dortigen Auseinandersetzungen Frankreichs eingesetzt. Die *Béarn* wurde 1949 verschrottet.

Herkunftsland:	Frankreich
Besatzung:	875
Gewicht:	28.854 t
Maße:	182,5 m x 27 m x 9 m
Reichweite:	14.824 km (6.000 nm) bei 10 Knoten
Panzerung:	94-mm-Gürtel, 25 mm auf dem Flugdeck
Bewaffnung:	acht 152-mm-Kanoen, 40 Flugzeuge
Motorisierung:	vier Turbinen mit Schneckengetrieben, drei Expansionsmotoren
Leistung:	21,5 Knoten

Belleisle

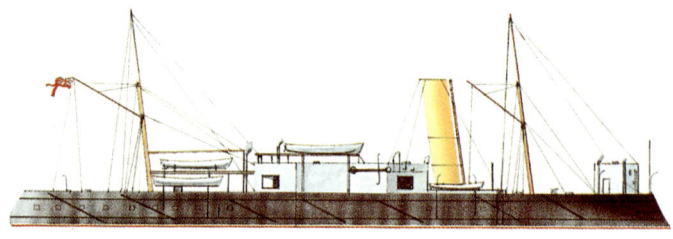

Die *Belleisle* und ihr Schwesterschiff *Orion* wurden ursprünglich für die türkische Marine auf Kiel gelegt. Die Neutralität Großbritanniens während des russisch-türkischen Kriegs von 1878 verhinderte die Lieferung der Schiffe, und so wurden sie von der Royal Navy gekauft. Ihre 305-mm-Kanonen befanden sich in einer großen zentralen Batterie, um nach vorn, achtern und zur Seite schießen zu können. Der Panzergürtel umgab die volle Länge der Hülle und trug eine 2,4 m lange, fest geschmiedete Ramme, eine Konstruktion, die bereits 1876 veraltet war. Die geringe Seetauglichkeit führte zum Einsatz der Schiffe bei der Küstenverteidigung. 1886 wurde die *Belleisle* mit zusätzlichen leichten Kanonen und einem Torpedonetz ausgerüstet. Sie war das letzte britische Schiff mit einer zentralen Batterie und hatte bei ihrer Fertigstellung eine quadratische Takelage. Ihr kurzer Schornstein wurde 1879 verlängert. Von 1900 bis zu ihrer Abwrackung 1904 wurde sie als Übungsziel verwendet.

Herkunftsland:	Großbritannien
Besatzung:	250
Gewicht:	1.802 t
Maße:	61 m x 10 m x 4,8 m
Reichweite:	3.726 km (2.000 nm) bei 10 Knoten
Panzerung:	304–152-mm-Gürtel, 262–203 mm an der Geschützbatterie, 229–127 mm an den Schotten
Bewaffnung:	zwei 228-mm-Kanonen
Motorisierung:	zwei Schrauben, Verbundmotoren
Leistung:	13 Knoten

Bellerophon

Die 1907 vom Stapel gelaufene *Bellerophon* und ihre Schwesterschiffe *Temeraire* und *Superb* hatten weitgehend die Maße der HMS *Dreadnought*, obwohl ihre Torpedoverteidigung durch Verstärkung der Panzerung an den Schotten und durch ihre Nebenbewaffnung erhöht wurde. Bei ihrer Fertigstellung 1909 hatte die Bellerophon-Klasse noch Masten vor den Schornsteinen. Dies verhinderte Sichtprobleme durch Rauch auf der Kommandobrücke, wie sie die *Dreadnought* mit einem einzigen Mast hinter dem vorderen Schornstein hatte. Die *Bellerophon* wurde bei Zusammenstößen 1911 mit dem Schlachtkreuzer *Inflexible* und anschließend 1914 mit dem Handelsschiff *St Clair* beschädigt. Sie gehörte zur Heimatflotte und kämpfte 1916 bei Jütland. Nach dem 1. Weltkrieg diente das umgewandelte Schiff als Übungsziel, bis es schließlich unter den Bedingungen des Washingtoner Vertrags aus den 1920er Jahren verschrottet wurde.

Herkunftsland:	Großbritannien
Besatzung:	735
Gewicht:	22.245 t
Maße:	160,3 m x 25,2 m x 8,3 m
Reichweite:	10.296 km (5.720 nm) bei 12 Knoten
Panzerung:	254–380-mm-Gürtel, 203 mm an den Schotten
Bewaffnung:	zehn 305-mm-, sechzehn 102-mm-Kanonen, drei Torpedorohre
Motorisierung:	vier Dampfturbinen mit Getriebewellen
Leistung:	21 Knoten

Ben-my-Chree

Die früher auf der Isle of Man-Route als Passagierschiff tätige *Ben-my-Chree* wurde 1915 in einen Flugzeugträger für Wasserflugzeuge umgewandelt. Sie besaß achtern einen großen Hangar und auf dem Vorderdeck eine Abflugrampe. Ausgerüstet war sie mit den neuen Sopwith-Schneider-Wasserkampfflugzeugen. Dieses Flugzeug hatte einen 100-PS-Rotationsmotor, ein nach oben feuerndes Gewehr und die Fähigkeit, in etwa 30 Minuten auf eine Höhe von 3.000 m zu steigen. Mit Verbesserungen wie diesen stellten die Sopwith-Schneider die erste ernste Bedrohung für die Zeppeline dar, die Ziele in Großbritannien angriffen. Später wurde die *Ben-my-Chree* mit zwei Short-Wasserflugzeugen mit Torpedos ausgerüstet und in den Dardanellen eingesetzt. Ihre Flugzeuge versenkten dort zwei türkische Schiffe. Als die *Ben-my-Chree* 1917 im Hafen von Kastelorgio vor Anker lag, wurde sie von türkischen Küstenbatterien angegriffen und versenkt.

Herkunftsland:	Großbritannien
Besatzung:	250
Gewicht:	3.942 t
Maße:	114 m x 14 m x 5,3 m
Reichweite:	2.223 km (1.200 nm) bei 10 Knoten
Panzerung:	keine
Bewaffnung:	zwei Short-184-Wasserflugzeuge
Motorisierung:	Turbinen mit Zwillingsschrauben
Leistung:	24,5 Knoten

Benbow

Die *Benbow* gehörte zur Rodney-Klasse, die als Reaktion auf die französische Formidable-Schlachtschiffklasse, die zum damaligen Zeitpunkt noch im Bau war, entworfen wurde. Die Originalbewaffnung umfasste vier 343-mm- und acht 152-mm-Kanonen, aber das Woolwich-Arsenal konnte diese nicht liefern. So wurden anstelle dessen zwei 112-Tonnen-Kanonen in große, offene Schanzen – eine vorn und eine achtern – eingebaut. Daraus folgte ein geringeres Gesamtgewicht, weswegen man zwei zusätzliche 152-mm-Kanonen installieren konnte. Mit der Hauptbewaffnung gab es Produktionsprobleme, und so verschob sich die Fertigstellung der ganzen Schlachtschiffklasse – allein schon der Bau der *Benbow* dauerte sechs Jahre. Die *Benbow* wurde nach Admiral John Benbow (1653–1702) benannt, der beim Dienst im karibischen Meer umgekommen war. Vor seiner Abzahlung 1904 verbrachte das Kriegsschiff die meiste Zeit seines Dienstes im Mittelmeer. 1909 wurde es verschrottet.

Herkunftsland:	Großbritannien
Besatzung:	523
Gewicht:	10.770 t
Maße:	99 m x 21 m x 8,2 m
Reichweite:	9.265 km (5.000 nm) bei 8 Knoten
Panzerung:	450–203-mm-Gürtel, 400–178 mm an den Schotten, 356–304 mm an den Schanzen
Bewaffnung:	zwei 412-mm-, zehn 152-mm-Kanonen
Motorisierung:	hängende Verbundmotoren, Zwillingsschrauben
Leistung:	17,5 Knoten

Benedetto Brin

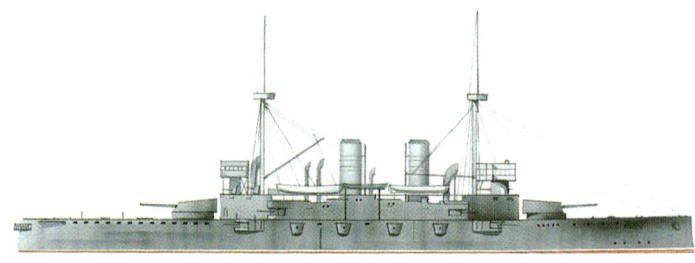

Die *Benedetto Brin* wurde von einem der damals besten Marinearchitekten der Welt entwickelt und auch nach ihm benannt. Der Entwurf des Kriegsschiffs war ein Kompromiss, bei dem die Panzerung zu Gunsten der Geschwindigkeit und der Feuerkraft reduziert wurde. Die *Benedetto Brin* und ihr Schwesterschiff *Regina Margherita* waren einzigartige Schiffe mit guter Seetauglichkeit. Das 1901 vom Stapel gelaufene und 1905 fertig gestellte Kriegsschiff *Benedetto Brin* war 1911 an Marineoperationen vor Tripolis und im folgenden Jahr in der Ägäis beteiligt. Am 27. September 1915 wurde die *Benedetto Brin* durch eine Explosion im Hafen von Brindisi entweder ausgelöst durch Sabotage oder einen Unfall zerstört. Bei diesem Vorfall kam etwa die Hälfte ihrer Mannschaft – 421 Mann – ums Leben.

Herkunftsland:	Italien
Besatzung:	812–900
Gewicht:	13.426 t
Maße:	138,6 m x 23,8 m x 8,8 m
Reichweite:	18.000 km (10.000 nm) bei 12 Knoten
Panzerung:	152 mm an den Seiten, 76 mm an Deck, 203 mm an den Türmen
Bewaffnung:	vier 304-mm-, vier 203-mm-, zwölf 152-mm-Kanonen
Motorisierung:	drei Expansionsmotoren, Zwillingsschrauben
Leistung:	20,3 Knoten

Benton

Ursprünglich war die *Benton* ein geschlossener Katamaran, der als Bergeschiff *Submarine No. 7* eingesetzt und durch Beplankung des Zwischenraums der beiden Hüllen, Hinzufügen eines neuen Bugs und den Bau zweireihiger Kasematten über den größten Teil seiner Hülle zur Aufnahme der Hauptbewaffnung umgewandelt wurde. Nach Entfernung der Panzerung 1865 wurde die *Benton* bei einer Auktion für einen Bruchteil ihres Originalpreises verkauft. Bei ihr handelte es sich um die zu Beginn des Amerikanischen Bürgerkriegs häufig anzutreffende, rasche Umwandlung in ein Kriegsschiff. Diese meistens nur unzureichend gepanzerten Schiffe folgten alle einem ähnlichen Muster, bei dem die Kasemattenaufbauten zwei bis vier Kanonen beherbergten. Bei Kriegsende unvollendete Schiffe wurden ins Ausland verkauft. Das Interesse an der Marine schwand, denn man dachte, Amerika müsse nur seine Küsten verteidigen, wozu Panzerschiffe als ausreichend angesehen wurden.

Herkunftsland:	USA
Besatzung:	50
Gewicht:	643 t
Maße:	61,5 m x 22 m
Reichweite:	1.482 km (800 nm) bei 6 Knoten
Panzerung:	50 mm an den Kasematten
Bewaffnung:	zwei 279-mm-Kanonen
Motorisierung:	Neigungsmotoren, die ein Rad im Heck antrieben
Leistung:	unbekannt

Bismarck

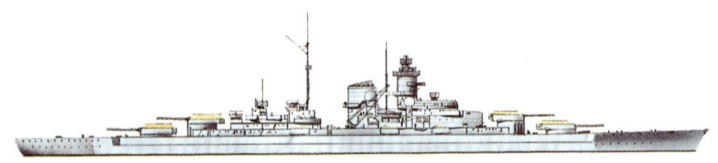

Der Versailler Vertrag von 1919 erlegte der deutschen Marine große Einschränkungen auf. Dennoch gelang es den Deutschen, geheime Entwurfsstudien umzusetzen, und so konnten sie bei Zustandekommen des deutsch-britischen Seevertrags von 1935 schnell reagieren. Sie begannen den Bau der zwei Schlachtschiffe *Bismarck* und *Tirpitz*. Da es ihnen nicht möglich war, neue Hüllen ausreichend zu testen, verwendeten sie das Design der *Baden* aus dem 1. Weltkrieg. Obwohl sie mit starken, modernen Maschinen ausgerüstet und zudem gut bewaffnet waren, hatte die altmodische Panzerungsweise zur Folge, dass das Leitwerk und ein Großteil der Funkanlage und Kontrollsysteme nur unzureichend geschützt waren. Als die *Bismarck* im Mai 1941 auf Kampfmission in den Atlantik fuhr, wurde sie in eine Schlacht mit der britischen Marine verwickelt. In den folgenden Kämpfen versenkte sie die *Hood*, bevor sie so stark beschädigt wurde, dass ihre Mannschaft sie selbst versenkte.

Herkunftsland:	Deutschland
Besatzung:	2.039
Gewicht:	50.955 t
Maße:	250 m x 36 m x 9 m
Reichweite:	15.000 km (8.100 nm) bei 18 Knoten
Panzerung:	312–262-mm-Gürtel, 362–178 mm an den Haupttürmen
Bewaffnung:	acht 380-mm-, zwölf 152-mm-Kanonen, sechs Flugzeuge
Motorisierung:	drei Turbinen mit Getriebewellen
Leistung:	29 Knoten

Bouvet

Die nach dem Admiral Pierre François Henri Bouvet (1775–1860) – dem Kommandanten der französischen Marine während der napoleonischen Kriege – benannte *Bouvet* war das letzte der Charles-Martell-Basismodelle und wurde als das beste der Gruppe angesehen. Ihr fehlte der massive Aufbau des Vorgängermodells, sie hatte jedoch ein vergrößertes Heck zur Verbesserung der Seetüchtigkeit. Im Januar 1903 wurde sie bei einem Zusammenstoß mit dem Schlachtschiff *Gaulois* im Mittelmeer beschädigt. Nach einer grundlegenden Überholung im Jahr 1913 begleitete sie nach Ausbruch des 1. Weltkriegs Mittelmeerkonvois. Im März 1915 nahm die *Bouvet* an einem Angriff auf die Dardanellen teil, wo sie durch türkische Kanonen ernsthaft beschädigt wurde, bevor sie schließlich noch auf eine Mine fuhr. Sie füllte sich rasch mit Wasser, und ihre Schotten brachen zusammen. Innerhalb von nur zwei Minuten ging sie unter und riss 660 Menschen mit sich in die Tiefe.

Herkunftsland:	Frankreich
Besatzung:	710
Gewicht:	12.200 t
Maße:	118 m x 21 m x 8,3 m
Reichweite:	7.412 km (4.000 nm) bei 10 Knoten
Panzerung:	400–203-mm-Gürtel, 380 mm an den Türmen
Bewaffnung:	zwei 305-mm-, zwei 275-mm-Kanonen
Motorisierung:	vertikale Expansionsmaschinen, drei Schrauben
Leistung:	18 Knoten

Bretagne

Die französische Seeschwäche war 1840 sehr offensichtlich geworden, als man in der syrischen Auseinandersetzung nachgeben musste. Französische Schlachtschiffe dieser Zeit waren unter Zuhilfenahme der Segel dampfgetrieben und litten generell unter ihren schlechten Segeleigenschaften. Während der 1850er Jahre versuchte man, eine starke französische Marine aufzubauen, was die Briten stets vereitelten. Die *Bretagne* war eines der dampfgetriebenen französischen Schlachtschiffe des neuen Stils dieser Zeit. Sie hatte drei Decks mit 130 langen Kanonen eines neuen Typs und eine volle Takelage. Auf beiden Seiten des riesigen Hauptmasts befanden sich die Heizräume. Die in Brest gebaute *Bretagne* war der zweitgrößte Dreidecker aus Holz, der je gebaut wurde. 1866 wurde sie aus dem aktiven Dienst der französischen Marine entfernt.

Herkunftsland:	Frankreich
Besatzung:	500
Gewicht:	6.878 t
Maße:	12 m x 18 m.
Reichweite:	1.853 km (1.000 nm)
Panzerung:	keine
Bewaffnung:	130 32-Pfünder-Kanonen und verschiedene andere Waffen
Motorisierung:	Verbundmotor, eine Schraube
Leistung:	12 Knoten

Bretagne

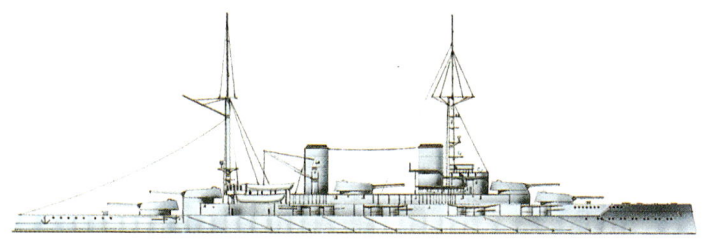

Weil Frankreich beim Wettrüsten der Dreadnoughts immer mehr in Rückstand geriet, wurden zur Verkürzung der Bauzeit der *Bretagne* und ihrer Schwesterschiffe *Provence* und *Lorraine* auf den Entwurf der vorherigen Courbet-Klasse zurückgegriffen. Die *Bretagne* stand zwischen 1916 und 1918 im Mittelmeer in Dienst und erlebte danach in den Jahren 1921–1923, 1927–1930 und 1932–1935 eine Serie weit reichender Modernisierungen. Mit der Kapitulation Frankreichs 1940 wurden die *Bretagne* und andere französische Seekriegsschiffe aufgerufen, sich einem britischen Bündnis anzuschließen, aber der französische Admiral Gensoul weigerte sich. Britische Kriegsschiffe, deren Geschützfeuer von Swordfish-Aufklärungsflugzeugen des Trägers *Ark Royal* gelenkt wurde, feuerten daraufhin auf die in Oran in Algerien vor Anker liegenden französischen Schiffe. Schwere Munition drang bis in das Magazin der *Bretagne* ein, die explodierte und kenterte; dabei kamen 1.012 Menschen ums Leben.

Herkunftsland:	Frankreich
Besatzung:	1.133
Gewicht:	29.420 t
Maße:	166 m x 27 m x 10 m
Reichweite:	8.460 km (4.700 nm) bei 10 Knoten
Panzerung:	279-mm-Gürtel, 254–380 mm an den Türmen
Bewaffnung:	zehn 340-mm-Kanonen
Motorisierung:	Turbinen, vier Schrauben
Leistung:	20 Knoten

Caiman

G egen Ende der 1870er Jahre kamen die Franzosen von den bisher verwendeten Ironclads mit Breitseite ab und übernahmen stattdessen das Barbettes-System, bei dem schwere Kanonen in erhöhten Schanzen weit über der Wasserlinie lagen, so dass durch stürmische See kein Schaden entstehen konnte. Die *Caiman* wurde 1878 auf Kiel gelegt und war eines von vier großen Küstenverteidigungsschiffen, die für ihre schwere Panzerung und Artillerie bekannt waren, bei der zwei schwere Kanonen an Barbetten befestigt wurden. Die anderen Schiffe dieser Klasse waren die *Indomptable*, die *Requin* und die *Terrible*. Alle Schiffe außer der *Terrible* wurden zwischen 1895 und 1901 neu aufgebaut, wobei sie neue Heizkessel und eine neue Bewaffnung bekamen. Die mit zwei mittigen Schornsteinen und militärischen Masten wieder aufgebaute *Requin* befand sich noch im 1. Weltkrieg in Dienst. Die *Caiman* beendete 1910 ihre Tage als Hulk in Rochefort und wurde 1927 abgewrackt.

Herkunftsland:	Frankreich
Besatzung:	373
Gewicht:	7.650 t
Maße:	82,6 m x 18 m x 8 m
Reichweite:	3.243 km (1.750 nm) bei 10 Knoten
Panzerung:	203–500 mm flacher Panzergürtel an der Wasserlinie
Bewaffnung:	zwei 420-mm-Kanonen
Motorisierung:	zwei Schrauben, vertikale Verbundmotoren
Leistung:	15 Knoten

Cairo

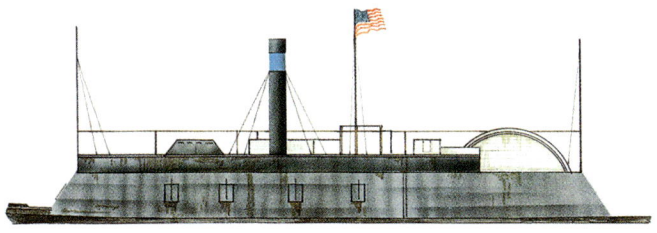

Die *Cairo* war ein umgewandelter Raddampfer mit niedrigem Tiefgang. Die *Cairo* und rund hundert ähnlich ausgerüstete Schiffe, die im Amerikanischen Bürgerkrieg entlang der Flüsse für die Union kämpften, verhinderten, dass die Konföderierten Zugang zu den Wasserstraßen bekamen. Diese Flussfahrzeuge standen bei der westlichen Flotille in Dienst und nahmen an einigen Gefechten teil. So bombardierten sie am 6. Februar 1862 das von Konföderierten gehaltene Fort Henry, das den Fluss Tennessee kontrollierte, bis zur Kapitulation. Die *Cairo* hatte eine niedrige hölzerne Hülle, die von einer großen, gepanzerten, zur Seite abgeschrägten Kasematte überragt wurde. Vorderladerkanonen waren seitlich und nach vorn aufgestellt. Eine zusätzliche Panzerung wurde rund um die Motoren und das Ruder achtern konstruiert. Die *Cairo* wurde am 2. Dezember 1862 von einer Mine der Konföderierten auf dem Mississippi versenkt.

Herkunftsland:	USA
Besatzung:	50
Gewicht:	902 t
Maße:	53 m x 16 m x 2 m
Reichweite:	unbekannt
Panzerung:	75-mm-Kasematten
Bewaffnung:	drei 203-mm-, drei 178-mm-Kanonen
Motorisierung:	ein durch zwei ungekühlte Kolbenmotoren angetriebenes Bugrad
Leistung:	8 Knoten

Canada

Chile hatte 1911 zwei neue Schlachtschiffe in Bau, aber alle Arbeiten an diesen Schiffen wurden 1914 eingestellt. Die *Almirante Latorre*, deren Bau am weitesten gediehen war, wurde anschließend von der Royal Navy gekauft und in *Canada* umbenannt. Ihr Schwesterschiff, die *Almirante Cochrane*, wurde ebenfalls von den Briten übernommen und *Eagle* getauft. Die *Canada* war ein verlängertes Schlachtschiff vom Typ „Iron Duke" und besaß zwei große, ungleiche Schornsteine, einen hohen, dreibeinigen Fockmast und einen Großmast. Die 1915 fertig gestellte *Canada* verbrachte ihren Dienst im Krieg mit der Grand Fleet bei Scapa Flow. Sie war eines der effektivsten Schlachtschiffe der Flotte und nahm am Kampf von Jütland 1916 und an der Blockade Deutschlands teil. 1920 wurde die *Canada* an Chile zurückgegeben, wo sie weiterhin als Großkampfschiff Dienst tat.

Herkunftsland:	Chile
Besatzung:	1.176
Gewicht:	32.634 t
Maße:	202 m x 28 m x 9 m
Reichweite:	8.153 km (4.400 nm) bei 10 Knoten
Panzerung:	229–112-mm-Gürtel, 254-mm an den Barbetten, 152 mm an den Türmen
Bewaffnung:	zehn 355-mm-Kanonen
Motorisierung:	vier Schrauben, Turbinen
Leistung:	22,8 Knoten

Canberra

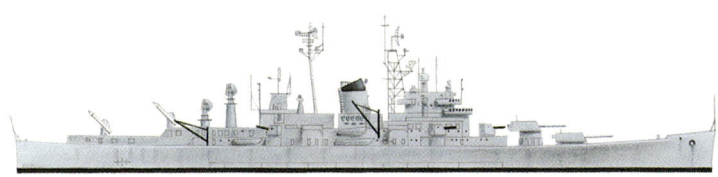

Die 1941 ursprünglich als Kreuzer der Baltimore-Klasse in Auftrag gegebene *Canberra* wurde von 1944 an meist im Zentralpazifik eingesetzt, nahm am Kampf um Truk und als Teil der US-Einsatztruppe 58 an Überfällen auf von den Japanern besetzten Inseln teil. Im Oktober 1944 wurde sie durch einen Torpedo vor Okinawa schwer beschädigt. Sie wurde 1955 wieder aufgebaut und als einer von zwei Raketenkreuzern der Boston-Klasse wieder in Dienst gestellt. Die *Canberra* und ihr Schwesterschiff *Boston* waren die ersten Schiffe der US-Marine, die ausdrücklich als Raketenschiffe zur Flugabwehr entwickelt und während des Kalten Kriegs eilig in Dienst gestellt wurden. Ihre vorderen Türme sollten eigentlich wie die achtern durch Terrier-Raketenwerfer ersetzt werden, was jedoch nie geschah. Stattdessen wurden andere Schiffe umgewandelt, um die Flugabwehr der US-Marine durch weitere Raketenwerfer zu steigern. 1973 wurde die *Canberra* abgewrackt.

Herkunftsland:	USA
Besatzung:	1.544
Gewicht:	18.234 t
Maße:	205,4 m x 21,25 m x 7,6 m
Reichweite:	13.140 km (7.300 nm) bei 12 Knoten
Panzerung:	51-mm-Gürtel
Bewaffnung:	zwei Terrier-Boden-Luft-Raketenwerfer (mit je 72 Raketen), sechs 203-mm-, zehn 127-mm-Kanonen
Motorisierung:	vier Turbinen mit Getriebewellen
Leistung:	33 Knoten

Canopus

Die Schlachtschiffe der Canopus-Klasse waren zum Dienst auf Stützpunkten im Pazifik bestimmt. Die Schiffe der Canopus-Klasse waren die ersten britischen Schlachtschiffe mit Röhrenheizkesseln, die mehr Kraft lieferten und wirtschaftlicher waren. Sie gehörten zu den letzten Vorgängermodelle der Dreadnoughts. Bei voller Geschwindigkeit verbrauchte die *Canopus* 10 Tonnen Kohle pro Stunde. Das 1897 vom Stapel gelaufene Schiff war im 1. Weltkrieg bei den Falkland-Inseln stationiert. Im Dezember 1914 zog sie kurze Zeit gegen von Spees Kreuzergeschwader ins Feld, obwohl sie sich nicht einmischte. Vor ihrer Rückkehr nahm sie 1915 an der Dardanellenoperation teil. Der einzige Schaden, den die *Canopus* während ihrer Laufbahn erlitt, war ein Zusammenstoß mit dem Schlachtschiff *Barfleur* in der Mounts Bay im August 1904. 1920 wurde sie verkauft.

Herkunftsland:	Großbritannien
Besatzung:	750
Gewicht:	14.520 t
Maße:	118 m x 23 m x 8 m
Reichweite:	14.824 km (8.000 nm) bei 10 Knoten
Panzerung:	152-mm-Gürtel, 305 mm an den Barbetten
Bewaffnung:	vier 304-mm-, zwölf 152-mm-Kanonen
Motorisierung:	Zwillingsschrauben, drei Expansionsmotoren
Leistung:	18,5 Knoten

Capitan Prat

Im Jahr 1887 entschloss sich die chilenische Regierung, ihre Marine durch den Kauf der neuesten europäischen Kriegsschiffe zu modernisieren. Ein 6.000-Tonnen-Schlachtschiff war Teil dieses Programms. Die französische Firma Forges et Chantiers de la Méditerranée bekam den Auftrag, und so wurde die *Capitan Prat* 1888 auf Kiel gelegt. Ihre 239-mm-Kanonen wurden einzeln auf Türmen montiert, jeweils einer vorn und hinten sowie einer auf jeder Seite der Hülle. Eine sekundäre Batterie von acht 120-mm-Kanonen wurde paarig auf dem Oberdeck montiert. Die Panzerung machte allein schon ein Drittel der Verdrängung aus. Bis zum 1. Weltkrieg war die *Capitan Prat* Chiles stärkstes Kriegsschiff. Nach einem Wiederaufbau 1909–1910 diente sie als U-Boot-Versorgungsschiff. Das Schiff war nach einem Seeoffizier benannt, der beim Versenken seines Schiffs durch ein peruanisches Panzerschiff sein Leben verloren hatte. 1935 wurde es abgewrackt.

Herkunftsland:	Chile
Besatzung:	480
Gewicht:	7.011 t
Maße:	100 m x 18,5 m x 7 m
Reichweite:	8.616 km (4.650 nm) bei 10 Knoten
Panzerung:	295–195-mm-Gürtel, 270–203 mm an den Barbetten, 77,5 mm an der Brücke
Bewaffnung:	vier 239-mm-Kanonen
Motorisierung:	Zwillingsschrauben, drei Expansionsmotoren
Leistung:	18,3 Knoten

Captain

Die *Captain* wurde von Cowper Coles entworfen, der der Meinung war, dass nur wenige, auf schwer gepanzerten Türmen montierte Kanonen mit offenem Feuerfeld besser seien als eine große Anzahl über die schwach gepanzerte Seite eines Schiffs verteilte Kanonen. Er hielt es auch für möglich, einem normalerweise auf die Küstenverteidigung beschränkten Schiff mit Türmen volle Segelfläche zu geben, um es wirklich zu einem hochseetauglichen Schlachtschiff zu machen. Die *Captain* bestand die Prüfungen ganz gut, sie sank jedoch im September 1870 während eines Sturms in der Bucht von Biscaya, wobei 473 Mann umkamen. Auch Coles war unter den Opfern, der an Bord gewesen war, um das Seeverhalten des Schiffes zu beobachten. Das Schiff hatte wegen des für seinen Bau verwendeten, zu schweren Materials nur einen Freibord von 1,95 m statt der ohnehin schon niedrig geplanten 2,5 m.

Herkunftsland:	Großbritannien
Besatzung:	473
Gewicht:	7.892 t
Maße:	98 m x 16 m x 7,8 m
Reichweite:	3.706 km (2.000 nm) bei 10 Knoten
Panzerung:	102–178-mm-Gürtel
Bewaffnung:	vier 304-mm-Kanonen
Motorisierung:	Zwillingsschrauben, horizontale Lastwagenmotoren
Leistung:	14 Knoten

Carl XIV Johan

Die Schweden waren von der Leistung britischer Dampfschlachtschiffe während des baltischen Feldzugs von 1854–1855 gegen die russischen Streitkräfte beeindruckt. Schweden suchte Ende 1855 die Hilfe Großbritanniens, auch im Hinblick auf eine mögliche Aufrüstung der russsischen Marine. Das vorhandene Segelschlachtschiff *Carl XIV Johan* hatte bereits einen Umbau hinter sich, der aber nicht von Erfolg gekrönt gewesen war. Dies lag teilweise daran, dass skandinavische Schlachtschiffe für die Ostsee mit geringer Verdrängung und niedrigem Tiefgang konzipiert waren und die Hüllenform sich daher nicht für eine Umwandlung nach der Art britischer Schlachtschiffe eignete. Die *Carl XIV Johan* wurde 1867 abgewrackt. Obwohl Schweden nach 1860 neutral war, besaß es seither eine starke, defensiv ausgerichtete Marine. Schweden war mit Norwegen unter der schwedischen Krone zwar bis 1905 vereinigt, doch hatten sie separate Flotten.

Herkunftsland:	Schweden
Besatzung:	350
Gewicht:	26.424 t
Maße:	54 m x 14 m
Reichweite:	3.706 km (2.000 nm) bei 2 Knoten
Panzerung:	50-mm-Gürtel
Bewaffnung:	68 Kanonen
Motorisierung:	eine Schraube, Kolbenmotor
Leistung:	6,5 Knoten

Castelfidardo

Die *Castelfidardo* wurde ursprünglich mit einer Schonertakelung fertig gestellt, bekam aber später die Takelung einer Barke und besaß gegen Ende ihrer Laufbahn zwei militärische Masten. Das Schiff nahm am Angriff auf die österreiche Festung auf der Insel Lissa im Juli 1866 teil und war Teil des Geschwaders von Konteradmiral Vacca. Im darauf folgenden Kampf gegen die österreichische Flotte wurde sie achtern in Brand gesetzt, überstand das Feuer jedoch. 1869 wurde sie im Hafen von Brindisi durch eine Kesselexplosion beschädigt. Nach ihrer Reparatur nahm sie im folgenden Jahr an der Befreiung Roms teil, wurde anschließend gründlich überholt und operierte dann zur Wahrung der kolonialen Interessen Italiens vor Tunis und im Roten Meer. Zwischen 1889 und 1890 wurde die *Castelfidardo* als Küstenverteidigungsschiff neu aufgebaut. Später diente sie als Übungsziel für Torpedos, bevor sie 1910 abgewrackt wurde.

Herkunftsland:	Italien
Besatzung:	485
Gewicht:	4.560 t
Maße:	82 m x 15 m x 6 m
Reichweite:	3.057 km (1.650 nm) bei 10 Knoten
Panzerung:	109-mm-Gürtel
Bewaffnung:	vier 203-mm-, 22 164-mm-Kanonen
Motorisierung:	eine Schraube, Kolbenmotor
Leistung:	12,1 Knoten

Centurion

Im Jahr 1739 brach zwischen England und Spanien Krieg aus. Die *Centurion*, ein hölzernes Schlachtschiff wurde das Flaggschiff von George Anson, der den Auftrag hatte, die Spanier im Südatlantik und im Pazifik anzugreifen. Die im September 1740 begonnene Reise des Geschwaders endete in einer Katastrophe, bei der über 1.300 Mann ihr Leben verloren, wenn auch nur vier durch feindliche Angriffe. Der Grund dafür war, dass der Großteil des militärischen Personals aus gegen ihren Willen eingezogenen Veteranen bestand, die sehr anfällig für Krankheiten waren und zudem an Unterernährung litten. Während ihrer langen Reise kämpfte die *Centurion* oft gegen die Spanier und eroberte die *Nostra Signora de Cabadonga*. Bei der Umrundung von Kap Horn wurde die *Centurion* schwer beschädigt, kam aber im Juni 1744 wieder in Großbritannien an. Sie wurde später fast völlig neu aufgebaut, wobei ihre Bewaffnung auf 50 Kanonen verringert wurde.

Herkunftsland:	Großbritannien
Besatzung:	400
Gewicht:	1.021 t
Maße:	44 m x 12 m x 5 m
Reichweite:	unbegrenzt, abhängig von Vorräten und Wasser
Panzerung:	keine
Bewaffnung:	60 Kanonen, einschließlich 24-Pfündern, 9-Pfündern und 6-Pfündern
Motorisierung:	–
Leistung:	3 Knoten

Centurion

Die *Centurion* und ihr Schwesterschiff *Barfleur* waren Schlachtschiffe zweiter Klasse, die Teil des großen, 1889 begonnenen Erweiterungsprogramms der Royal Navy waren. Ziel war die Neutralisierung der starken Panzerkreuzer der russischen Marine im Pazifik. Durch den relativ geringen Tiefgang konnten die Schiffe mühelos in chinesischen Flüssen navigieren. Von 1894 bis 1901 wurde die *Centurion* in China eingesetzt und half, britische und alliierte Interessen zu verteidigen. Nach einem Neuaufbau zwischen 1901 und 1903, bei dem sie neu bewaffnet und ihr Fockmast entfernt wurde, kehrte die *Centurion* wieder nach China zurück, wo sie 1904 bei einem Zusammenstoß mit dem Schlachtschiff *Glory* schwer beschädigt wurde. 1910 wurde die *Centurion* zum Schrottwert verkauft und anschließend in Morecambe, Cumbria, abgewrackt.

Herkunftsland:	Großbritannien
Besatzung:	620
Gewicht:	10.668 t
Maße:	110 m x 21 m x 7,7 m
Reichweite:	11.118 km (6.000 nm) bei 10 Knoten
Panzerung:	304–229-mm-Gürtel, 229–127 mm an den Barbetten, 203 mm an den Schotten
Bewaffnung:	vier 254-mm-Kanonen
Motorisierung:	Zwillingsschrauben, drei Expansionsmotoren
Leistung:	18,5 Knoten

Charlemagne

Mit der *Charlemagne* und ihren beiden Schwesterschiffen folgte Frankreich der Tendenz der Schiffsentwicklung dieser Zeit und übernahm die paarige Befestigung der Hauptbewaffnung. Der Bauplan des 1899 fertig gestellten Schiffes wies zwar den Nachteil einer zu geringen Wasserverdrängung auf, das Schiff war aber dennoch ein zuverlässiger, sparsamer Dampfer. Bei voller Geschwindigkeit verbrannte die *Charlemagne* weniger als 10 Tonnen Kohle pro Stunde. Im März 1903 kam es zu einem Zusammenstoß mit einer ihrer Schwesterschiffe, der *Gaulois,* aber die *Charlemagne* nahm dabei keinen Schaden. Im 1. Weltkrieg begleitete sie Konvois im Mittelmeer. Der Dampfer nahm auch an Operationen bei Saloniki und in den Dardanellen teil, wo das Schiff von Küstenbatterien beschädigt wurde. Nach Reparatur und Umbau kehrte die *Charlemagne* bis 1918 in den Dienst zurück. 1920 wurde das Schiff abgewrackt.

Herkunftsland:	Frankreich
Besatzung:	694
Gewicht:	11.277 t
Maße:	114 m x 20 m x 8 m
Reichweite:	7.783 km (4.200 nm) bei 10 Knoten
Panzerung:	203–368-mm-Gürtel, 380 mm an den Türmen
Bewaffnung:	vier 304-mm-Kanonen
Motorisierung:	Drei Expansionsmotoren, drei Schrauben
Leistung:	18 Knoten

Charles Martel

Die 1891 auf Kiel gelegte *Charles Martel* war Teil des französischen Marineprogramms, alle Panzerschiffe mit hölzerner Hülle bis 1900 zu ersetzen. Nach üblicher französischer Art war ihre Hauptbewaffnung in Rhomben- oder Diamantenform ausgelegt. Die zwei 304-mm-Kanonen waren vorn und achtern an gepanzerten Türmen befestigt, während sich die beiden 274-mm-Kanonen in kleineren Türmen auf Streben befanden, die aus beiden Seiten der Hülle herausragten. Ihre sekundäre Bewaffnung bestand aus acht 140-mm-Kanonen in elektrisch gesteuerten Türmen auf dem Haupt- und dem Oberdeck. Mit ihrem hohen Vorderdeck und einer geschlossenen Brücke, die beide Masten verband, bot sie ein charakteristisches Erscheinungsbild. Ihr Inneres war in Dutzende wasserdichte Schotten aufgeteilt, die entstehenden Schaden durch einen Durchschuss abwehren konnten. Die *Charles Martel* wurde im 1. Weltkrieg eingesetzt und 1922 außer Dienst gestellt.

Herkunftsland:	Frankreich
Besatzung:	644
Gewicht:	11.880 t
Maße:	115 m x 22 m x 8 m
Reichweite:	6.022 km (3.520 nm) bei 10 Knoten
Panzerung:	254–457-mm-Gürtel
Bewaffnung:	zwei 304-mm-, zwei 274-mm-Kanonen
Motorisierung:	drei Expansionsmotoren, drei Schrauben
Leistung:	18 Knoten

Chen Yuen

In den späten 1870er Jahren beschlossen die Chinesen, ihre Marine nach der Art der westlichen Seemächte zu modernisieren. Als Folge dieser Entscheidung wurde in den 1880er Jahren ein größeres Marineprogramm begonnen. Die *Chen Yuen* und ihr Schwesterschiff *Tin Yuan* wurden die einzigen Schlachtschiffe Chinas. Beide hatten eine stählerne Hülle und als Schutz über Maschinen, Kesseln und Magazinen eine stark gepanzerte Zitadelle. Beide waren von der deutschen Vulkan-Werft in Stettin gebaut worden und segelten unter deutscher Handelsflagge nach China. Im September 1894 wurde die *Chen Yuen* während des chinesischjapanischen Kriegs in der Schlacht von Yalu schwer beschädigt. Später lief sie bei Wei Hai Wei auf Grund, wo sie wieder von japanischen Batterien beschädigt wurde und schließlich sank. 1895 wurde sie von den Japanern erbeutet, wieder flottgemacht und in den Dienst der Kaiserlich-Japanischen Marine gestellt. 1914 wurde sie verschrottet.

Herkunftsland:	China
Besatzung:	350
Gewicht:	7.792 t
Maße:	94 m x 18 m x 6 m
Reichweite:	8.338 km (4.500 nm) bei 10 Knoten
Panzerung:	356-mm-Gürtel, 356–305 mm an den Barbetten
Bewaffnung:	vier 304-mm-, zwei 152-mm-Kanonen
Motorisierung:	horizontale Verbundmotoren, Zwillingsschrauben
Leistung:	15,7 Knoten

Clémenceau

Die *Clémenceau* gehörte mit der *Richelieu* und der *Jean Bart* zu den drei zwischen 1935 und 1939 auf Kiel gelegten französischen Schlachtschiffen. Ein viertes Schiff, die *Gascoigne*, wurde geordert, aber später abbestellt. Beim Fall Frankreichs 1940 fanden die Deutschen die unvollendete Hülle der *Clémenceau* im Dock von Brest vor. Bei der Landung der Alliierten in Frankreich dachten die Deutschen zunächst daran, sie als Blockade des Hafeneingangs zu verwenden, aber sie wurde bei einem Bombenangriff im August 1944 versenkt. Die Abbildung zeigt, wie die *Clémenceau* ausgesehen hätte, wenn sie nach den Plänen von 1940 fertig gestellt worden wäre. Ihre Schwesterschiffe wurden beide in Dienst gestellt. Die *Richelieu* wurde von den Alliierten übernommen und operierte 1944/45 im Indischen Ozean. Die bei den Landungen der Alliierten in Nordafrika 1942 beschädigte *Jean Bart* wurde 1956 fertig gestellt und nahm an den britisch-französischen Operationen im Suezkanal teil.

Herkunftsland:	Frankreich
Besatzung:	1.550
Gewicht:	48.260 t
Maße:	247,9 m x 33 m x 9,6 m
Reichweite:	(geschätzt): 15.750 km (8.500 nm) bei 14 Knoten
Panzerung:	337–243-mm-Gürtel
Bewaffnung:	acht 381-mm-Kanonen
Motorisierung:	vier Schrauben, Turbinen
Leistung:	(geschätzt): 25 Knoten

Clémenceau

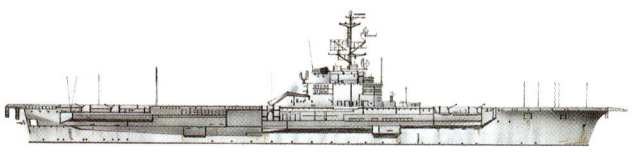

Die *Clémenceau* (R98) und ihr Schwesterschiff *Foch* (R99) waren ursprünglich als Teil einer Klasse von sechs Trägern geplant, von der jedoch nur zwei gebaut wurden. Die *Clémenceau* wurde im Mai 1954 bei der Brester Werft bestellt, der Bau der *Foch* begann zunächst in St. Nazaire und wurde in Brest beendet. Die beiden Schiffe waren die ersten französischen Flugzeugträger. Die *Clémenceau* erlebte sowohl während der Planung- als auch Bauphase ständige Veränderungen und leistete der französischen Marine gute Dienste im Pazifik, vor der Küste Libanons und im Golfkrieg 1991. Im Laufe der Zeit wurde sie gründlich modernisiert und mit neuen Defensivwaffen und Befehlssystemen ausgerüstet. Ihr Luftgeschwader bestand normalerweise aus 16 Super-Étendards, 3 Étendards IVP, 10 F-8-Crusaders, 7 Alizé und Hubschraubern. In den letzten Jahren operierte sie mehr mit Hubschraubern als mit Flugzeugen. Sie soll durch das nukleargetriebene *Charles de Gaulle* ersetzt werden.

Herkunftsland:	Frankreich
Besatzung:	1.338 oder 984 (als Hubschrauberträger)
Gewicht:	33.304 t
Maße:	257 m x 46 m x 9 m
Reichweite:	13.500 km (7.500 nm) bei 12 Knoten
Panzerung:	50 mm an Flugdeck, Aufbauten und Brücken
Bewaffnung:	acht 100-mm-Kanonen, 40 Flugzeuge
Motorisierung:	Zwillingsschrauben, Turbinen
Leistung:	32 Knoten

Colbert

Die *Colbert* und ihr Schwesterschiff *Trident* waren die letzten französischen Großkampfschiffe, die eine hölzerne Hülle hatten. Die im September 1875 auf Kiel gelegte *Colbert*
war in vielerlei Hinsicht bereits vor der Wasserung veraltet – die Zeit der Kriegsschiffe mit
hölzerner Hülle ging gerade zu Ende. Um Kohle zu sparen und für den Fall eines Maschinen-
ausfalls gewappnet zu sein, stattete man die *Colbert* mit 2044 qm Segel aus. Ihr Panzergürtel
reichte jeweils 1,8 m über und unterhalb der Wasserlinie. Die *Colbert* wurde nach dem
Staatsmann Jean Baptiste Colbert (1619–1683) benannt, der mit dem Aufbau einer starken
französischen Marine als Herausforderung an die Seemächte England und Holland begann.
Das Kriegsschiff wurde nur kurze Zeit eingesetzt, um 1881 die Streitmacht von Dissidenten
bei Sfax in Tunesien zu bombardieren. Im Jahr 1900 wurde sie außer Dienst gestellt.

Herkunftsland:	Frankreich
Besatzung:	774
Gewicht:	8.890 t
Maße:	97 m x 17 m x 9 m
Reichweite:	6.114 km (3.300 nm) bei 10 Knoten
Panzerung:	217–178-mm-Eisengürtel, 157 mm an der Batterie
Bewaffnung:	acht 270-mm-, zwei 238-mm-, acht 140-mm-Kanonen
Motorisierung:	eine Schraube, horizontale Rücklaufmotoren
Leistung:	14 Knoten

Collingwood

Die *Collingwood* war der Prototyp der im Sommer 1880 auf Kiel gelegten, neuen britischen Schlachtschiffklasse *Admiral*. Spätere britische Einheiten waren zwar mit schwereren Kanonen ausgestattet, folgten jedoch im Großen und Ganzen auch in den nächsten zwanzig Jahren diesem Schlachtschiffentwurf. Eine quer laufende Wasserkammer wurde an beiden Enden des Schiffs eingebaut, um ein Schlingern zu verhindern. Auf dem Hauptdeck, das sich über die ganze Hülle erstreckte, waren vier Kanonen paarweise in zwei Barbetten mittig montiert. Wegen ihres niedrigen Freibords wurde die *Collingwood* auf See sehr nass. 1886 wurde sie durch die Explosion einer fehlerhaften 305-mm-Kanone bei Tests beschädigt. 1887 schloss sie sich der Mittelmeerflotte an und diente dort zehn Jahre, bevor sie nach England zurückkehrte und dort zum Küstenwachschiff umgerüstet wurde. Seit 1903 gehörte sie zur Reserve. 1909 wurde sie verschrottet.

Herkunftsland:	Großbritannien
Besatzung:	498
Gewicht:	9.652 t
Maße:	99 m x 21 m x 8 m
Reichweite:	12.917 km (7.000 nm) bei 10 Knoten
Panzerung:	203–457-mm-Gürtel an der Wasserlinie
Bewaffnung:	vier 304-mm-, sechs 152-mm-Kanonen
Motorisierung:	hängende Verbundmotoren, Zwillingsschrauben
Leistung:	17 Knoten

Colossus

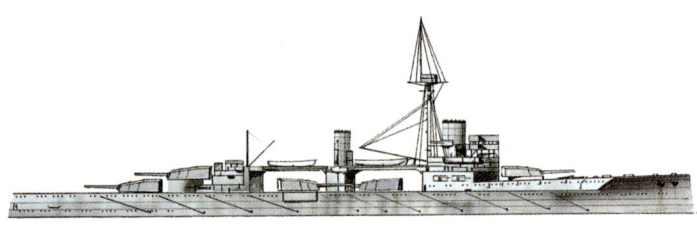

Die *Colossus* und ihr Schwesterschiff *Hercules* waren Teil des britischen Marineaufbau-
programms von 1909. Gegenüber früheren Dreadnoughts hatte die *Colossus* den Vorteil
einer stärkeren Panzerung. Um Gewicht zu sparen, wurde der Hintermast weggelassen, während der Fockmast mit dem Feuerkontrollzentrum hinter den ersten Schornstein platziert
wurde, damit wurde aber eine Beeinträchtigung durch Rauch in Kauf genommen. Die *Colossus* war als eines der letzten britischen Schlachtschiffe mit 305-mm-Kanonen ausgestattet.
Die nächstgrößere Gruppe von Schiffen sollte schon die neuen 343-mm-Kanonen haben.
Während der Schlacht von Jütland 1916, in der sie das Flaggschiff der 5. Division der Kampf-
flotte war, wurde sie von zwei Granaten getroffen. Anschließend diente sie als Schulschiff für
Kadetten, bevor sie 1922 bei Alloa in Schottland abgewrackt wurde.

Herkunftsland:	Großbritannien
Besatzung:	755
Gewicht:	23.419 t
Maße:	166 m x 26 m x 9 m
Reichweite:	12.024 km (6.680 nm) bei 12 Knoten
Panzerung:	279–178-mm-Gürtel, 279–102 mm an den Barbetten
Bewaffnung:	zehn 305-mm-Kanonen
Motorisierung:	vier Turbinen mit Getriebewellen
Leistung:	21 Knoten

Commandant Teste

Die *Commandant Teste* diente bis zum 2. Weltkrieg im Mittelmeer. Als Frankreich 1940 unter der deutschen Besatzungsmacht kapitulierte, entschied die französische Marine, den Deutschen keine Schiffe auszuhändigen. Aus diesem Grund wurde auch die *Commandant Teste* von der eigenen Mannschaft versenkt. Zu dieser Zeit waren zwei Schlachtschiffe, zwei große Zerstörer, acht kleinere Zerstörer, sieben Unterseeboote und 200 kleine Schiffe in britischen Häfen, während der Rest der französischen Flotte sich bei Oran befand. Am Ende des Krieges wurde die *Commandant Teste* wieder gehoben und nach ihrer Reparatur als Lagerschiff eingesetzt. In den späten 1940er Jahren gab es Pläne, sie in einen Flugzeugträger umzuwandeln, die jedoch nie umgesetzt wurden. Sie wurde 1950 verschrottet, nachdem sie fast 30 Jahre gedient hatte.

Herkunftsland:	Frankreich
Besatzung:	400
Gewicht:	11.684 t
Maße:	167 m x 27 m x 7 m
Reichweite:	7.412 km (4.000 nm) bei 15 Knoten
Panzerung:	unbekannt
Bewaffnung:	13-mm-Kanonen
Motorisierung:	zwei Schrauben, Turbinen
Leistung:	21,4 Knoten

Connecticut

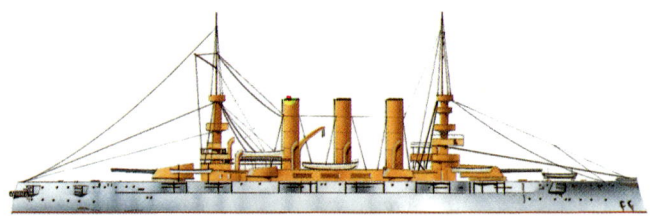

Als Teil einer Klasse mit sechs Schiffen war die *Connecticut* eine vergrößerte Version der vorherigen Virginia-Klasse und verwendete ebenso drei verschiedene Kaliber bei der Hauptbewaffnung, mit der Ausnahme, dass die 152-mm-Kanonen auf 178 mm vergrößert wurden. Die Türme mit 304-mm- und 203-mm-Kanonen waren elektrisch drehbar. Der Hauptpanzergürtel reichte von 1,2 m oberhalb bis 1,5 m unterhalb der Wasserlinie. 1906–1907 war sie das Flaggschiff der amerikanischen Atlantikflotte, bei der sie auch im 1. Weltkrieg eingesetzt wurde. 1916 wurde sie mit AA-Kanonen ausgerüstet. Gegen Ende des 1. Weltkriegs diente sie vier Mal als Truppentransporter. 1921–1922 schloss sie sich der Pazifikflotte an. 1923 wurde sie außer Dienst gestellt.

Herkunftsland:	USA
Besatzung:	881
Gewicht:	17.948 t
Maße:	140 m x 23 m x 7 m
Reichweite:	9.265 km (5.000 nm) bei 10 Knoten
Panzerung:	279–152-mm-Gürtel, 254–152 mm an den Barbetten, 304–203 mm an den Türmen
Bewaffnung:	vier 305-mm-, acht 203-mm- und zwölf 178-mm-Kanonen
Motorisierung:	Zwillingsschrauben, drei vertikale Expansionsmotoren
Leistung:	18 Knoten

Conqueror

Bei der *Conqueror* war die Kanone ungewöhnlicherweise mit der Ramme kombiniert. Die *Conqueror* und ihr Schwesterschiff *Hero*, deren Hauptbewaffnungen nach vorn ausgerichtet waren, stellten größere Versionen der ungewöhnlichen Rammen der 1870er Jahre dar. Die *Conqueror* war das letzte für die Royal Navy gebaute Küstenverteidigungsschiff. Sie erwies sich als zu klein für Operationen auf hoher See, war aber gleichzeitig zu groß für die Küstenverteidigung. Ihre Laufbahn, von der sie die meiste Zeit als Tender einer Kanonierschule im Hafendienst verbrachte, verlief folglich unglücklich. Im Juli 1900 lief sie auf Grund und wurde zwei Jahre später abgemustert, um entsorgt zu werden. 1907 wurde sie abgewrackt, während ihr Schwesterschiff *Hero* im folgenden Jahr als Übungsziel eingesetzt und dann von Kanonieren versenkt wurde.

Herkunftsland:	Großbritannien
Besatzung:	330
Gewicht:	6.299 t
Maße:	88 m x 18 m x 7 m
Reichweite:	9.635 km (5.200 nm) bei 10 Knoten
Panzerung:	304–203-mm-Wasserliniengürtel, 280 mm am Turm
Bewaffnung:	zwei 304-mm-Kanonen
Motorisierung:	Zwillingsschrauben, hängende Verbundmotoren
Leistung:	14 Knoten

Conqueror

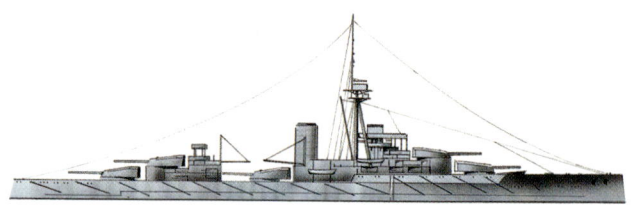

Wegen der größeren Verdrängung gegenüber der vorherigen Klasse konnten die *Conqueror* und ihre drei Schwesterschiffe *Monarch*, *Orion* und *Thunderer* mit den neuen 343-mm-Kanonen ausgerüstet werden, was diese Schiffe zu den ersten „Super-Dreadnoughts" machte. Die *Conqueror* besaß anstelle der 450-mm-Torpedorohre 533-mm-Rohre. Während die *Conqueror* schnittiger gebaut war als frühere Dreadnoughts, hatte sie doch eine große Schwäche: Der wichtige Feuerkontrollmast war zwischen den Schornsteinen platziert, was bei hoher Geschwindigkeit zu schwer wiegender Beeinträchtigung durch Rauch führte. Im Dezember 1914 wurde sie bei einem Zusammenstoß mit ihrem Schwesterschiff *Monarch* beschädigt. Nach der Reparatur schloss sie sich wieder der Flotte an und nahm an der Schlacht von Jütland 1916 teil. 1922 wurde sie verkauft und abgewrackt.

Herkunftsland:	Großbritannien
Besatzung:	752
Gewicht:	26.284 t
Maße:	177 m x 27 m x 9 m
Reichweite:	12.470 km (6.730 nm) bei 10 Knoten
Panzerung:	304–203-mm-Wasserliniengürtel, 280 mm an den Türmen
Bewaffnung:	zehn 343-mm-Kanonen
Motorisierung:	vier Turbinen mit Getriebewellen
Leistung:	21 Knoten

Conte di Cavour

Die *Conte Di Cavour* wurde 1908 als verbesserte Version der *Dante Alighieri* entwickelt und 1914 fertig gestellt. Ihren Dienst leistete die *Conte Di Cavour* in der Südadria. 1919 ging sie auf Fahrt in die USA, und 1923 wurde sie zur Unterstützung der italienischen Truppen eingesetzt, welche die Insel Korfu besetzt hielten. Zwischen 1933 und 1937 wurde sie von Grund erneuert, wobei sie u.a. neue Motoren und eine längere Hülle bekam. Bei Taranto wurde sie von den Briten durch Torpedos der Flugzeuge der *Illustrious* versenkt. Später wurde die *Conte Di Cavour* wieder flott gemacht und nach Triest geschleppt. Dort wurde sie wieder aufgebaut. Nach der Kapitulation Italiens erbeuteten die Deutschen das Schiff im September 1943. Sie wurde 1945 schließlich bei einem Luftangriff versenkt.

Herkunftsland:	Italien
Besatzung:	1200
Gewicht:	29.496 t
Maße:	186 m x 28 m x 9 m
Reichweite:	8.640 km (4.800 nm) bei 10 Knoten
Panzerung:	254 mm an der Seite und an den Türmen
Bewaffnung:	zehn 320-mm-, zwölf 120-mm-Kanonen
Motorisierung:	Zwillingsschrauben, Turbinen
Leistung:	28,2 Knoten

Conte Verde

Die *Conte Verde* war ein ungewöhnliches Breitseitenschlachtschiff, weil nur Teile des Bugs und des Hecks mit eisernen Platten gepanzert waren, während der Rest der Hülle durch dickes hölzernes Spantenwerk geschützt wurde. Sie gehörte zu einer Gruppe von drei ursprünglich als Fregatten auf Kiel gelegten, aber noch in der Werft in gepanzerte Schlachtschiffe umgewandelten Schiffen. Die Bewaffnung der *Conte Verde* wurde bei oder kurz nach ihrer Fertigstellung 1871 in sechs 254-mm-Kanonen und eine 203-mm-Waffe verändert. 1880 wurde sie ausrangiert und 1898 schließlich verschrottet. Der Name *Conte Verde* („Grüner Graf") ging auf Amedeo VI (1334–1383), dem Grafen von Savoyen, zurück, der Grün als Bekleidungsfarbe bevorzugte. Ihre Schwesterschiffe hießen *Messina* und *Principe de Carignano*. Die *Messina* nahm an der Befreiung Roms im September 1870 teil, die *Principe de Carignano* kämpfte 1866 in der Schlacht um Lissa.

Herkunftsland:	Italien
Besatzung:	572
Gewicht:	3.928 t
Maße:	74 m x 15 m x 6,5 m
Reichweite:	2.160 km (1.200 nm) bei 8 Knoten
Panzerung:	118-mm-Seitenplatten
Bewaffnung:	achtzehn 160-Pfünder-, vier 72-Pfünder-Kanonen
Motorisierung:	eine Schraube, ein Expansionsmotor
Leistung:	10 Knoten

Courageous

Die *Courageous* und ihr Schwesterschiff *Glorious* wurden 1917 als schnelle Kreuzer fertig gestellt. Sie waren mit vier 380-mm-Kanonen schwer bewaffnet, hatten aber nur eine geringe Panzerung. Während der 1920er Jahre war Großbritannien bestrebt, die Zahl seiner Flugzeugträger zu vergrößern, und so wurden beide Schiffe und die ihnen ähnliche *Furious* zu Flugzeugträgern umgewandelt. Der Umbau der *Courageous* wurde im März 1928 beendet. Ihre Aufbauten und ihre Bewaffnung wurden durch einen Flugzeughangar über fast die gesamte Länge des Schiffes ersetzt. Die vorderen 18 m des Hangars waren ein offenes Deck zum Start langsamer Flugzeuge wie der *Swordfish*. Darüber war ein offenes Flugdeck mit zwei großen Aufzügen. Alle drei Schiffe waren in den 1930er Jahren im Dienst und bildeten ganz zu Beginn des 2. Weltkriegs das Rückgrat der britischen Trägerflotte. In den Anfangstagen des Kriegs wurde die *Courageous* vom deutschen *U20* torpediert und versenkt.

Herkunftsland:	Großbritannien
Besatzung:	828
Gewicht:	26.517 t
Maße:	240 m x 27 m x 8 m
Reichweite:	5.929 km (3.200 nm) bei 19 Knoten
Panzerung:	75–50-mm-Gürtel
Bewaffnung:	sechzehn 120-mm-Kanonen, sechs Flugzeugschwärme
Motorisierung:	vier Schrauben, Turbinen
Leistung:	31,5 Knoten

Courbet

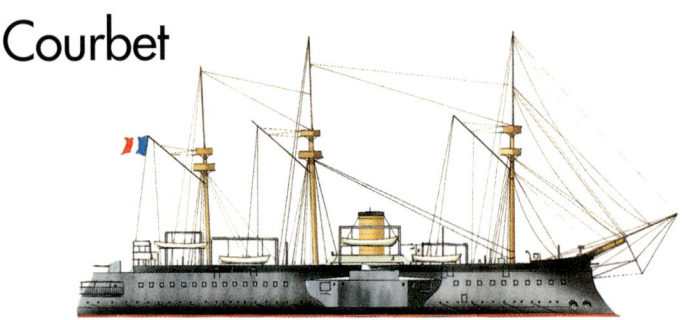

Die größten jemals gebauten Schiffe mit zentraler Batterie, die *Courbet* und ihr Schwesterschiff *Dévastation*, wurden von Frankreich nach dem Deutsch-Französischen Krieg von 1870/71 sofort zur Stärkung der Marine auf Kiel gelegt. Die Schiffe waren starke Kampfeinheiten und waren praktisch und seetüchtig. Zwei nebeneinander gesetzte Schornsteine erhoben sich zwischen der Hauptbatterie. In den 1890er Jahren wurde die Takelung der *Courbet* verändert, so dass jeder Mast zwei Kampftopps bekam. Während ihrer Dienstzeit erlitt sie zwei schwere Unfälle: den ersten 1895, als sie bei den Iles d'Hyères bei einem Manöver auf Grund lief; den zweiten 1898, als in Cadiz ein Anker ein Leck schlug. 1910 wurde sie ausgemustert.

Herkunftsland:	Frankreich
Besatzung:	689
Gewicht:	9.855 t
Maße:	95 m x 20 m x 7,6 m
Reichweite:	3.706 km (2.000 nm) bei 10 Knoten
Panzerung:	380–178-mm-Eisengürtel, 238 mm an der Batterie
Bewaffnung:	vier 340-mm-, vier 266-mm-Kanonen
Motorisierung:	Zwillingsschrauben, vertikale Verbundmotoren
Leistung:	15 Knoten

Couronne

Die 1861 vom Stapel gelaufene *Couronne* war das erste Großkampfschiff, dessen Hülle aus Eisen bestand. Nach ihrer Fertigstellung 1862 erwies sie sich als seetauglicher als ihre Zeitgenossen mit hölzerner Hülle und wurde daher 70 Jahre nach ihrem Stapellauf immer noch eingesetzt. Ursprünglich befanden sich die Kanonen als breitseitige Batterie hinter der Panzerung, aber die Bewaffnung wurde mehrfach verändert. Nach Entfernung der gesamten Panzerung wurde sie 1885 zum Übungsschiff für Kanoniere. 1910 wurde die *Couronne* zum Hulk und erst 1934 abgewrackt. Ihre lange Karriere erbrachte den Nachweis, dass in der Kriegsführung zur See Schiffen mit eiserner Hülle die Zukunft gehörte. Nur die Kanonen an der Breitseite erinnerten noch an eine längst vergangene Zeit.

Herkunftsland:	Frankreich
Besatzung:	570
Gewicht:	6.173 t
Maße:	80 m x 17 m x 8 m
Reichweite:	4.465 km (2.410 nm) bei 10 Knoten
Panzerung:	102–80-mm-Eisengürtel
Bewaffnung:	dreißig 163-mm-Kanonen
Motorisierung:	eine Schraube, horizontale Rücklaufmotoren
Leistung:	13 Knoten

Custoza

Die *Custoza* war das zweite österreiche Großkampfschiff mit eiserner Hülle. Sie wurde dazu entworfen, die Ramme möglichst wirksam einzusetzen, und war eines der größten Schiffe mit zentraler Batterie, die je gebaut wurden. 1877 wurde ihre volle Takelung reduziert, in den frühen 1880er Jahren kamen kleinere Kanonen hinzu und drei 350-mm-Torpedorohre. 1914 wurde die *Custoza* in ein Kasernenschiff umgewandelt und 1920 Italien als Reparation übergeben, aber kurze Zeit später verschrottet. An dem im August 1872 vom Stapel gelaufenen Schiff zeigte sich, wie wichtig die Ramme zu dieser Zeit im Seekrieg war, wichtiger als genauere und stärkere Kanonen.

Herkunftsland:	Österreich
Besatzung:	548
Gewicht:	7.730 t
Maße:	95 m x 17,6 m x 8 m
Reichweite:	3.000 km (1.620 nm) bei 10 Knoten
Panzerung:	203-mm-Gürtel, 178 mm an den Kasematten
Bewaffnung:	acht 260-mm-, sechs 89-mm-Kanonen
Motorisierung:	eine Schraube, horizontale Verbundmotoren
Leistung:	13,7 Knoten

Cyclops

Die *Cyclops* und ihre drei Schwesterschiffe *Gorgo, Hecate* und *Hydra* waren gut gepanzerte Schiffe mit niedrigem Freibord, bei denen die Struktur der Hülle die beiden Türme schützte. Auf der überhängenden Brücke befanden sich die Boote , die von einer einzigen, am Mast befestigten Spiere abgelassen wurden. Obwohl sie ausdrücklich zur Hafenverteidigung entwickelt waren, wurden diese Schiffe auch für den allgemeinen Küstenschutz eingesetzt. Zwischen 1887 und 1889 wurden alle vier Schiffe grundlegend neu aufgebaut. Die 1871 vom Stapel gelaufene *Cyclops* wurde erst 1877 fertig gebaut, wonach sie den größten Teil ihrer Dienstzeit bis zu ihrem Verkauf 1903 in Reserve stand. Ihre Schwesterschiffe erwiesen sich als unzulängliche Panzerschiffe. Sie dienten alle bei einem Sondergeschwader der Royal Navy und wurden 1903 verkauft.

Herkunftsland:	Großbritannien
Besatzung:	150
Gewicht:	3.535 t
Maße:	68,5 m x 14 m x 5 m
Reichweite:	6.000 km (3.000 nm) bei 10 Knoten
Panzerung:	152–203 mm an den Seiten der Hülle, 203–228 mm oben an der Hülle, 228–254 mm an den Türmen
Bewaffnung:	vier 254-mm-Kanonen
Motorisierung:	Zwillingsschrauben, horizontale, direkt übersetzte Motoren
Leistung:	11 Knoten

Danmark

Das 1864 auf Kiel gelegte Panzerschiff *Danmark* hieß ursprünglich *Santa Maria*. Sie wurde bei der Glasgower Werft Thompson von Leutnant North von der amerikanischen Konföderiertenmarine bestellt. Die amerikanische Finanzkrise zu dieser Zeit und Verzögerungen bei den Ratenzahlungen verzögerten ihre Fertigstellung. So wurde sie schließlich an Dänemark verkauft, das sich gerade im Krieg mit Preußen befand, und in *Danmark* umbenannt. Vor ihrer Fertigstellung wurde sie bereits neu aufgebaut und am 1. Juni 1869 in Dienst gestellt. Nach einem weiteren Neuaufbau 1876/77 wurde sie als Unterkunftsschiff verwendet, da sie kaum seetauglich war und in ihrer ursprünglichen Rolle wenig verwendet werden konnte. 1907 wurde die *Danmark* abgewrackt.

Herkunftsland:	Dänemark
Besatzung:	530
Gewicht:	4823 t
Maße:	82 m x 15 m x 6 m
Reichweite:	3.335 km (1.800 nm) bei 6 Knoten
Panzerung:	112-mm-Eisenplatten
Bewaffnung:	zwölf 152-mm-, zwölf 203-mm-Kanonen
Motorisierung:	Verbundmotoren, eine Schraube
Leistung:	8,5 Knoten

Dante Alighieri

Die von Admiral Masdea entworfene *Dante Alighieri* war der erste in Italien gebaute Dreadnought und das erste Schlachtschiff, das über auf der Mittellinie angeordnete Drillingstürme verfügte. Das 1909 auf Kiel gelegte Schiff wurde 1912 fertiggestellt. 1923 wurde sie neu aufgebaut und bekam einen Dreifußmast. Im 1. Weltkrieg war sie das Flagg-schiff der italienischen Flotte in der Südadria, obwohl sie keinen tatsächlichen Einsatz zu verzeichnen hatte. Als Italien 1915 in den Krieg eintrat, umfasste die Flotte sechs Dread-noughts (vier weitere befanden sich im Bau). Der Hauptstützpunkt der Flotte war eigentlich Triest. Der Großteil der Flotte wurde jedoch später nach Taranto verlegt, um vor österreichi-schen Luftangriffen sicher zu sein. Obwohl die italienische Kriegsflotte während des Kriegs kaum tätig wurde, führten ihre Schiffe eine erfolgreiche Blockade der östlichen Adriaküste durch. 1928 wurde die *Dante Alighieri* verschrottet.

Herkunftsland:	Italien
Besatzung:	981
Gewicht:	22.149 t
Maße:	168 m x 26,5 m x 10 m
Reichweite:	9.265 km (5.000 nm) bei 10 Knoten
Panzerung:	152–249-mm-Gürtel
Bewaffnung:	zwölf 304-mm-, zwanzig 120-mm-Kanonen
Motorisierung:	drei Turbinen, vier Schrauben
Leistung:	22 Knoten

Danton

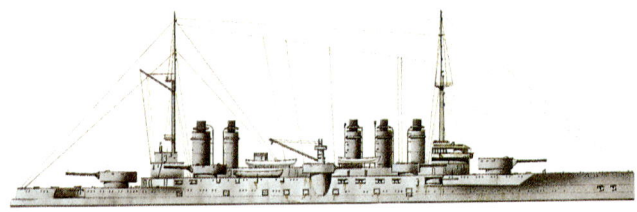

Die *Danton* und ihre fünf Schwesterschiffe waren die letzten von der französischen Marine in Auftrag gegebenen Schlachtschiffe, bevor die nur mit großkalibrigen Kanonen ausgestattete britische *Dreadnought* erschien und den Schiffsbau revolutionierte. Die mächtigen Schiffe der *Danton*-Klasse kamen jedoch zu spät, um eine ernste Herausforderung für die nun in Dienst gestellten Dreadnoughts zu sein. Das nach Georges Jacques Danton, einem der Führer der Französischen Revolution, benannte Schlachtschiff wurde 1908 in Brest auf Kiel gelegt und lief im Juli 1909 vom Stapel. 1911 wurde sie fertig gestellt und begleitete im 1. Weltkrieg anfangs Mittelmeerkonvois. 1915 machte sie Station in der Adria und 1916 in der Ägäis. Am 19. März 1917 wurde sie auf der Fahrt von Toulon nach Korfu von zwei Torpedos des deutschen U-Boots *U64* getroffen und sank südwestlich von Sardinien, wobei 296 Menschen ums Leben kamen.

Herkunftsland:	Frankreich
Besatzung:	753, später 923
Gewicht:	19.761 t
Maße:	146,5 m x 25,8 m x 9 m
Reichweite:	6.066 km (3.370 nm) bei 10 Knoten
Panzerung:	270-mm-Gürtel, 300 mm an den Haupttürmen
Bewaffnung:	vier 304-mm-Kanonen
Motorisierung:	Turbinen, vier Schrauben
Leistung:	19,3 Knoten

Dauphin Royale

Als Kardinal Richelieu 1624 an die Macht kam, ging er daran, Frankreichs einstmals mächtige Marine wieder aufzubauen. Er bestellte fünf Schiffe in Holland, die den Beginn einer großen Flotte darstellten, zu der auch die *Dauphin Royale* gehörte, die die britisch-holländische Flotte vor Beachy Head im Juni 1690 bekämpfte. Die *Dauphin Royale* war ein großes Schiff mit zwei Hauptkanonendecks und einem Oberdeck. Die französische Flotte vor Beachy Head zählte insgesamt 70 Vollschiffe mit 4.600 Kanonen und 28.000 Mann Besatzung. Zu dieser Zeit befand sich ein Teil der englischen Flotte im Mittelmeer, und ein anderer Teil begleitete Wilhelm von Oranien nach Irland, so dass die britisch-holländische Flotte nur 55 Schiffe gegen die 80 der französischen Marine aufbringen konnte. Trotz dieser Überlegenheit konnte der kommandierende französische Admiral Tourville keinen Sieg erringen.

Herkunftsland:	Frankreich
Besatzung:	350
Gewicht:	etwa 1.100 t
Maße:	unbekannt
Reichweite:	unbekannt
Panzerung:	keine
Bewaffnung:	104 Kanonen
Motorisierung:	keine
Leistung:	etwa 8 Knoten

Dédalo

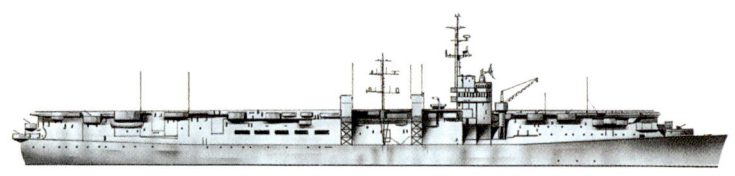

Die *Dédalo* gehörte früher unter dem Namen *Cabot* zur US-Marine. Sie war 1942 als Kreuzer auf Kiel gelegt worden, wurde jedoch im folgenden Jahr als Flugzeugträger der *Independence*-Klasse fertig gestellt. Nach ihrem Dienst im 2. Weltkrieg wurde die *Cabot* 1947 ausgemustert. 1967 wurde sie Spanien geliehen, das sie 1972 kaufte und in *Dédalo* umbenannte. Ihr normales Luftgeschwader bestand aus vier Luftgruppen: einer mit acht Matador-V/STOL-Flugzeugen (*Harrier*), einer mit vier Sea-King-ASW-Hubschraubern, einer mit vier Agusta-Bell-212-ASW-Hubschraubern zur elektronischen Kriegsführung und einer mit vier spezialisierten Hubschraubern (z.B. Bell-AH-1G-Kampfhubschraubern zur Unterstützung amphibischer Landungen). Insgesamt konnten höchstens sieben Luftgruppen á vier Flugzeuge an Bord des Trägers stationiert werden. Die *Dédalo* blieb in Dienst, bis sie 1987 durch den Träger *Principe de Asturias* ersetzt wurde.

Herkunftsland:	USA
Besatzung:	1.112
Gewicht:	16.678 t
Maße:	190 m x 22 m x 8 m
Reichweite:	13.500 km (7.500 nm) bei 12 Knoten
Panzerung:	127-mm-Gürtel
Bewaffnung:	sechsundzwanzig 40-mm-Kanonen, sieben V/STOL-Flugzeuge, 20 Hubschrauber
Motorisierung:	Turbinen, vier Schrauben
Leistung:	30 Knoten

Demologos

Die *Demologos* war das erste dampfgetriebene Kriegsschiff der Welt und zur Küstenverteidigung im Krieg gegen Großbritannien gedacht. Das Schiff hieß ursprünglich *Fulton I.*, hatte eine Zwillingshülle und wurde im Juni 1814 auf Kiel gelegt. Ein Schaufelrad wurde in die Lücke zwischen den beiden Hüllen eingebaut, wo es vor feindlichem Feuer gut geschützt war. Das Schiff wurde mit Lateinsegeln getakelten Doppelmasten samt Klüvern fertiggestellt. Der Krieg mit Großbritannien war jedoch bereits vorüber, bevor das Schiff zum Einsatz kam, und so wurde die *Demologos* außer Dienst gestellt und in New York als Lager verwendet. Am 4. Juni 1829 zerstörte eine Explosion unter Deck das gesamte Schiff. Das nächste dampfgetriebene Kriegsschiff der US-Marine war 1837 die *Fulton II.*

Herkunftsland:	USA
Besatzung:	150
Gewicht:	2.514 t
Maße:	47,5 m x 17 m x 3 m
Reichweite:	2.965 km (1.600 nm) bei 6 Knoten
Panzerung:	keine
Bewaffnung:	zwanzig 32-Pfünder-Kanonen
Motorisierung:	ein Schaufelrad, ein schiefer Dampfzylinder, Verbundmotoren
Leistung:	7 Knoten

Denver

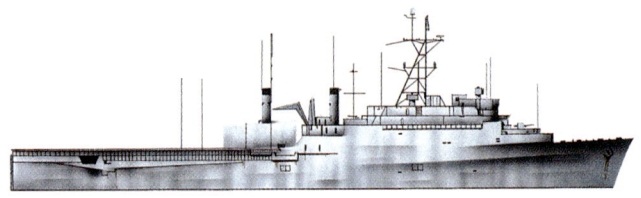

Die *Denver* gehört zur elf Schiffe zählenden und gegenüber den vorigen Raleighs vergrößerten Austin-Klasse, die über eine höhere Truppen- und Fahrzeugkapazität verfügen und 900 Soldaten und 2.540 Tonnen Fracht befördern können. Die *Denver* hat am Heck auch eine umfassende Andockeinrichtung, an der bis zu 20 Landungsboote festmachen können. Der Zugang zum Dock erfolgt über wuchtige, verschließbare Tore im Heck. Anders als die *Raleigh*-Gruppe hat die Austin-Klasse einen Hubschrauberhangar, der groß genug ist, kurzfristig sechs oder langfristig zwei Hubschrauber aufzunehmen. Unter normalen Betriebsbedingungen gehören zur Atlantikflotte eine Raleigh und fünf Austins, bei der Pazifikflotte sind es sechs Austins und eine Raleigh. Alle Schiffe der Austin-Klasse wurden in den 1980er Jahren neu aufgebaut, wodurch sich ihre Dienstzeit um 15 Jahre verlängerte.

Herkunftsland:	USA
Besatzung:	447, bis 930 Soldaten
Gewicht:	9.477 t
Maße:	174 m x 30,5 m x 7 m
Reichweite:	14.824 km (8.000 nm) bei 15 Knoten
Panzerung:	100–175-mm-Gürtel
Bewaffnung:	acht 76-mm-Kanonen
Motorisierung:	Turbinen mit Doppelschraube
Leistung:	20 Knoten

Derfflinger

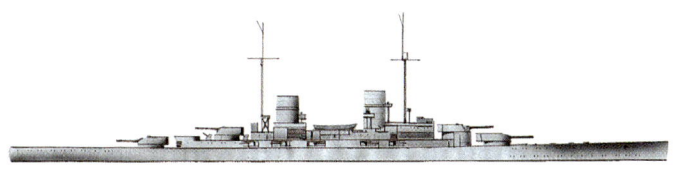

Am 16. Dezember 1914 gehörte die *Derfflinger* zu den deutschen Kriegsschiffen, die an der Nordostküste Englands die *Scarborough* und die *Whitby* bombardierten. Kurz darauf wurde sie im Januar 1915 in der Schlacht an der Dogger Bank schwer beschädigt. Im folgenden Jahr nahm die *Derfflinger* an der Schlacht vor Jütland teil und versenkte den britischen Schlachtkreuzer *Queen Mary* mit 11 Salven. Sie selbst wurde während dieser Schlacht von je zehn 380-mm- und 304-mm-Geschossen getroffen. Obwohl daraufhin Feuer an Bord ausbrach, sie schwer Leck schlug und hinter den Türmen ernsthaft beschädigt war, überstand sie die Schlacht. Die *Derfflinger* und ihre beiden Schwesterschiffe *Hindenburg* und *Lützow*, waren alle 1913 in Dienst gestellt worden. Die *Derfflinger* wurde 1919 von ihrer Besatzung versenkt und 1934 zur Verschrottung gehoben.

Herkunftsland:	Deutschland
Besatzung:	1.112
Gewicht:	30.706 t
Maße:	210 m x 29 m x 8 m
Reichweite:	10.080 km (5.600 nm) bei 12 Knoten
Panzerung:	300-mm-Gürtel an der Wasserlinie
Bewaffnung:	acht 304-mm-Kanonen
Motorisierung:	Turbinen mit vier Schrauben
Leistung:	28 Knoten

Deutschland

Vor 1871 besaß Preußen nur eine kleine Marine zur Küstenverteidigung. Die Blockade durch die französische Marine während des französisch-preußischen Kriegs überzeugte die deutsche Regierung schließlich von der Notwendigkeit einer größeren Marine. Deswegen begann man in den 1870er Jahren, neun Großkampfschiffe hauptsächlich in deutschen Werften zu bauen. Die *Deutschland*, ein Schiff der Kaiser-Klasse, war insofern eine Ausnahme, als sie – als letztes deutsches Großkampfschiff – im Ausland gebaut wurde. Sie wurde 1874 in Großbritannien auf Kiel gelegt und war ein mächtiges Schiff mit zentraler Batterie, deren Hauptbewaffnung sich in einem Panzerkasten mittschiffs konzentrierte. 1882 wurde ihre Bewaffnung geändert, und 1895 wurde sie als schwerer Kreuzer mit militärischen Masten, die ihre ursprüngliche Takelung ersetzten, neu aufgebaut. 1906 wurde die *Deutschland* außer Dienst gestellt und 1909 abgewrackt.

Herkunftsland:	Deutschland
Besatzung:	656
Gewicht:	8.939 t
Maße:	90 m x 19 m x 8 m
Reichweite:	4.576 km (2.470 nm) bei 10 Knoten
Panzerung:	254–127-mm-Gürtel, 203–229 mm an den Kasematten
Bewaffnung:	acht 254-mm-Kanonen
Motorisierung:	ein horinzontaler Expansionsmotor, eine Schraube
Leistung:	13 Knoten

Deutschland

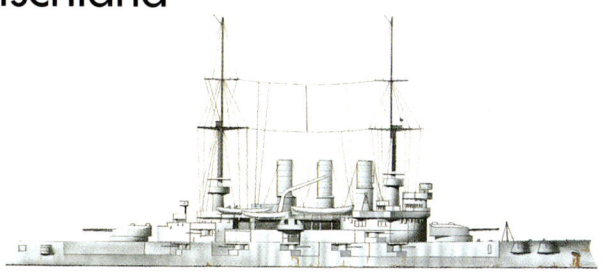

Die *Deutschland* gehörte zu den letzten deutschen Vorgängermodellen der Dreadnoughts, die zwischen 1903 und 1905 auf Kiel gelegt wurden. Die Deutschland-Klasse zeichnete sich durch ihre starke Bewaffnung und verbesserte Panzerung aus. Ihre Schwächen zeigten sich 1916 in der Schlacht von Jütland, als bei einem anderen Schiff dieser Klasse – der *Pommern* – nach einem Torpedotreffer das Magazin explodierte. Der Einsatz von kleinen Röhrenkesseln in der Deutschland-Klasse wurde in der deutschen Marine zum Standard. Die *Deutschland* wurde schon 1922 verschrottet. Zwei weitere Schiffe dieser Klasse, die *Schlesien* und die *Schleswig-Holstein,* waren noch im 2. Weltkrieg im Dienst und wurden im Kampf versenkt: die *Schleswig-Holstein* wurde im Dezember 1944 bei einem Luftangriff versenkt, die *Schlesien* lief im April 1945 in der Ostsee auf eine Mine.

Herkunftsland:	Deutschland
Besatzung:	743
Gewicht:	14.216 t
Maße:	127,6 m x 22 m x 8 m
Reichweite:	8.894 km (4.800 nm) bei 12 Knoten
Panzerung:	248-mm-Gürtel, 280 mm an den Haupttürmen
Bewaffnung:	vierzehn 170-mm-, vier 279-mm-Kanonen
Motorisierung:	Zwillingsschraube, drei Expansionsmotoren
Leistung:	18,5 Knoten

Deutschland

Die *Deutschland* war das erste westdeutsche Seeschiff, dessen Tonnage die nach dem Krieg festgesetzte Grenze von 3.000 Tonnen überschritt. Sie wurde im Mai 1963 in Dienst gestellt und war ein leichter Kreuzer, der auch als Minenleger operieren konnte. Sie verfügte zu Ausbildungszwecken über eine umfangreiche Bewaffnung, zu der 100-mm- und 40-mm-Geschütze, Wasserbombenwerfer und Torpedorohre gehörten. Um die Ausbildungsmöglichkeiten für die 267 Kadetten zu verbessern, verwendete man zwei verschiedene Antriebsarten. Die volle Besatzung der *Deutschland* umfasste 550 Mann. Im Kalten Krieg wäre das Schiff als Minenleger von Nutzen gewesen. Der Einsatz von Seeminen stammt aus den Jahren 1848–1851, als die Preußen den Hafen von Kiel verminten, um die Dänen abzuhalten. Während des Krimkrieges verminten die Russen den Hafen von Kronstadt, um eine Landung der Briten und Franzosen zu verhindern.

Herkunftsland:	Deutschland
Besatzung:	172 plus Kadetten
Gewicht:	5.588 t
Maße:	65 m x 8,9 m x 5,3 m
Reichweite:	6.840 km (3.800 nm) bei 10 Knoten
Panzerung:	50–125 mm
Bewaffnung:	vier 100-mm-Kanonen
Motorisierung:	Dieselmotoren mit drei Schrauben, Turbinen
Leistung:	22 Knoten

Devastation

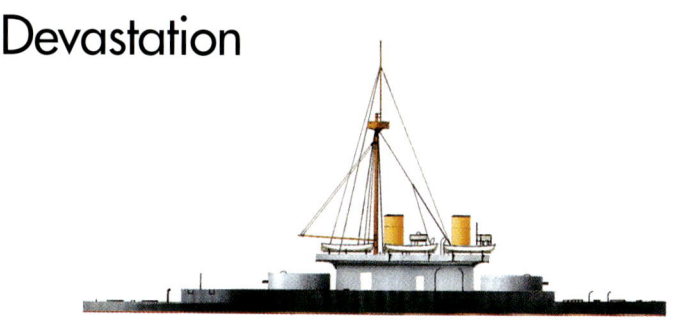

Die 1869 entworfene *Devastation*, ein Schiff mit Brustwehr und Türmen, war ein großer Schritt bei der Fortentwicklung des Schlachtschiffs, denn sie bot eine gute Mischung aus Geschwindigkeit, Panzerung und Bewaffnung. Beim ursprünglichen Entwurf erstreckte sich die Brustwehr nicht über die volle Breite des Schiffs, sondern ein Übergang auf jeder Seite des Hauptdecks wurde frei gelassen. Dieser Bereich wurde später durch einen Überbau bis zu den Seiten des Schiffs bedeckt, der achtern eine Öffnung hatte, so dass die Kanonen mit Maximaldruck schießen konnten. Die 1871 in Dienst gestellte *Devastation* wurde 1879 überholt und erhielt zwischen 1891 und 1892 drei Expansionsmotoren. Zum Neuaufbau gehörte die Installation von Torpedos, Suchscheinwerfern und weiteren Kanonen. Nach 1892 wurde sie als Wachschiff bei Gibraltar eingesetzt, wo sie 1900 durch eine Kanonenexplosion beschädigt wurde. Die *Devastation* wurde 1908 verkauft.

Herkunftsland:	Großbritannien
Besatzung:	358
Gewicht:	9.448 t
Maße:	87 m x 20 m x 8 m
Reichweite:	4.632 km (2.500 nm) bei 10 Knoten
Panzerung:	305–212-mm-Gürtel über 450–400 mm Holz, 304–254 mm an den Türmen, 75–50 mm an Deck
Bewaffnung:	vier 305-mm-Kanonen
Motorisierung:	zwei Schrauben, Koffermotoren
Leistung:	13,8 Knoten

Dévastation

Die massive *Dévastation* mit zentraler Batterie war eines der ersten nach dem Krieg Frankreichs gegen Preußen von 1870/71 fertig gestellten Schiffe. Sie und ihr Schwesterschiff *Courbet* wurden von de Bussy entworfen. Sie stellten verbesserte *Redoutable*-Typen dar, waren aber mit schwereren Waffen versehen. Man nahm an, dass sie zeitgenössischen englischen Schiffen überlegen waren, konnte dies jedoch nicht verifizieren. Ihre Hülle war aus Stahl und Eisen und hatte einen doppelten Boden. Das leicht aufgetakelte Schiff mit zwei Schornsteinen hatte vier Kanonen in der zentralen Batterie, zwei in Barbetten und den Rest an Deck. Die Hauptbatterie war ein permanenter Schwachpunkt und wurde ständig aufgerüstet. 1901 wurden neue Motoren eingebaut. Die *Dévastation* wurde 1922 abgewrackt.

Herkunftsland:	Frankreich
Besatzung:	689
Gewicht:	10.617 t
Maße:	95 m x 21 m x 8 m
Reichweite:	5.188 km (2.800 nm) bei 10 Knoten
Panzerung:	380–178-mm-Eisengürtel
Bewaffnung:	vier 274-mm-, vier 340-mm-Kanonen
Motorisierung:	Zwillingsschrauben, senkrechte Verbundmotoren
>	15,5 Knoten

Dictator

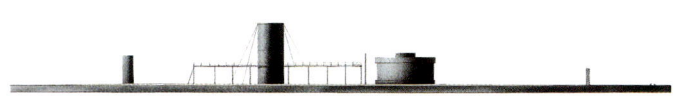

Das Panzerschiff *Dictator* war im Unterschied zu früheren, kleineren Panzerschiffen im Dienst der US-Marine ein wirklich hochseetaugliches Schiff. Sie wurde 1863 auf Kiel gelegt und sollte eine Geschwindigkeit von 16 Knoten und eine Kohlekapazität von 1.000 Tonnen einen großen Einsatzbereich haben. Tatsächlich konnte sie jedoch nur die Hälfte der Kohlemenge bei halber Geschwindigkeit befördern. Das Schiff wurde durch einen Maschinenausfall daran gehindert, am Amerikanischen Bürgerkrieg teilzunehmen. Nach dem Krieg schwand das Interesse an der Marine. Man sah Panzerschiffe lediglich als Küstenverteidigungsschiffe an. Kein Geld wurde für neue Schiffe zur Verfügung gestellt, so dass die Panzerschiffe veralteten. Die *Dictator* wurde 1883 verkauft.

Herkunftsland:	USA
Besatzung:	75
Gewicht:	4509 t
Maße:	95 m x 15 m x 6 m
Reichweite:	unbekannt
Panzerung:	152–25 mm an den eisernen Seiten, 380 mm am Turm, 50 mm an Deck
Bewaffnung:	zwei 380-mm-Kanonen
Motorisierung:	einfache Schraube, Schwinghebelmotoren
Leistung:	etwa 9 Knoten

Dixmude

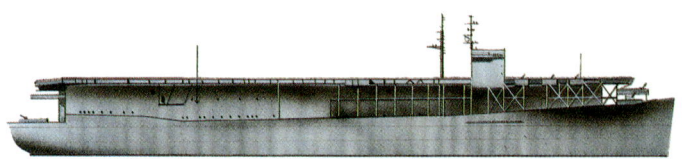

Die 1940 vom Stapel gelaufene *Dixmude* war einer von drei Begleitträgern, die von den USA als Leihgabe für Großbritannien gebaut wurden. Der ursprüngliche Name des Trägers war *Rio Parana*. Das Flugdeck wurde bei der Ankunft in Großbritannien auf 134 m verlängert. 1942 wurden ihre amerikanischen Kanonen durch britische 102-mm-Mk-V-Kanonen ersetzt. Das in *Biter* umbenannte Schiff begleitete hauptsächlich Konvois. Begleitträger wie die *Biter* trugen viel dazu bei, den Kampf im Atlantik zugunsten der Alliierten zu wenden. 1945 wurde sie an die USA zurückgegeben, die sie Frankreich aushändigten, wo man sie in *Dixmude* umbenannte und sie zum Transport von Flugzeugen einsetzte. Zwischen 1946 und 1948 versah sie ihren Dienst in Indochina. In den frühen 1950er Jahren wurde sie entwaffnet und von 1960 an als Unterkunft verwendet. Die *Dixmude* wurde 1966 an die USA zurückgegeben und anschließend verschrottet.

Herkunftsland:	USA
Besatzung:	555
Gewicht:	11.989 t
Maße:	150 m x 23 m x 7,6 m
Reichweite:	7.412 km (4.000 nm) bei 15 Knoten
Panzerung:	50–100 mm
Bewaffnung:	drei 102-mm-Kanonen, fünfzehn Flugzeuge
Motorisierung:	Dieselmotoren, eine Schraube
Leistung:	16,5 Knoten

Dreadnought

Das Schiff wurde ursprünglich von Edward J. Reed als Einheit der Devastation-Klasse entworfen und sollte *Fury* heißen. Während sie sich noch im Bau befand, wurde die Arbeit ausgesetzt, um einen Bericht des Planungskomitees über Stabilität, Schutz und Bewaffnung abzuwarten. Schließlich wurde die *Dreadnought* 1879 als größere Version der *Devastation* beendet, wies aber gegenüber dem früheren Entwurf viele Änderungen auf. 1884 wurde sie in Dienst gestellt. Ihre 317-mm-Kanonen waren von einer neuen Art und wurden von der *Dreadnought* während ihrer ganzen Karriere beibehalten. Der ununterbrochene Panzergürtel war der dickste Schutz eines britischen Kriegsschiffs. Sie diente zehn Jahre bei der Mittelmeerflotte, bevor sie zum Neuaufbau zurückkehrte. Danach wurde sie als Lager für Torpedoboote verwendet. 1908 wurde sie schließlich abgewrackt.

Herkunftsland:	Großbritannien
Besatzung:	369
Gewicht:	11.060 t
Maße:	104,5 m x 19,4 m x 8 m
Reichweite:	9.635 km (5.200 nm) bei 10 Knoten
Panzerung:	356–203-mm-Gürtel, 356–279 mm an der Brücke
Bewaffnung:	vier 317-mm-Kanonen
Motorisierung:	Zwillingsschrauben, senkrechte Verbundmotoren
Leistung:	14,5 Knoten

Dreadnought

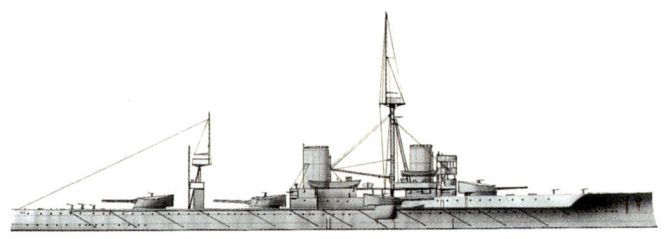

Mit dem Stapellauf der *Dreadnought* 1906 begann eine neue und moderne Ära des Kriegsschiffbaus. Die *Dreadnought* war das erste rein großkalibrige Schlachtschiff und derart überlegen, dass dadurch alle vorhandenen Schlachtschiffe veraltet waren. Die *Dreadnought* wurde im 1. Weltkrieg aktiv eingesetzt und nur von größeren Schiffen ihrer Art übertroffen, denen sie den Gattungsnamen gab. Trotzdem versenkte sie im 1. Weltkrieg nur ein feindliches Fahrzeug, ein deutsches Unterseeboot, das sie rammte. Die *Dreadnought*-Flotte der Royal Navy war bei Ausbruch des 1. Weltkriegs so überbeansprucht, dass die Schiffe nach nur zwei Monaten zur Instandsetzung an ihre Heimathäfen an der Südküste gesandt wurden. Dies bedeutete, dass ständig zwei oder drei der wichtigsten Schiffe der englischen Flotte nicht im aktiven Dienst waren. Die *Dreadnought* wurde 1923 verschrottet.

Herkunftsland:	Großbritannien
Besatzung:	695–773
Gewicht:	22.194 t
Maße:	160,4 m x 25 m x 8 m
Reichweite:	11.916 km (6.620 nm) bei 10 Knoten
Panzerung:	203–279 mm Gürtel, 280 mm an den Türmen
Bewaffnung:	zehn 304-mm-Kanonen
Motorisierung:	Turbinen mit vier Schrauben
Leistung:	21,6 Knoten

Duguesclin

Die *Duguesclin*, ein Schlachtschiff der Vauban-Klasse, hatte eine hölzerne Hülle mit Kupferummantelung und zusätzlich eine Panzerung aus gehämmertem Eisen. Das 1886 fertig gestellte Schiff hatte ursprünglich die Takelung einer schweren Brigg, bekam jedoch später zwei militärische Masten. Die *Duguesclin* hatte ein Schwesterschiff, die *Vauban*. Sie war ein typischer französischer Schlachtschiffentwurf der damaligen Zeit mit dem charakteristischen untersetzten Erscheinungsbild. Französische Marineplaner dieser Zeit betonten die Unterscheidung in Torpedoboote zur Verteidigung und Kreuzer zum Angreifen feindlicher Handelsschiffe. Dennoch wurde der Bau kleinerer Schlachtschiffe zweiter Klasse wie der *Duguesclin* fortgesetzt. Die *Duguesclin* wurde 1904 außer Dienst gestellt.

Herkunftsland:	Frankreich
Besatzung:	440
Gewicht:	6210 t
Maße:	81 m x 17,4 m x 7,6 m
Reichweite:	3.335 km (1.800 nm) bei 10 Knoten
Panzerung:	152–254 mm am Wasserliniengürtel, 203 mm an den Barbetten
Bewaffnung:	sechs 140-mm-, eine 193-mm-, vier 240-mm-Kanonen
Motorisierung:	Zwillingsschrauben, senkrechte Verbundmotoren
Leistung:	14,5 Knoten

Duilio

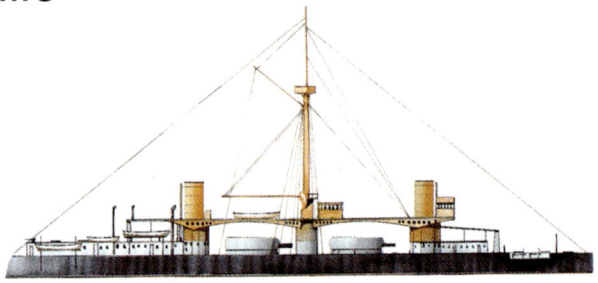

Die *Duilio* und ihr Schwesterschiff *Enrico Dandolo* waren von Benedetto Brin entwickelte Turmschiffe. Als erste Kriegsschiffe waren sie lediglich mit einem militärischen Mast ausgerüstet und nur mit großkalibrigen Kanonen bewaffnet. Obwohl 1873 auf Kiel gelegt, wurde die *Duilio* erst 1880 fertig gestellt. Sie wurde 1890 und erneut 1900 modernisiert. Nachdem sie guten Dienst geleistet hatte, wurde die *Duilio* 1909 entwaffnet und zu einem schwimmenden Öltank umgebaut. Benedetto Brin, der Entwickler der *Duilio*, war ein Ingenieur, dessen Entwürfe viel zur Entwicklung der italienischen Marine beitrugen. Schiffe wie die *Duilio* und die *Dandalo* mit ihren massiven Kanonen regten auch andere Ländern zur Planung ähnlicher Schiffe an. Einige von Brins Schöpfungen wurden in Länder wie Spanien, Argentinien und Japan exportiert.

Herkunftsland:	Italien
Besatzung:	420, später 515
Gewicht:	12.264 t
Maße:	109 m x 19,7 m x 8,3 m
Reichweite:	6.768 km (3.760 nm) bei 10 Knoten
Panzerung:	537 mm an den Seiten, 425 mm an Türmen und Brücke
Bewaffnung:	vier 450-mm-Kanonen
Motorisierung:	Zwillingsschrauben, senkrechte Verbundmotoren
Leistung:	15 Knoten

Duilio

Die zur Doria-Klasse gehörenden Schiffe *Duilio* und ihr Schwesterschiff *Andrea Doria* wurden 1916 fertiggestellt und während ihrer Laufbahn mehrfach verändert; so bekamen sie z.B. 1925 Wasserflugzeuge. Bei der weitreichenden Modernisierung 1937–1940 wurden die Panzerung und die Bewaffnung verbessert, wodurch zwei praktisch neue Schiffe entstanden. Im November 1940 wurde die *Duilio* bei einem britischen Luftangriff auf den Flottenstützpunkt Tarent schwer beschädigt und zur Reparatur nach Genua geschleppt. Weiteren Schaden entkam sie bei der Bombardierung des Hafens durch britische Schiffe im Februar 1941 nur knapp. Noch im selben Jahr kehrte sie in den aktiven Dienst zurück. Sie wurde zum Abfangen von Konvois und als Begleitschiff eingesetzt, bevor sie 1942 der Reserve zugeteilt wurde. Nach ihrer Auslieferung an die Alliierten im September 1943 bei Malta wurde sie als Ausbildungsschiff verwendet. Sie wurde 1957 in La Spezia abgewrackt.

Herkunftsland:	Italien
Besatzung:	1.198
Gewicht:	29.861 t
Maße:	187 m x 28 m x 8,5 m
Reichweite:	8.640 km (4.800 nm) bei 12 Knoten
Panzerung:	254 mm an den Seiten, 279 mm an den Türmen
Bewaffnung:	zehn 320-mm-Kanonen
Motorisierung:	Zwillingsschrauben, Turbinen
Leistung:	27 Knoten

Duke of
Wellington

Die *Duke of Wellington* wurde im Mai 1849 im Dock von Pembroke auf Kiel gelegt. Im Frühjahr 1852 erfuhr sie aufgrund des drohenden Kriegs mit Frankreich einige grundlegende Veränderungen. Dabei wurde das Schiff zu einem Dampfschiff mit einer Motorenstärke von 900 PS. Dennoch sollte es weitere 30 Jahre dauern, bis die Segel zugunsten von Motoren von Kriegsschiffen völlig verschwanden. 1863 wurde sie zum Hafendienst in Portsmouth zu einem Hulk gemacht und 1909 schließlich abgewrackt. Die letzte Flottenaktion nur unter Segeln fand am 20. Oktober 1827 vor Navarino statt, als eine britisch-französisch-russische Streitmacht unter dem Befehl von Sir Edward Codrington die türkisch-ägyptische Flotte zerstörte. Das erste tatsächlich einsetzbare reine Dampfschiff wurde 1802 von William Symington gebaut.

Herkunftsland:	Großbritannien
Besatzung:	970
Gewicht:	5.922 t
Maße:	73 m x 18 m x 7,5 m
Reichweite:	4.632 km (2.500 nm) bei 8 Knoten
Panzerung:	keine
Bewaffnung:	zehn 203-mm-Kanonen und 121 kleinere Waffen
Motorisierung:	eine Schraube, Verbundmotoren
Leistung:	10 Knoten

Dunderberg

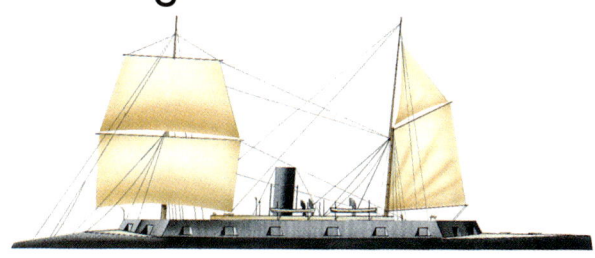

Das Panzerschiff *Dunderberg* war wie eine Brigantine aufgetakelt und kasemattiert. Die zusätzliche Ausstattung bestand aus einem doppelten Boden, Sicherheitsschotts und einer massiven Eichenramme. Obwohl schon Ende 1862 auf Kiel gelegt, wurde sie aus Knappheit an Materialien und Facharbeitern nicht mehr rechtzeitig fertig, um im Amerikanischen Bürgerkrieg eingesetzt zu werden. Nach ihrer Fertigstellung war sie eines der größten und stärksten für die US-Marine gebauten Schiffe. Die Werft kaufte sie der Marine wieder ab und verkaufte sie an Frankreich, wo sie *Rochambeau* genannt wurde. Die Bewaffnung bekam sie erst in Frankreich. Ihr Bug wurde neu aufgebaut, die Ramme entfernt und ihre Maschinen verbessert. Bei der französischen Marine tat sie Dienst auf Streifen in der Nordsee. Sie nahm auch 1870 an der Blockade Preußens teil, wurde aber sonst kaum eingesetzt. Die *Rochambeau* wurde 1872 abgewrackt.

Herkunftsland:	USA
Besatzung:	590
Gewicht:	7.173 t
Maße:	115 m x 22 m x 6,4 m
Reichweite:	4.447 km (2.400 nm) bei 8 Knoten
Panzerung:	89–62,5-mm-Eisengürtel, 112 mm an den Kasematten
Bewaffnung:	acht 279-mm-, zwei 380-mm-Kanonen
Motorisierung:	eine Schraube, rückwärts drehende Motoren
Leistung:	12 Knoten

Dunkerque

Die auf den britischen Schlachtschiffen der Nelson-Klasse basierende *Dunkerque* war das erste nach dem Washingtoner Vertrag von 1922 auf Kiel gelegte Kriegsschiff Frankreichs. Sie war der Höhepunkt einer Serie von Entwürfen, die als Reaktion auf die deutsche Deutschland-Klasse der frühen 1930er Jahre entwickelt wurden. Für die vier geplanten Aufklärungsflugzeuge wurden ein Hangar und ein Katapult eingebaut. Im Oktober 1939 ging sie als Flaggschiff der in Brest stationierten „Force L" mit der Royal Navy auf die Suche nach der deutschen *Admiral Graf Spee*. Bis zur Kapitulation Frankreichs begleitete sie Konvois. Im Juli 1940 wurde sie von britischen Kriegsschiffen bei Mers-El-Kebir sowie durch einen Torpedoangriff drei Tage später unter Verlust von 210 Menschenleben schwer beschädigt. 1942 wurde sie im Hafen von Toulon angebohrt und versenkt. 1953 wurde sie gehoben und als Schrott verkauft.

Herkunftsland:	Frankreich
Besatzung:	1.431
Gewicht:	36.068 t
Maße:	214,5 m x 31 m x 8,6 m
Reichweite:	13.897 km (7.500 nm) bei 15 Knoten
Panzerung:	243–143 mm am Hauptgürtel, 331–152 mm an den Türmen
Bewaffnung:	sechzehn 127-mm-, acht 330-mm-Kanonen
Motorisierung:	vier Schrauben, Turbinen
Leistung:	29,5 Knoten

Eagle

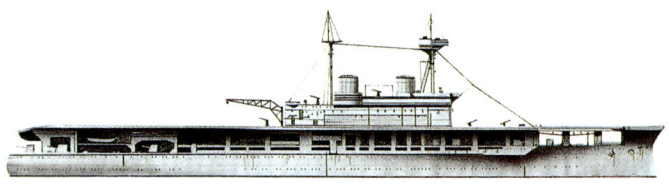

Die *Eagle* wurde ursprünglich 1913 als Super-Dreadnought *Almirante Cochrane* der chilenischen Marine auf Kiel gelegt. Mit Ausbruch des 1. Weltkrieges wurden die Arbeiten unterbrochen und erst 1917 nach dem Kauf durch die britische Marine wieder aufgenommen. Als der Bau des Schiffs Fortschritte machte, wurde es in einen Flugzeugträger umgewandelt und schließlich 1924 in Dienst gestellt. Als Italien auf Seiten der Achsenmächte im Juni 1940 in den Krieg eintrat, war die *Eagle* der einzige Flugzeugträger im Mittelmeer. Die *Eagle* transportierte Kampfflugzeuge auf die besetzte Insel Malta. Zuvor hatte das Schiff vom Flottenstützpunkt in Ceylon (Sri Lanka) aus im Indischen Ozean und im Südatlantik operiert, wobei ihre Hauptaufgabe darin bestand, nach deutschen Handelsstörern zu suchen. Im August 1942 wurde die *Eagle* im Mittelmeer bei einem der Flugzeugtransporte nach Malta vom deutschen U-Boot *U73* versenkt.

Herkunftsland:	Großbritannien
Besatzung:	950
Gewicht:	27.664 t
Maße:	203,4 m x 32 m x 8 m
Reichweite:	5.559 km (3.000 nm) bei 15 Knoten
Panzerung:	112–25-mm-Gürtel, 100 mm an den Schotten, 37,5–25 mm an Deck
Bewaffnung:	fünf 102-mm-, neun 152-mm-Kanonen, 21 Flugzeuge
Motorisierung:	vier Schrauben, Turbinen
Leistung:	22,5 Knoten

Eagle

Mit der Umsetzung der Marineprogramme von 1936 und 1937 und dem Fortschritt beim Bau der Flugzeugträger der Illustrious-Klasse 1938 wurden 1942 Pläne für die Nachfolgemodelle gemacht. Diese Baupläne sahen zwei vollständige Hangars für die zukünftigen schwereren Flugzeuge vor. Die Eagle begann ihren Dienst im Oktober 1951, wurde im Januar 1972 außer Dienst gestellt und 1978 abgewrackt. Sie war das Schwesterschiff der HMS *Ark Royal*. Während ihrer Dienstzeit nahm die Eagle an vielen friedenserhaltenden Einsätzen teil, aber auch an den britisch-französischen Suez-Kanal-Operationen, in denen ihre Flugzeuge zur Unterstützung der Bodenstreitkräfte zahlreiche Luftangriffe flogen.

Herkunftsland:	Großbritannien
Besatzung:	2.740
Gewicht:	47.200 t
Maße:	245 m x 34 m x 11 m
Reichweite:	7.412 km (4.000 nm) bei 20 Knoten
Panzerung:	112-mm-Gürtel, 112–37,5 mm an den Schotten
Bewaffnung:	sechzehn 112-mm-Kanonen
Motorisierung:	vier Schrauben, Turbinen
Leistung:	32 Knoten

Ekaterina II

Aufgrund der geografischen Gegebenheiten in Russland war die damalige Marine in separate Flotten in der Ostsee, im Schwarzen Meer und im Fernen Osten aufgeteilt. Bis in die 1870er Jahre bestand der Großteil der russischen Marine aus Kreuzern zur Handelsstörung. Als Russland jedoch seine Macht auszudehnen versuchte, wurde auch die Stärke zur See durch neue Kriegsschiffe gesteigert. Die *Ekaterina II* wurde für die Schwarzmeerflotte gebaut und war eines der ersten größeren Kriegsschiffe, das drei Expansionsmotoren hatte. Sie und ihre Schwesterschiffe gehörten zu den stärksten Schlachtschiffen ihrer Zeit. Ihre sechs Kanonen waren auf einem birnenförmigen Schanzwerk mittschiffs befestigt. Die *Ekaterina II* wurde 1906 als Schlachtschiff zweiter Klasse neu eingestuft und ein Jahr später als Übungsziel verwendet. Sie wurde 1907 bei einem Zielschießen vor dem Hafen von Tendra versenkt.

Herkunftsland:	Russland
Besatzung:	674
Gewicht:	11.224 t
Maße:	100,9 m x 21 m x 8,5 m
Reichweite:	2.500 km (1.350 nm) bei 12 Knoten
Panzerung:	400–203-mm-Gürtel, 305 mm an den Schanzen
Bewaffnung:	sechs 304-mm-Kanonen
Motorisierung:	Zwillingsschrauben, drei senkrechte Expansionsmotoren
Leistung:	16 Knoten

Emanuele Filiberto

Die *Emanuele Filiberto* wurde 1893 auf Kiel gelegt, lief 1897 vom Stapel und wurde 1902 fertig gestellt. Ihe Feuerkraft war jedoch zu gering für ein Schlachtschiff ihrer Klasse. Auch ihre Geschwindigkeit und Seetauglichkeit waren durch den niedrigen Freibord von 4,4 m vorn und 3 m achtern unzulänglich. Mittschiffs hatte sie hohe Aufbauten, an der die beiden Schornsteine, der Mast und ihre Boote befestigt waren. Ihre vier 254-mm-Hauptgeschütze waren in zwei gepanzerten Türmen untergebracht, die auf Barbetten gestellt wurden, um bei stürmischer See noch ausreichend über dem Wasserspiegel zu sein. Ihre sekundäre Bewaffnung von acht 152-mm-Geschützen befand sich an den Seiten und auf dem Hauptaufbau. Im türkisch-italienischen Krieg von 1911 operierte sie vor Tripolis zur Unterstützung der italienischen Streitkräfte. 1912 war sie Teil der Einsatztruppe, die Rhodos einnahm. Im gesamten 1. Weltkrieg wurde sie in der Adria eingesetzt. Sie wurde 1920 außer Dienst gestellt.

Herkunftsland:	Italien
Besatzung:	565
Gewicht:	10.058 t
Maße:	111,8 m x 21 m x 7,2 m
Reichweite:	9.900 km (5.500 nm) bei 12 Knoten
Panzerung:	248–122-mm-Gürtel
Bewaffnung:	acht 152-mm-, vier 254-mm-Kanonen
Motorisierung:	Zwillingsschrauben, drei Expansionsmotoren
Leistung:	18 Knoten

Engadine

Bei Ausbruch des 1. Weltkrieges wandelte die britische Admiralität eine Reihe schneller Dampfer, die normalerweise im Kanalverkehr eingesetzt waren, in Wasserflugzeugträger um. Die *Engadine* und ihr Schwesterschiff *Riviera* gehörten dazu. Bereits im Dezember 1914 befanden sie sich im Einsatz gegen deutsche Luftschiffhangars bei Cuxhaven. Die *Engadine* wurde 1915 umgebaut und leistete dann ihren Dienst bei der britischen Marine. Dabei nahm sie an Suchaktionen und U-Boot-Patrouillen teil und verfolgte deutsche Luftschiffe, die zu dieser Zeit vermehrt das britische Festland angriffen. In der Schlacht von Jütland 1916 führte ein Short-184-Wasserflugzeug der *Engadine* den ersten Aufklärungsflug für eine Flotte im Einsatz aus und übermittelte per Funk die Position der deutschen Kriegsschiffe. Später diente die *Engadine* im Mittelmeer, bevor sie 1919 an ihre Eigentümer zurückgegeben wurde.

Herkunftsland:	Großbritannien
Besatzung:	250
Gewicht:	1702 t
Maße:	96,3 m x 12,5 m
Reichweite:	2.779 km (1.500 nm) bei 18 Knoten
Panzerung:	50-mm-Gürtel
Bewaffnung:	zwei 102-mm-, eine 6-Pfünder-Kanone, sechs Wasserflugzeuge
Motorisierung:	drei Schrauben, Turbinen
Leistung:	21 Knoten

Engadine

Die zur Ausbildung von Hubschraubermannschaften zum Einsatz auf hoher See entwickelte *Engadine* wurde im August 1965 auf Kiel gelegt. Flugzeuge können in einem großen Hangar achtern vom Schornstein untergebracht werden. Die *Engadine* kann vier Wessex- und zwei WASP-Hubschrauber oder zwei der größeren Sea Kings befördern. Ihre Besatzung setzt sich aus einer Mannschaft von 81 Mann und weiteren 113 Auszubildenden zusammen. Die *Engadine* kann auch unbemannte Zielflugzeuge steuern. Sie ist das einzige Schiff ihrer Art, das den Hubschrauberbesatzungen, die zur Verteidigung von Schiffen gegen U-Boote dienen, eine gründliche Ausbildung ermöglicht. Die *Engadine* ist Teil der Reserveflotte der britischen Marine, die u.a. aus Logistik-, Öl- und Tankschiffen besteht. Zur besseren Schiffskontrolle bei Hubschrauberoperationen ist sie mit Denny-Brown-Stabilisatoren ausgerüstet.

Herkunftsland:	Großbritannien
Besatzung:	75 plus 113 Auszubildende
Gewicht:	9.144 t
Maße:	129,3 m x 17,8 m x 6,7 m
Reichweite:	9.265 km (5.000 nm) bei 14 Knoten
Panzerung:	keine
Bewaffnung:	keine
Motorisierung:	eine Schraube, Dieselmotoren
Leistung:	16 Knoten

Enrico Dandolo

Nach der Schlacht von Lissa 1866 wurde das Budget der italienischen Marine deutlich gekürzt, in der zweiten Regierungszeit von Augusto Riboty besserte sich die Situation jedoch wieder. Gelder zum Bau völlig neuer Schiffe wurden bewilligt. Auf Riboty folgte Saint Bon, der Benedetto Brin völlig freie Hand ließ, schwer bewaffnete, gut gepanzerte und schnelle Großkampfschiffe zu entwickeln. Die *Enrico Dandolo* und ihr Schwesterschiff *Duilio* waren die ersten dieser Schiffe. Sie waren auch die ersten Kriegsschiffe, die nur mit großkalibrigen Kanonen und ohne Segelvorrichtung gebaut wurden. 1913 wurde die *Enrico Dandolo* bei Tobruk in Libyen als Wachschiff eingesetzt. Im 1. Weltkrieg diente sie vor Brindisi und vor Venedig als schwimmende Batterie. 1920 wurde sie außer Dienst gestellt. Das Schiff wurde nach Enrico Dandalo (1108–1205) benannt, dem Dogen von Venedig, der Konstantinopel im vierten Kreuzzug eroberte.

Herkunftsland:	Italien
Besatzung:	550
Gewicht:	12.461 t
Maße:	109,2 m x 19,7 m x 8,8 m
Reichweite:	1.830 km (1.000 nm) bei 10 Knoten
Panzerung:	550 mm am Gürtel mittschiffs, 400 mm an Türmen und Brücke
Bewaffnung:	vier 450-mm-Kanonen
Motorisierung:	Zwillingsschrauben, drei senkrechte Expansionsmotoren
Leistung:	15,6 Knoten

Enterprise

Frühe Entwürfe der *Enterprise* sahen ein ebenes Deck vor. Man merkte jedoch bald, dass so landende Flugzeuge durch Rauch behindert würden. Also entwickelte man eine Inselstruktur zur Befestigung der Schornsteine und der Kontrollzentren. Die Flugzeughangars bestanden aus leichten, von der Hülle unabhängigen Strukturen, die durch Rolläden abgeschlossen werden konnten. Nach ihrem Einsatz in der Schlacht von Midway 1942, in der ihre Sturzbomber drei japanische Träger versenkten, wurde die *Enterprise* wieder instand gesetzt. Außer Midway zeichnete sie sich im 2. Weltkrieg noch bei Guadalcanal, den östlichen Solomon-Inseln, den Gilbert-Inseln, Kwajalein, Eniwetok, Hollandia, Saipan, in der Schlacht im Philippinenmeer, bei Palau, Leyte, Luzón, Taiwan, an der chinesischen Küste, bei Iwo Jima und Okinawa aus. Sie erhielt fünf Bombentreffer und überstand zwei Kamikazeangriffe vor Okinawa. Obwohl es Versuche gab, sie als Denkmal zu erhalten, wurde sie 1958 verkauft.

Herkunftsland:	USA
Besatzung:	2.175
Gewicht:	25.908 t
Maße:	246,7 m x 26,2 m x 7,9 m
Reichweite:	21.600 km (12.000 nm) bei 12 Knoten
Panzerung:	102–62,5-mm-Gürtel, 37,5 mm an Deck, 102 mm an den Schotten
Bewaffnung:	acht 127-mm-Kanonen
Motorisierung:	vier Schrauben, Turbinen
Leistung:	37,5 Knoten

Enterprise

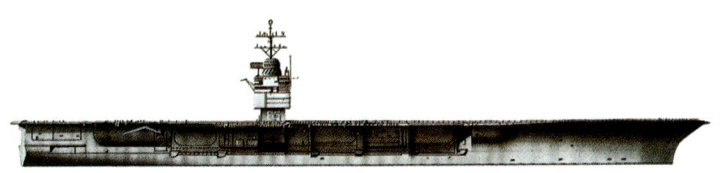

Man hatte bereits 1946 an atomar angetriebene Flugzeugträger gedacht, aber die hohen Kosten verschoben das Projekt immer wieder. Die *Enterprise* hatte durch den Antrieb eine Reichweite von 650.000 Kilometern bei 20 Knoten. Als sie 1961 fertig gestellt wurde, war sie das größte Schiff der Welt und das zweite atomar angetriebene Kriegsschiff im Dienst. Ihr Stauraum fasste u.a. 12.250.000 l Kerosin und 2.560 t Artillerie für die Flugzeuge. Sie wurde 1979–1982 überholt und erhielt eine überarbeitete Inselstruktur. Die *Enterprise* befördert offensive taktische Raketen mit Atomsprengköpfen, wie z.B. die 10-kT-B61, 20-kT-B57, 100-kT-B61, 330-kT-B61 und 900 kT aus der Luft abgeworfene Schwerkraftbomben sowie 10-kT-Wasserbomben. Auch 1,4-mT-B43 und 1,1-mT strategische Atomwaffen können befördert werden. Das Flugzeuggeschwader der *Enterprise* ist in Größe und Struktur dem der Träger der Nimitz-Klasse ähnlich.

Herkunftsland:	USA
Besatzung:	3325 (Besatzung), 1891 (Flugzeugcrews), 71 Marineinfanteristen
Gewicht:	91.033 t
Maße:	335,2 m x 76,8 m x 10,9 m
Reichweite:	643.720 km (400.000 nm) bei 20 Knoten
Panzerung:	geheim
Bewaffnung:	Boden-Luft-Raketen, 90 Flugzeuge
Motorisierung:	vier Schrauben, Turbinen (Dampf wird durch 8 Atomreaktoren erzeugt)
Leistung:	32 Knoten

Erin

Die ursprünglich unter dem Namen *Reshadieh* für die türkische Marine gebaute *Erin* wurde vor ihrer Fertigstellung durch die britische Marine übernommen. Sie diente bis zum Ende des 1. Weltkrieges in der britischen Flotte. Obwohl ihre Kohlenkapazität um 1.150 Tonnen geringer war als die der Schlachtschiffe der King-George-V.-Klasse, beeinträchtigte dies nicht ihre gute Leistung. Die *Erin* war auch kürzer und breiter als damalige britische Schlachtschiffe, hatte aber die Angriffskraft eines Schiffs der Iron-Duke-Klasse. Ihre hauptsächlichen Unterscheidungsmerkmale waren zwei dicht nebeneinander stehende Schornsteine und ein Dreibeinmast, dessen Beine nach vorn gingen. Sie wurde von Sir Richard Thurston entwickelt, ihre Turbinen kamen von Parsons (Vickers). 1917 wurde die *Erin* überholt, 1919 kam sie zur Reserve, und 1921 wurde sie abgewrackt.

Herkunftsland:	Großbritannien
Besatzung:	1.070
Gewicht:	25.654 t
Maße:	170,5 m x 27,9 m x 8,6 m
Reichweite:	9.540 km (5.300 nm) bei 12 Knoten
Panzerung:	305–102-mm-Gürtel, 254–75 mm an den Barbetten, 203–102 mm an den Schotten
Bewaffnung:	zehn 343-mm-Kanonen
Motorisierung:	vier Schrauben, Turbinen
Leistung:	21 Knoten

Erzherzog Albrecht

Die *Erzherzog Albrecht* war das erste eiserne Kriegsschiff der österreichisch-ungarischen Marine. Bei ihrer Entwicklung stand die Offensivkraft im Vordergrund, und so wurde ihre Panzerung auf Kosten der Geschwindigkeit verstärkt. Das 1872 vom Stapel gelaufene Schiff war bis 1908 im Dienst, wurde dann in *Feuerspeier* umbenannt und als Ziel für Schießübungen verwendet. 1920 wurde sie Italien als Reparation ausgehändigt und in *Buttafuaco Custoza* umbenannt. 1946 wurde sie verschrottet. Das nach Erzherzog Albrecht (1817–1895), dem Feldmarschall der österreichischen Streitkräfte, benannte Schiff war eines der 34 österreichisch-ungarischen Kriegsschiffe, die den Alliierten unter den Bedingungen der Waffenstillstandsvereinbarung neben 15 zwischen 1910 und 1918 fertig gestellten U-Booten übergeben werden mussten. Alle anderen Schiffe mussten abgerüstet werden.

Herkunftsland:	Österreich
Besatzung:	540
Gewicht:	6.075 t
Maße:	89,6 m x 17 m x 6,7 m
Reichweite:	4.289 km (2.320 nm) bei 10 Knoten
Panzerung:	203-mm-Gürtel, 178 mm an den Kasematten
Bewaffnung:	acht 240-mm-Kanonen
Motorisierung:	eine Schraube, ein horizontaler 2-Zylinder-Motor
Leistung:	12,8 Knoten

Erzherzog Karl

Die *Erzherzog Karl* war eines der drei letzten österreichischen Vorgängermodellen der Dreadnought. Im 1. Weltkrieg war sie in der Adria in Dienst. 1919 wurde sie vom ehemaligen Jugoslawien übernommen. 1920 wurde sie als Teil der österreichischen Kriegsreparationen an Frankreich übergeben und verschrottet. Sie hatte als erstes Kriegsschiff ihre Sekundärbewaffnung in elektrisch angetriebenen Türmen. Die *Erzherzog Karl* und ihre Schwesterschiffe, *Erzherzog Ferdinand Max* und *Erzherzog Friedrich* waren gute Schiffe für ihre Größe, aber bereits zur Zeit ihrer Fertigstellung zwischen 1906 und 1910 veraltet. Die *Erzherzog Karl* wurde nach Erzherzog Karl (1771–1847), dem Feldmarschall und Befehlshaber der österreichischen Streitkräfte gegen Napoleon, benannt. Die *Erzherzog Friedrich* wurde an Großbritannien, die *Erzherzog Ferdinand Max* an Frankreich abgetreten.

Herkunftsland:	Österreich
Besatzung:	700
Gewicht:	10.640 t
Maße:	126,2 m x 21,7 m x 7,5 m
Reichweite:	7.412 km (4.000 nm) bei 10 Knoten
Panzerung:	210-mm-Gürtel, 240 mm an den Türmen
Bewaffnung:	zwölf 190-mm-, vier 240-mm-Kanonen
Motorisierung:	Zwillingsschrauben, drei Expansionsmotoren
Leistung:	20,5 Knoten

España

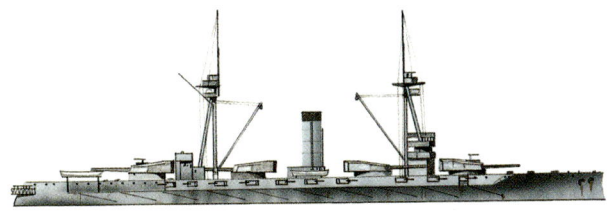

Die *España* und ihre beiden Schwesterschiffe verbanden die Dreadnought-Bewaffnung mit den Ausmaßen der Vorgängermodelle der Dreadnought. 1923 lief die *España* im Nebel vor der Küste Marokkos auf Grund und konnte nicht mehr gerettet werden. Die *Alfonso XIII*, eines der Schwesterschiffe, übernahm 1931 ihren Namen, ging aber 1937 unter, nachdem sie im Spanischen Bürgerkrieg auf eine Mine lief, welche von den Faschisten gelegt worden war. Die España-Klasse kleinerer Schlachtschiffe wurde mit technischer Unterstützung Grobritanniens in Spanien gebaut. Sie hatte vier paarweise angeordnete Türme, einen Schornstein und zwei Dreibeinmasten. Die Fertigstellung der *Jaime*, wurde durch den 1. Weltkrieg aufgehalten. Das erst 1921 fertig gestellte Schiff wurde vermehrt im Spanischen Bürgerkrieg eingesetzt. Im Juni 1937 wurde sie durch eine Explosion vor Cartagena, bei der über 300 Menschen umkamen, versenkt.

Herkunftsland:	Spanien
Besatzung:	845
Gewicht:	15.991 t
Maße:	140 m x 24 m x 7,8 m
Reichweite:	9.000 km (5.000 nm) bei 10 Knoten
Panzerung:	203–75-mm-Gürtel, 75 mm an der Batterie, 203 mm an den Türmen
Bewaffnung:	zwanzig 102-mm-, acht 305-mm-Kanonen
Motorisierung:	vier Schrauben, Turbinen
Leistung:	19,5 Knoten

Essex

Bis zum Ende der 1930er führten die zunehmenden Bedürfnisse der Marine nach Luftschutz zu einer explosionsartigen Vergrößerung der Flugzeugträger, und so wurde eine größere Hülle eingeführt, um das Kerosin für insgesamt 91 Flugzeuge unterzubringen. Es gab 24 Schiffe der Essex-Klasse, die ein vergrößerter Entwurf der früheren Yorktown-Flugzeugträger-Klasse war. Die *Essex* wurde im April 1941 auf Kiel gelegt und 1942 in Dienst gestellt. 1969 wurde sie aus dem aktiven Dienst entfernt und 1973 schließlich verschrottet. Die *Essex* zeichnete sich im 2. Weltkrieg in der Schlacht mehrfach aus: bei Angriffen auf die Marcus- und Wake-Inseln, die Gilbert-Inseln und Kwajalein (1943); Angriffe auf Truk und die Marianen, Saipan, Guam, Tinian, Palau und in der Schlacht im Philippinenmeer (1944); bei Angriffen auf Luzón, die Küste Chinas, die Ryukus, Iwo Jima, Okinawa und Japan (1945). Im November 1944 wurde der Träger vor Leyte und im April 1945 erneut vor Okinawa durch Kamikazetreffer beschädigt.

Herkunftsland:	USA
Besatzung:	2.687
Gewicht:	35.438 t
Maße:	265,7 m x 29,2 m x 8,3 m
Reichweite:	27.000 km (15.000 nm) bei 12 Knoten
Panzerung:	102–62,5 mm an Gürtel und Hangar-Deck
Bewaffnung:	zwölf 127-mm-Kanonen, 91 Flugzeuge
Motorisierung:	vier Schrauben, Turbinen
Leistung:	32,7 Knoten

Europa

Die *Europa* begann als britisches Handelsschiff *Manila* mit einer Bruttoverdrängung von nur 4.200 Tonnen. 1898 wurde ihr Name in *Salacia* geändert. 1911 wurde sie an Deutschland verkauft. Anschließend lief sie als *Quarto* unter italienischer Flagge. 1915 wurde sie dann von der italienischen Marine gekauft und in einen Wasserflugzeugträger umgewandelt. So war sie das erste italienische Schiff, das mit Flugzeugen mit festen Tragflächen operierte. Nach ihrem Umbau hatte die *Europa* zwei große Flugzeughangars, einen vor und den anderen hinter den niedrigen Aufbauten. Am Bug war ein großer Davit befestigt, der als Winde beim Starten und Einholen der Flugzeuge eingesetzt wurde. Sie konnte acht Wasserflugzeuge transportieren und operierte normalerweise mit einer Gruppe von sechs Kampf- und zwei Aufklärungsflugzeugen. Von Oktober 1915 bis Januar 1916 war sie in Brindisi stationiert, dann bis 1918 in Verona. Sie überstand den 1. Weltkrieg, wurde aber dennoch 1920 verschrottet.

Herkunftsland:	Italien
Besatzung:	394
Gewicht:	8945 t
Maße:	123 m x 14 m x 7,6 m
Reichweite:	10.747 km (5.800 nm) bei 10 Knoten
Panzerung:	100-mm-Gürtel, 50 mm an den Hangars
Bewaffnung:	zwei 30-mm-Flugabwehrkanonen, acht Wasserflugzeuge
Motorisierung:	eine Schraube, drei senkrechte Expansionsmotoren
Leistung:	12 Knoten

Feth-I-Bulend

Im Bemühen, das Osmanische Reich gegen die russische Expansionspolitik zu unterstützen, stand Großbritannien den Türken beim Aufbau einer starken, modernen Seeflotte zur Seite. In den 1860er und 1870er Jahren wurden sowohl von Großbritannien als auch von Frankreich viele moderne, gepanzerte Kriegsschiffe für das Osmanische Reich gebaut, so dass dieses schließlich die drittgrößte Seeflotte der Welt besaß. Ein Großteil dieser Entwicklung wurde vom britischen Offizier zur See, Hobart Paschas, organisiert. Zu den Schiffen dieser Zeit gehörte die *Feth-I-Bulend*, ein von Blackwell in London gebautes, eisernes Schiff mit zentraler Batterie. Die *Feth-I-Bulend* wurde 1868 auf Kiel gelegt und 1872 fertig gestellt. Zwischen 1903 und 1907 überholte man sie. Die *Feth-I-Bulend* wurde 1912 im Balkankrieg vom griechischen Torpedoschiff *Nr. 11* versenkt.

Herkunftsland:	Türkei
Besatzung:	220
Gewicht:	2.805 t
Maße:	72 m x 12 m x 5,5 m
Reichweite:	1.927 km (1.040 nm) bei 10 Knoten
Panzerung:	229–152-mm-Gürtel an der Wasserlinie
Bewaffnung:	vier 229-mm-Kanonen
Motorisierung:	eine Schraube, horizontale Verbundmotoren
Leistung:	13 Knoten

Flandre

Die *Flandre* und ihre neun Schwesterschiffe der Provence-Klasse wurden 1860 genehmigt und zählten zur größten Einzelgruppe französischer Schlachtschiffe. Sie waren ursprünglich als Eisenschiffe geplant, aber wegen der fehlenden Materialien, die zu der Zeit in den Bau einer schwimmenden Batterie für den Krimkrieg gesteckt wurden, hatten neun der zehn Schiffe dennoch Hüllen aus Holz. Das einzige Eisenschiff der Gruppe war die *Heroine*. Entwickelt wurden die *Flandre* und ihre Schwesterschiffe *Gauloise, Guyenne, Heroine, Magnanime, Provence, Revanche, Savoie, Surveillante* und *Valeureuse* von dem bekannten Ingenieur Dupuy de Lome. Die *Flandre* nahm während des Kriegs von 1870 an der Blockade Preußens teil. Die Schiffe wurden ähnlich wie die *La Gloire* konstruiert, hatten jedoch eine stärkere Panzerung. Ihre Kanonen waren alle mit Ausnahme von vier Stück an der Breitseite des Hauptdecks angebracht. 1886 wurde die *Flandre* abgewrackt.

Herkunftsland:	Frankreich
Besatzung:	594
Gewicht:	5.791 t
Maße:	80 m x 17 m x 8,2 m
Reichweite:	4.465 km (2.410 nm) bei 10 Knoten
Panzerung:	152–107,5-mm-Eisengürtel
Bewaffnung:	zweiundzwanzig 152-mm-, zehn 55-Pfünder-Kanonen
Motorisierung:	eine Schraube, horizontale Verbundmotoren
Leistung:	13,9 Knoten

Flandre

Die *Flandre* wurde im Oktober 1913 als Schiff einer Klasse von fünf Einheiten auf Kiel gelegt. Diese Klasse besaß größere Kanonenkaliber als ihre Vorgänger. Man entschied sich, je vier der 340-mm-Kanonen in drei Türmen unterzubringen. Die Arbeit an den Schiffen wurde 1914 gestoppt. Man ließ sie vom Stapel laufen, um die Docks frei zu bekommen. Vier der Schiffe wurden 1924–1925 verschrottet, und nur die *Béarn* wurde als Flugzeugträger fertig gestellt. Nachdem diese auf Grund gelaufen war, wurde sie von den Amerikanern bei Martinique festgehalten und nach Puerto Rico geschleppt. 1943–1944 wurde sie in New Orleans überholt, neu bewaffnet, bekam ein verkürztes Flugdeck und wurde als Flugzeugtransporter neu eingestuft. 1945–1946 wurde das der freien französischen Marine übergebene Schiff bei der Wiedereroberung des damaligen Indochinas durch Frankreich eingesetzt.

Herkunftsland:	Frankreich
Besatzung:	1.200
Gewicht:	25.230 t
Maße:	176,4 m x 27 m x 8,7 m
Reichweite:	11.700 km (6.500 nm) bei 12 Knoten
Panzerung:	300-mm-Gürtel, 340–250 mm an den Türmen
Bewaffnung:	zwölf 340-mm-, vierundzwanzig 140-mm-Kanonen
Motorisierung:	vier Schrauben – zwei für die Turbinen und zwei für die drei vertikalen Expansionsmotoren
Leistung:	21 Knoten

Florida

Die 1901 vom Stapel gelaufene *Florida* war eines von vier Schiffen der Arkansas-Klasse, der letzten für die US-Marine gebauten Panzerschiffe mit großkalibrigen Kanonen. Der Panzergürtel erreichte 37,5 mm auf dem gepanzerten Deck sowie unten und seitlich bis zu 127 mm. Die 305-mm-Kanonen befanden sich in einem Turm vorn. Zwei der vier 102-mm-Geschütze befanden sich hinter den Aufbauten, die beiden anderen unter der Brücke. Alle Schiffe der Klasse dienten einige Zeit als Begleitschiffe für U-Boote. 1908 wurde die *Florida* in *Tallahassee* umbenannt und zuerst als experimentelles Artillerieschiff und dann als Begleitschiff für U-Boote verwendet. Im 1. Weltkrieg diente sie im Panamakanal, bei den Jungferninseln und den Bermudas. Von 1920–1922 war sie als Schulschiff der Reserve eingesetzt. 1922 wurde sie schließlich verkauft und abgewrackt, ihr Schwesterschiff *Wyoming* hingegen wurde erst 1939 verkauft.

Herkunftsland:	USA
Besatzung:	270
Gewicht:	3277 t
Maße:	77,75 m x 15,25 m x 3,8 m
Reichweite:	3.113 km (1.680 nm) bei 10 Knoten
Panzerung:	279–127-mm-Gürtel, 279–229 mm an Barbetten und Türmen
Bewaffnung:	zwei 306-mm-, vier 102-mm-Kanonen
Motorisierung:	Zwillingsschrauben, drei senkrechte Expansionsmotoren
Leistung:	12,5 Knoten

Foch

Die 1957 auf Kiel gelegte und 1963 fertig gestellte *Foch* ist der zweite Flugzeugträger der Clémenceau-Klasse. 1981–1982 wurde sie überholt, so dass sie mit taktischen Kernwaffen ausgerüstet werden konnte. 1984 erhielt sie ein Satellitenfernmeldesystem. Weitere Verbesserungen waren ein Raketen-Punktverteidigungssystem anstelle der 100-mm-Kanonen, ein neuer Katapultmechanismus und ein Laserlandesystem für das Flugdeck. Das Raketensystem wurde 1996 noch einmal verbessert. Trotz dieser Neuerungen beherbergt die *Foch* kein volles Luftgeschwader mehr, sondern teilt sich seit 1975 ein Geschwader mit ihrem Schwesterschiff *Clémenceau*. Teilweise wird die *Foch* auch als Hubschrauberträger eingesetzt. Ihr Angriffspotenzial besteht aus Super-Etendard-Angriffsflugzeugen, welche mit AN52-15-kT taktischen Atombomben ausgerüstet werden können. Sie soll bis 2003 in Dienst bleiben.

Herkunftsland:	Frankreich
Besatzung:	1.338 (als Flugzeugträger), 984 (als Hubschrauberträger)
Gewicht:	32.255 t
Maße:	265 m x 31,7 m x 8,6 m
Reichweite:	13.500 km (7.500 nm) bei 12 Knoten
Panzerung:	geheim
Bewaffnung:	acht 100-mm-Kanonen, Crotale- und Sadral-Boden-Luft-Raketen, 40 Flugzeuge
Motorisierung:	zwei Dampfturbinen mit Getriebewellen
Leistung:	32 Knoten

Formidabile

Die in französischen Docks gebauten Schiffe *Formidabile* und *Terribile* wurden vor der Einigung Italiens für die sardische Marine eigentlich als schwimmende Batterien mit 30 Kanonen entwickelt, stattdessen aber als hochseetaugliche Panzerschiffe mit einer Breitseite von 20 Kanonen gebaut. Zusätzlich bekamen sie acht 203-mm-Geschütze. Sie waren die ersten italienischen Panzerschiffe. Die *Formidabile* wurde 1860 in La Seyne-sur-Mer auf Kiel gelegt und lief 1861 vom Stapel. Am 17. Juli 1866 wurde sie von den Küstenbatterien von Porto San Giorgio bei Lissa beschädigt, wobei drei Menschen umkamen. Danach nahm sie 1870 an der Befreiung Roms teil. Von 1887 an wurde sie bei La Spezia als Übungsschiff für Artillerie und Torpedos verwendet. 1903 wurde die *Formidabile* aus dem aktiven Dienst entfernt.

Herkunftsland:	Italien
Besatzung:	371
Gewicht:	2.769 t
Maße:	65,8 m x 13,6 m x 5,4 m
Reichweite:	2.340 km (1.300 nm) bei 10 Knoten
Panzerung:	85-mm-Gürtel, 102 mm an der Brücke
Bewaffnung:	sechzehn 164-mm-, vier 203-mm-72-Pfünder-Kanonen
Motorisierung:	eine Schraube, ein Expansionsmotor
Leistung:	10 Knoten

Formidable

Von 1877 bis 1879 legte Frankreich sieben Schiffe mit Barbetten auf Kiel; das letzte davon war die *Formidable*. Sie hatte ihre drei 371-mm-Geschütze in einzelnen Barbetten auf der Mittellinie des Hauptdecks, auf dem sich auch die Sekundärbatterie befand. Der Stahlgürtel ging über die volle Länge des Schiffs, aber nur 30,5 cm davon befanden sich über Wasser. Die *Formidable* war eines der beiden Schiffe der Baudin-Klasse, das zweite hieß *Amiral Baudin*. Die Schiffe wurden in 1897–1898 überholt, wobei die Barbetten mittschiffs entfernt und durch Kasematten ersetzt, der Großmast geändert und neue Dampfkessel eingebaut wurden. Die *Formidable* lief 1895 bei Übungen in Hyères auf Grund. 1903 kam sie zur Reserve und diente in Landevennec als Stützpunktschiff. 1911 wurde sie aus dem Marinedienst entfernt.

Herkunftsland:	Frankreich
Besatzung:	650
Gewicht:	11.908 t
Maße:	101,4 m x 21,3 m x 8,5 m
Reichweite:	5.559 km (3.000 nm) bei 10 Knoten
Panzerung:	559–356-mm-Gürtel, 405 mm an den Barbetten
Bewaffnung:	drei 371-mm-, vier 160-mm-, zehn 140-mm-Kanonen
Motorisierung:	Zwillingsschraubne, senkrechte Verbundmotoren
Leistung:	16 Knoten

Formidable

Das Programm der britischen Marine von 1936 sah den Bau zweier 23.000-Tonnen-Träger vor. Die ersten Entwürfe basierten auf denen der *Ark Royal*. Angesichts der Tatsache, dass ein Krieg in Europa immer näher rückte und die Träger ständigen Luftangriffen ausgesetzt sein würden, wurden Schutz durch Panzerung und Defensivbewaffnung wichtig. Der Flugzeughangar wurde in einen gepanzerten Kasten eingebaut, von dem man annahm, dass er gegen 227-kg-Bomben und 152-mm-Geschützfeuer gefeit sei. Die *Formidable* wurde 1940 in Belfast fertiggestellt. Während eines Flugzeugtransports nach Malta erlitt sie bei einem Luftangriff ernste Beschädigungen. Nach ihrer Reparatur diente sie im Pazifik und überstand mehrere Kamikazeangriffe. Die Träger der britischen Flotte besaßen im Gegensatz zur ihren amerikanischen Gegenstücken gepanzerte Flugdecks und waren weniger verwundbar für Luftangriffe. 1953 wurde die *Formidable* verschrottet.

Herkunftsland:	Großbritannien
Besatzung:	1.997
Gewicht:	28.661 t
Maße:	226,7 m x 29,1 m x 8,5 m
Reichweite:	20.383 km (11.000 nm) bei 14 Knoten
Panzerung:	112 mm an Gürtel, Hangars und Schotten
Bewaffnung:	sechzehn 112-mm-Kanonen, 36 Flugzeuge
Motorisierung:	drei Schrauben, Turbinen
Leistung:	30,5 Knoten

Forrestal

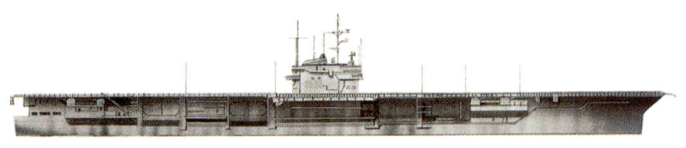

Die *Forrestal* und ihre drei Schwesterschiffe wurden 1951 genehmigt. Die großen Ausmaße waren nötig, um mit schnellen Kampfjets zu operieren, die mehr Treibstoff als ihre Vorgänger mit Kolbenmotoren verbrauchten. Die mit einem abgewinkelten Flugdeck und vier Dampfkatapulten ausgerüstete *Forrestal* hatte Stauraum für etwa 3.400.000 Liter Kerosin und 1.670 Tonnen Flugzeugartillerie. Bis zu ihrer Überholung 1965 diente sie bei der Atlantikflotte, bevor sie für Operationen vor Vietnam zur Pazifikflotte versetzt wurde. Im Juli 1967 wurde sie schwer beschädigt, als bei der Startvorbereitung der Flugzeuge auf dem Flugdeck Feuer ausbrach, wodurch Bomben und Munition explodierten. 132 Menschen kamen dabei ums Leben. Zwischen 1983 und 1985 wurde die *Forrestal* grundlegend überholt.

Herkunftsland:	USA
Besatzung:	(Schiffsbesatzung) 2.764, (Flugzeugbesatzung) 1.912
Gewicht:	80.516 t
Maße:	309,4 m x 73,2 m x 11,3 m
Reichweite:	21.600 km (12.000 nm) bei 10 Knoten
Panzerung:	geheim
Bewaffnung:	acht 127-mm-Kanonen, 90 Flugzeuge
Motorisierung:	vier Schrauben, Turbinen
Leistung:	33 Knoten

Francesco Caracciolo

Die Arbeit an der *Francesco Carracciolo* und ihren drei Schwesterschiffen der Carraciola-Klasse wurde 1914 begonnen, aber 1916 eingestellt, damit Material und Arbeitskräfte zum Bau von Zerstörern, U-Booten und leichten Schiffen verfügbar waren. Die Arbeit wurde im Oktober 1919 wieder aufgenommen, aber nach dem Stapellauf wurde die Hülle der *Francesco Carracciolo* im Oktober 1920 an die zivile Flotte verkauft. Diese beabsichtigte, sie in ein Handelsschiff oder einen Flugzeugträger umzuwandeln, aber aus Geldmangel wurden diese Pläne fallen gelassen. So wurde sie 1921 verschrottet. Ihre Schwesterschiffe *Cristoforo Colombo*, *Francesco Morosini* und *Marcantonio Colonnal* waren bei Arbeitsabbruch weniger fortgeschritten. Sie wurden noch auf den Docks verschrottet. Dem Entwurf nach hätte die *Francesco Carracciolo* vier großzügig verteilte Türme gehabt, und die 152-mm-Kanonen wären in zwei Gruppen nahe der Schiffsmitte angeordnet gewesen.

Herkunftsland:	Italien
Besatzung:	1.200
Gewicht:	34.544 t
Maße:	212 m x 29,6 m x 9,5 m
Reichweite:	14.824 km (8.000 nm) bei 10 Knoten
Panzerung:	300 mm an den Seiten, 400 mm an den Türmen
Bewaffnung:	acht 380-mm-, zwölf 152-mm-Kanonen
Motorisierung:	vier Schrauben, Turbinen
Leistung:	28 Knoten

Francesco Morosini

Die *Francesco Morosini* wurde 1880 genehmigt, 1881 im Seearsenal von Venedig auf Kiel gelegt und im April 1889 fertig gestellt. Ihr Entwurf und der ihrer beiden Schwesterschiffe der Ruggiero-di-Lauria-Klasse basierte auf dem Turmschiff *Duilio*, umfasste jedoch Verbesserungen wie eine erhöhte Back und Hinterlader-Kanonen. Die *Francesco Morosini* wurde als Übungsziel im September 1909 versenkt. Das Schiff wurde nach dem venezianischen Dogen Francesco Morosini (1608–1694) benannt, einem Kommandanten zur See und auf Land zur Zeit der Bedrohung Italiens durch die Türken, welche 1683 Wien belagerten und den Kaiser Leopold I. vertrieben. Schließlich wurden die Türken von dem Polen Johann Sobieski und dem Herzog von Lothringen besiegt und vertrieben. Die Venezianer waren ebenfalls siegreich, und so mussten die Türken das von ihnen besetzte Griechenland aufgeben.

Herkunftsland:	Italien
Besatzung:	509
Gewicht:	11.914 t
Maße:	105,9 m x 19,8 m x 8,7 m
Reichweite:	5.040 km (2.800 nm) bei 10 Knoten
Panzerung:	451-mm-Gürtel mittschiffs
Bewaffnung:	vier 425-mm, zwei 152-mm-Kanonen
Motorisierung:	Zwillingsschrauben, Verbundmotoren
Leistung:	16 Knoten

Friedrich der Große

Vor der Bildung des Deutschen Reiches 1871 unterhielt Preußen nur eine kleine Marine zur Küstenverteidigung, deren erste Panzerschiffe in Großbritannien gebaut wurden. Ein weiteres Schiff war ursprünglich für die Konföderierten Staaten von Amerika gebaut worden. Es gab jedoch Ausnahmen. So wurde die *Friedrich der Große* ab 1859 als eines von drei Turmschiffen in der königlichen Marinewerft Kiel gebaut und im November 1877 fertig gestellt. Die Türme befanden sich mittschiffs hinter 2 m dicken Bollwerken, die in der Schlacht herabgelassen wurden. Ihr Schwesterschiff *Großer Kurfüst* wurde 26 Tage nach der Indienststellung versehentlich gerammt und versenkt. Die *Friedrich der Große* und die *Preußen* wurden 1889–1890 modernisiert. Beide Schiffe dienten bis Ende der 1890er Jahre als Wachschiffe und wurden später in Kohlenhulks umgewandelt. Die *Friedrich der Große* wurde 1919 verkauft.

Herkunftsland:	Deutschland
Besatzung:	500
Gewicht:	7.718 t
Maße:	96,6 m x 16,2 m x 7,2 m
Reichweite:	4.632 km (2.500 nm) bei 10 Knoten
Panzerung:	102–229-mm-Gürtel, 203 mm an Türmen und Brücke
Bewaffnung:	vier 259-mm-Kanonen
Motorisierung:	eine Schraube, horizontaler Verbundmotor
Leistung:	14 Knoten

Friedrich Carl

Das zentrale Batterieschiff *Friedrich Carl* war das erste Kriegsschiff, das ausdrücklich für die deutsche Marine bestellt wurde. Das Schiff wurde in Toulon entworfen und gebaut. Während des Deutsch-Französischen Krieges von 1870/71 war die *Friedrich Carl* im Jadebusen stationiert. 1873 nahm sie an der Seeblockade Cartagenas teil. Im Juli zeichnete die *Friedrich Karl* für die Beschlagnahmung der aufständischen Schaluppe *Vigilanta* verantwortlich und nahm einige Wochen später gemeinsam mit dem britischen Schlachtschiff *Swiftsure* die Kapitulation des aufständischen Schlachtschiffs *Vitoria* an, das im September an die spanische Regierung zurückgegeben wurde, nachdem die Mannschaft zuvor in Escombera an Land gesetzt worden war. 1892 wurde die *Friedrich Carl* nach einer Neuausstattung zum Torpedoschulschiff. Sie wurde in *Neptun* umbenannt und 1905 verkauft.

Herkunftsland:	Deutschland
Besatzung:	531
Gewicht:	7.043 t
Maße:	94,1 m x 16,6 m x 8 m
Reichweite:	4.095 km (2.210 nm) bei 10 Knoten
Panzerung:	127–112 mm an Gürtel und Batterie
Bewaffnung:	sechzehn 210-mm-Kanonen
Motorisierung:	eine Schraube, ein horizontaler Expansionsmotor
Leistung:	13,6 Knoten

Frithjof

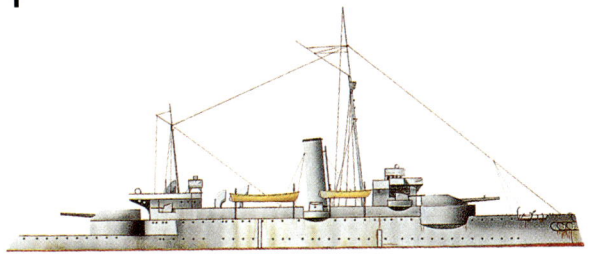

Die *Frithjof* war eines von acht Schiffen der Siegfried-Klasse, die nach Helden der germanischen Mythologie benannt waren und *Siegfried*, *Beowulf*, *Hagen*, *Heimdall* und *Hildebrand* hießen. Sie sollten die Ostseeküste verteidigen. Die Hauptbewaffnung befand sich in drei Türmen – zwei vorn nebeneinander auf einer erhöhten Barbette und der dritte achtern in der Mitte. Die 86-mm-Geschütze der Sekundärbewaffnung befanden sich hinter einer Abschirmung und waren an den Ecken der Aufbauten und in der Mitte der Sponsen befestigt. Zwischen 1900 und 1904 wurden die Schiffe der Klasse überholt, wobei sie neue Dampfkessel und zwei Schornsteine erhielten. Bis 1915 wurde die *Frithjof* zur Küstenverteidigung und ab dem folgenden Jahr als Unterkunftsschiff in Danzig eingesetzt. Die *Frithjof* wurde 1919 verkauft und als Frachtschiff verwendet. 1930 wurde sie abgewrackt.

Herkunftsland:	Deutschland
Besatzung:	276
Gewicht:	3.750 t
Maße:	78,9 m x 14,9 m x 5,8 m
Reichweite:	2.760 km (1.490 nm) bei 10 Knoten
Panzerung:	241–178-mm-Gürtel, 203 mm an den Türmen
Bewaffnung:	drei 239-mm-Kanonen
Motorisierung:	Zwillingsschrauben, drei Expansionsmotoren
Leistung:	14,5 Knoten

Fuji

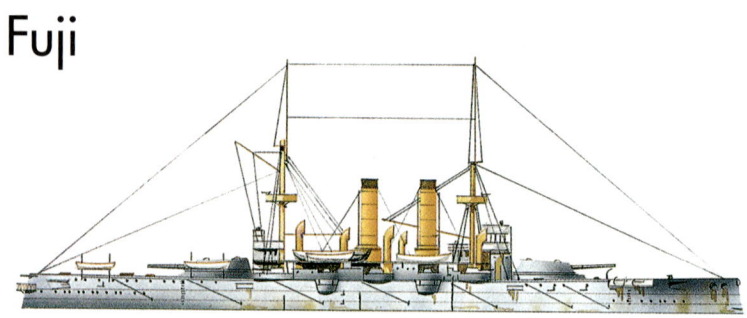

Japan erwartete in den frühen 1890ern einen Krieg mit China und bestellte daher in England zwei moderne Schlachtschiffe, die *Fuji* und die *Yashima*. Sie waren verbesserte Ausführungen der Royal-Sovereign-Klasse, obwohl sie anstelle der 344-mm-Kanonen britischer Schiffe leichtere, aber ebenso wirksame 304-mm-Geschütze besaßen. Ihre Hauptbewaffnung befand sich vorn und achtern im Schiff, während vier der 152-mm-Geschütze auf dem Hauptdeck kasemattiert waren. Die beiden Schiffe waren die ersten modernen Schlachtschiffe der japanischen Marine, wurden aber zu spät für den Chinesisch-Japanischen Krieg von 1894-95 fertiggestellt. Am Russisch-Japanischen Krieg von 1904-05 nahmen sie jedoch teil. Die *Yashima* wurde im Mai 1904 durch eine russische Mine versenkt, die *Fuji* überlebte den Krieg. Sie nahm im August an der Schlacht im Gelben Meer teil und versenkte 1905 in der Schlacht von Tsushima das russische Schlachtschiff *Borodino*. 1923 wurde sie abgewrackt.

Herkunftsland:	Japan
Besatzung:	637
Gewicht:	12.737 t
Maße:	125,3 m x 22,3 m x 8,1 m
Reichweite:	7.412 km (4.000 nm) bei 10 Knoten
Panzerung:	457–356 mm am Hauptgürtel, 102 mm am oberen Gürtel, 356–229 mm an den Barbetten
Bewaffnung:	vier 254-mm-, acht 152-mm-Kanonen
Motorisierung:	Zwillingsschrauben, drei senkrechte Expanionsmotoren
Leistung:	18 Knoten

Fulminant

Die *Fulminant* war ein starkes Küstenverteidigungsschiff mit einem Turm, in dem sich die Hauptbewaffnung befand und der einen Durchmesser von 10,5 m hatte. Die Aufbauten achtern waren schmal, damit die Kanonen im Turm nach hinten feuern konnten, und dienten der weit überhängenden Brücke als Auflage. Ihre Hülle war hauptsächlich aus Stahl. Die *Fulminant* wurde 1875 als Panzerschiff der Tonnesse-Klasse auf Kiel gelegt und 1882 fertig gestellt. In den 1890er Jahren wurde sie als Torpedoversorgungsschiff verwendet und 1908 schließlich außer Dienst gestellt. Zu dieser Zeit bemühte sich die französische Admiralität moderne Dreadnoughts zu bauen, zudem hatte das englisch-französische Bündnis von 1904 Frankreich weitgehend von der Kanalverteidigung befreit, wodurch kein Bedarf nach Schiffen in der Art der *Fulminant* mehr bestand.

Herkunftsland:	Frankreich
Besatzung:	220
Gewicht:	5.663 t
Maße:	75,5 m x 17,5 m x 6,5 m
Reichweite:	3.113 km (1.680 nm) bei 10 Knoten
Panzerung:	330–254-mm-Gürtel, 330 mm an der Brustwehr, 330 305 mm am Turm
Bewaffnung:	zwei 274-mm-Kanonen
Motorisierung:	eine Schraube, horizontale Verbundmotoren
Leistung:	13,7 Knoten

Furieux

Schiffe wie die in Cherbourg gebaute und 1883 vom Stapel gelaufene *Furieux* machten Frankreichs Küstenverteidigung aus, die nicht nur Angriffe von der französischen Küste fernhielt, sondern bei größeren Schlachten auch als zweite Verteidigungslinie diente. Die *Furieux* wurde 1887 als verbesserter Tonnesse-Typ mit größeren Kanonen in Barbetten vorn und achtern, einer schwereren Panzerung und einem Schildkrötenpanzerung fertig gestellt. Ihr Entwurf wurde grundlegend verändert, nachdem sie auf Kiel gelegt worden war. 1902 bis 1904 wurde sie mit zwei 238-mm-Kanonen und einem zusätzlichen Mast neu aufgebaut. Wie die *Fulminant* verlor sie ihre Bedeutung, nachdem die „Entente cordiale" von 1904 eine mögliche Bedrohung durch Großbritannien aufhob. Sie wurde schließlich zum Versorgungsschiff umgewandelt und 1913 abgewrackt.

Herkunftsland:	Frankreich
Besatzung:	235
Gewicht:	6.020 t
Maße:	72,5 m x 17,8 m x 7,1 m
Reichweite:	2.779 km (1.500 nm) bei 10 Knoten
Panzerung:	457–330-mm-Gürtel an der Wasserlinie, 457 mm an den Barbetten
Bewaffnung:	zwei 340-mm-Kanonen
Motorisierung:	Zwillingsschrauben, senkrechte Verbundmotoren
Leistung:	13 Knoten

Furious

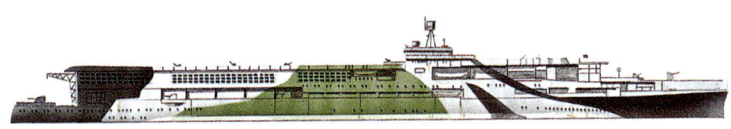

Der Ursprung dieses britischen Flugzeugträgers aus dem 2. Weltkrieg geht auf vor 1914 zurück, als Jack Fisher als Erster Kommandant zur See eine Flotte schneller, mächtiger Kreuzer mit geringem Tiefgang für Einsätze in der Ostsee plante. Die *Furious* war eines von drei solchen Schiffen. Das 1916 vom Stapel gelaufene Schiff wurde 1917 in einen Träger umgewandelt, um die Flugzeugunterstützung für die britische Flotte zu verbessern. Ursprünglich wurden ihr Flugdeck und ihr Hangar über die vorderen Kanonenstellungen gebaut. Nach einem vollständigen Neuaufbau diente sie im 2. Weltkrieg bei der britischen und der Mittelmeerflotte der Alliierten. Von ihr und von der HMS *Eagle* stiegen Kampfflugzeuge in Richtung Malta auf. 1944 griffen ihre Flugzeuge die *Tirpitz* an. Noch im selben Jahr wurde die *Furious* außer Dienst gestellt, sie wurde 1948 verschrottet.

Herkunftsland:	Großbritannien
Besatzung:	1.218
Gewicht:	22.758 t
Maße:	239,6 m x 27,4 m x 7,3 m
Reichweite:	5.929 km (3.200 nm) bei 19 Knoten
Panzerung:	75-mm-Gürtel
Bewaffnung:	sechs 102-mm-Kanonen, 36 Flugzeuge
Motorisierung:	vier Schrauben, Turbinen
Leistung:	30 Knoten

Fuso

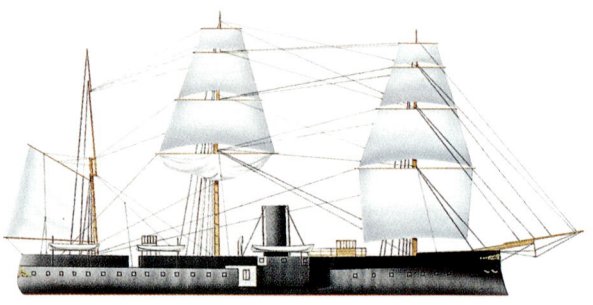

Japan bestellte 1875 drei gepanzerte Schiffe. Zwei davon waren gepanzerte Kreuzer mit Breitseite, das andere war ein starkes Panzerschiff mit zentraler Batterie namens *Fuso*. Alle wurden von Sir Edward Reed entwickelt, einem führenden Schiffsarchitekten. Die 1894 kurz vor dem Krieg mit China überholte *Fuso* verfügte anschließend über acht 152-mm-Kanonen und zwei militärische Masten. Sie nahm dann an der Schlacht von Yalu teil, in der sie beschädigt wurde. Nachdem sie 1897 im Sturm mit dem Kreuzer *Matsushima* zusammengestoßen war, strandete sie und erlitt dabei weiteren Schaden. Im folgenden Jahr wurde sie geborgen und repariert. Sie bildete den Grundstock der modernen japanischen Marine und war das erste in Japan gebaute Panzerschiff. Vor ihrem Bau war die ehemals den Konföderierten Staaten von Amerika gehörende Ramme *Stonewall* Japans einziges Panzerschiff. 1903 wurde sie als Küstenverteidigungsschiff neu eingestuft und 1910 schließlich abgewrackt.

Herkunftsland:	Japan
Besatzung:	250
Gewicht:	3.777 t
Maße:	67 m x 14,6 m x 5,6 m
Reichweite:	8.100 km (4.500 nm)
Panzerung:	102–229-mm-Gürtel an der Wasserlinie, 203 mm an der zentralen Batterie
Bewaffnung:	vier 236-mm-Kanonen
Motorisierung:	Zwillingsschrauben, horizontale Verbundmotoren
Leistung:	13 Knoten

Fuso

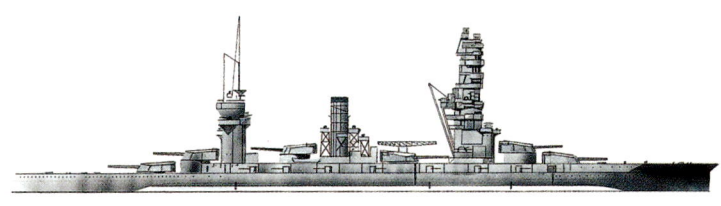

Das Schiff wurde im März 1912 in einer eigenen Werft in Japan auf Kiel gelegt. Bis zu diesem Zeitpunkt waren alle japanischen Schlachtschiffe in britischen Werften gebaut worden. Trotz relativ geringer Panzerung der *Fuso* und ihres Schwesterschiffs *Yamashiro* waren sie schwerer bewaffnet und zwei Knoten schneller als ihre amerikanischen Gegenstücke. Ursprünglich hatte die 1915 fertig gestellte *Fuso* zwei Schornsteine, von denen sich der erste zwischen Brücke und drittem Turm befand. Bei einem grundlegenden Neuaufbau in den 1930er Jahren wurde dieser Schornstein entfernt und durch eine massive Brückenstruktur ersetzt, der Unterwasserschutz verbessert und neue Motoren eingebaut. Im 2. Weltkrieg diente die *Fuso* bei den Aleuten und bei Leyte. Während der Schlacht im Golf von Leyte wurden sie und die *Yamashiro* im Oktober 1944 durch Torpedo- und Geschützfeuer von US-Schlachtschiffen versenkt.

Herkunftsland:	Japan
Besatzung:	1.193
Gewicht:	36.474 t
Maße:	205 m x 28,7 m x 8,6 m
Reichweite:	14.400 km (8.000 nm)
Panzerung:	305–102-mm-Gürtel, 305–120 mm an den Türmen, 203 mm an den Barbetten
Bewaffnung:	zwölf 356-mm-, sechzehn 152-mm-Kanonen
Motorisierung:	vier Schrauben, Turbinen
Leistung:	23 Knoten

Gambier Bay

Die *Gambier Bay* gehörte zu einer Gruppe von 50 leichten Begleitträgern, die auf der unvollendeten Hülle eines von Henry J. Kaiser 1942 produzierten Standardtyps basierten. Alle 50 Schiffe wurden in weniger als einem Jahr beendet. Jedes Schiff dieser Klasse sollte ein Luftgeschwader von neun Kampfflugzeugen, neun Bombern und neun Torpedobombern befördern. Den ersten Auftrag bekam die *Gambier Bay* im Frühjahr 1944, als sie der USS *Enterprise* Flugzeuge brachte und dann die US-Streitkräfte vor Saigon, den Marianen und Leyte unterstützte. Sie wurde im Oktober 1944 im Einsatz vor Samar durch Geschützfeuer versenkt. In dieser Schlacht wehrten leicht bewaffnete Begleitträger die japanische Hauptflotte ab. Alle übrig gebliebenen Schiffe dieser Klasse wurden Ende des Kriegs außer Dienst gestellt.

Herkunftsland:	USA
Besatzung:	860
Gewicht:	11.074 t
Maße:	156,1 m x 32,9 m x 6,3 m
Reichweite:	18.360 km (10.200 nm) bei 12 Knoten
Panzerung:	50-mm-Gürtel
Bewaffnung:	eine 127-mm-, sechzehn 40-mm-Kanonen, 27 Flugzeuge
Motorisierung:	Zwillingsschrauben, Kolbenmotoren
Leistung:	19 Knoten

Gangut

Die *Gangut* wurde zu einer Zeit entwickelt, als sich die meisten Seeschlachten noch Breitseite an Breitseite abspielten, und doch war ihre in einem Turm in der Mitte des Vorderdecks befestigte 305-mm-Kanone nach vorn ausgerichtet. Die vier 229-mm-Kanonen konzentrierten sich in einer durch eine 127-mm-Panzerung geschützten Batterie mittschiffs. Zwei 152-mm-Kanonen waren auf Turmhöhe befestigt, konnten jedoch nur direkt nach vorn feuern. Die beiden anderen 152-mm-Kanonen achtern konnten ebenfalls nicht zur Seite geschwenkt werden. Die 1889 auf Kiel gelegte *Gangut* wurde 1894 beendet. Während ihrer Rückkehr von Schießübungen fuhr sie 1897 auf einen nicht in der Karte verzeichneten Felsen vor dem Hafen von Stralsund auf und sank. In ihrer kurzen Laufbahn hatte sie bei der Ostseeflotte gedient. Russland verwendete in der Ostsee kaum große Schlachtschiffe, da diese ein zu leichtes Ziel geboten hätten.

Herkunftsland:	Russland
Besatzung:	521
Gewicht:	6.697 t
Maße:	88,3 m x 18,9 m x 6,4 m
Reichweite:	4.632 km (2.500 nm) bei 10 Knoten
Panzerung:	400–254-mm-Gürtel, 229–178 mm an den Barbetten, 127 mm an der Batterie
Bewaffnung:	eine 305-mm-, vier 229-mm- und vier 152-mm-Kanonen
Motorisierung:	Zwillingsschrauben, senkrechte Verbundmotoren
Leistung:	14,7 Knoten

Gangut

Die 1911 vom Stapel gelaufene *Gangut* und ihre drei Schwesterschiffe waren Russlands erste Dreadnoughts. Die Reederei Blohm und Voss aus Hamburg bekam den Auftrag, aber die russische Regierung machte zur Bedingung, dass die Schiffe in Russland gebaut werden sollten. Da die russische Industrie jedoch keinen ausreichend zugfesten Stahl produzieren konnte, wurde eine raffinierte, auf der italienischen *Dante Alighieri* basierende Baumethode verwendet. Die Bauzeit war lang, und die *Gangut* wurde erst 1914 fertig gestellt, als sie schon wieder veraltet war. Das Kaliber ihrer Hauptbewaffnung war zu dieser Zeit jedoch das größte auf See. 1919 wurde sie in *Oktyabrskaya Revolutsia* umbenannt. Im „Winterkrieg" gegen Finnland (1939/40) wurde sie zur Bombardierung finnischer Küstenstellungen eingesetzt. Im September 1941 wurde sie bei der Verteidigung Leningrads schwer durch sechs Bomben eines Stuka-Angriffs beschädigt. Im April 1942 trafen sie erneut vier Bomben. 1956–1959 wurde sie verschrottet.

Herkunftsland:	Russland
Besatzung:	1.126
Gewicht:	26.264 t
Maße:	182,9 m x 26,9 m x 8,3 m
Reichweite:	7.412 km (4.000 nm) bei 16 Knoten
Panzerung:	226–102-mm-Gürtel, 203–127 mm an den Türmen, 203 mm an den Barbetten
Bewaffnung:	zwölf 305-mm-, sechzehn 120-mm-Kanonen
Motorisierung:	vier Schrauben, Turbinen
Leistung:	23 Knoten

General Admiral Apraksin

Die 1896 vom Stapel gelaufene *General Admiral Apraksin* gehörte zu einer Klasse von drei Küstenverteidigungsschiffen, die in der Ostsee eingesetzt werden sollten, um der Bedrohung durch Schweden entgegenzuwirken. Der 1,8 m tiefe Panzergürtel erstreckte sich über 53,6 m der Schiffslänge – etwas mehr als die Hälfte der Gesamtlänge – und hatte 153–203 mm dicke Schotten an jedem Ende. Im Februar 1905 fuhr sie als Teil des dritten Pazifikgeschwaders in den Fernen Osten. Am 28. Mai ergab sie sich den Japanern nach der Schlacht von Tsushima, bei der die Japaner sechs Schlachtschiffe versenkten und zwei eroberten, selbst jedoch nur drei Zerstörer verloren. Von einer gemischten Flotte von elf russischen Kreuzern und Panzerschiffen entkamen nur drei, die in neutralen Häfen festgesetzt wurden. Die *General Admiral Apraksin* wurde als *Okinoshima* in japanischen Dienst genommen. Sie wurde 1926 verschrottet.

Herkunftsland:	Russland
Besatzung:	404
Gewicht:	4.192 t
Maße:	84,6 m x 15,8 m x 5,2 m
Reichweite:	4.818 km (2.600 nm) bei 10 Knoten
Panzerung:	254–102-mm-Gürtel, 203 mm an den Türmen
Bewaffnung:	drei 254-mm-, vier 120-mm-Kanonen
Motorisierung:	Zwillingsschrauben, drei Expansionsmotoren
Leistung:	16,2 Knoten

General Stirling Price

Das 1856 vom Stapel gelaufene Dampfschiff *Laurent Millaudon* wurde 1862 von der konföderierten US-Marine übernommen und in *General Stirling Price* umbenannt. Sie wurde noch im selben Jahr von Streitkräften der Union erobert und bei zahlreichen Angriffen eingesetzt. Zum Kriegsende 1865 wurde sie verkauft. Zusätzlich zu den dienstverpflichteten und umgebauten Schiffen dienten der konföderierten Marine zwischen 1861 und 1865 28 weitere Schiffe. Darunter befanden sich 25 gepanzerte Rammen, zwei Turmschiffe (*Mississippi* und *North Carolina*) und ein kasemattiertes Panzerschiff (*Virginia*, früher *Merrimac*). Drei der Schiffe waren namenlos: Eines wurde noch während des Baus zerstört, um eine Eroberung zu verhindern, eines an Preußen verkauft und in *Prinz Adalbert* umbenannt und das letzte – in Großbritannien unter dem Decknamen*Santa Maria* gebaut – an Dänemark verkauft.

Herkunftsland:	Konföderierte Staaten von Amerika
Besatzung:	50
Gewicht:	643 t
Maße:	55,5 m x 9,1 m x 2,8 m
Reichweite:	1.112 km (600 nm) bei 10 Knoten
Panzerung:	–
Bewaffnung:	eine geriffelte 32-Pfünder-Kanone
Motorisierung:	seitliche Schaufelräder
Leistung:	12 Knoten

George Washington

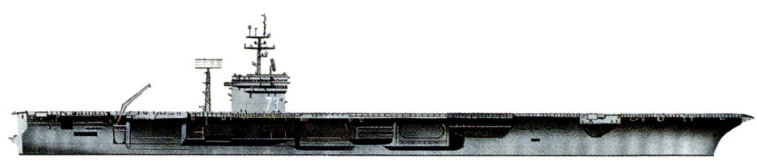

Die *George Washington* gehört zu den acht bisher gebauten Super-Flugzeugträgern der Nimitz-Klasse. Sie lief im August 1986, 17 Jahre nach der *Nimitz* – dem ersten Schiff dieser Klasse – vom Stapel. Die *George Washington* hat weitreichende Schutzsysteme, einschließlich einer 63-mm-Panzerung über Teilen der Hülle und eines Kastenschutzsystems über Magazinen und Maschinenräumen. Zur Flugausrüstung gehören vier Aufzüge, vier Dampfkatapulte, und über 2.500 Tonnen Flugzeugartillerie. Die Lebensdauer der Atomreaktoren beträgt 15 Jahre. Das Luftgeschwader der *George Washington* besteht wie das aller Träger der Nimitz-Klasse aus 90–95 Flugzeugen, mit zwei Flugstaffeln der Grumman-F-14-Tomcats als Abfangjäger. Diese großen Träger bilden den Hauptkampfverband der US-Flotte. Träger der Nimitz-Klasse und die zu ihnen gehörenden Kriegsschiffe haben bereits friedenssichernde Einsätze der Vereinten Nationen unterstützt.

Herkunftsland:	USA
Besatzung:	5.621 Schiffs- und Flugzeugbesatzung
Gewicht:	92.950 t
Maße:	332,9 m x 40,8 m x 11,3 m
Reichweite:	unbegrenzt
Panzerung:	63 mm an Hülle und Magazinen
Bewaffnung:	vier 20-mm-Vulcan-Kanonen, drei Boden-Luft-Raketenwerfer vom Typ Sparrow
Motorisierung:	vier Schrauben, Turbinen, zwei wassergekühlte Atomreaktoren
Leistung:	(mehr als) 30 Knoten

Georgia

Die *Georgia* und ihre vier Schwesterschiffe der Virginia-Klasse bedeuteten einen großen Fortschritt beim Entwurf von US-Schlachtschiffen. Sie waren gut gepanzert und hatten die größtmögliche Bewaffnung bei relativ geringer Wasserverdrängung. Um das Risiko eines Feuerschadens zu mindern, wurde so gut wie kein Holz verwendet. Die 1904 vom Stapel gelaufene *Georgia* bekam 1909/10 Stahlgerüstmasten und später neue Dampfkessel. 1906/07 diente sie bei der Atlantikflotte. 1907 wurde sie durch eine Pulverexplosion in einem ihrer 203-mm-Geschütze in der Bucht von Cape Cod beschädigt. 1914 unterstützte sie die US-Streitkräfte in Mexiko. Während des 1. Weltkriegs wurde sie bei der Atlantikflotte eingesetzt. 1919 unternahm sie fünf Reisen als Truppentransporter und brachte Angehörige der US-Streitkräfte aus Europa nach Hause. Anschließend wurde sie zur Pazifikflotte verlegt, bei der sie bis 1920 diente. 1923 wurde sie verkauft.

Herkunftsland:	USA
Besatzung:	812
Gewicht:	16.351 t
Maße:	134,5 m x 23,2 m x 7,2 m
Reichweite:	9.117 km (4.920 nm) bei 10 Knoten
Panzerung:	279–152-mm-Gürtel, 305–152 mm an Barbetten und Türmen
Bewaffnung:	zwölf 152-mm-, acht 203-mm, vier 305-mm-Kanonen
Motorisierung:	Zwillingsschrauben, drei senkrechte Expansionsmotoren
Leistung:	19,2 Knoten

Giulio Cesare

Die 1908 von dem Ingenieur-General Masdea entworfene *Giulio Cesare* und ihre beiden Schwesterschiffe bildeten die erste große Gruppe italienischer Dreadnoughts. Zwischen 1933 und 1937 wurde die *Giulio Cesare* völlig neu aufgebaut und erhielt einen verbesserten Schutz, neue Motoren und eine überarbeitete Bewaffnung. Sie diente im 1. Weltkrieg in der Adria und wurde früh im 2. Weltkrieg gegen die britische Mittelmeerflotte eingesetzt, wobei sie im Juli 1940 im ionischen Meer einen Treffer vom Schlachtschiff *Warspite* erhielt. Sie wurde bei einem Luftangriff auf Neapel im Januar 1941 beschädigt. Im Dezember nahm sie an der Schlacht von Sirte teil. Im September 1943 fuhr sie nach Malta, um sich den Alliierten zu ergeben. Am Ende des 2. Weltkriegs wurde das Schiff der damaligen Sowjetunion ausgehändigt und in *Novorossisk* umbenannt. Sie diente bis 1955 im Schwarzen Meer.

Herkunftsland:	Italien
Besatzung:	1.235
Gewicht:	29.496 t
Maße:	186,4 m x 28 m x 9 m
Reichweite:	8.640 km (4.800 nm) bei 10 Knoten
Panzerung:	254 mm an Seiten und Türmen
Bewaffnung:	zwölf 120-mm-, zehn 320-mm-Kanonen
Motorisierung:	vier Schrauben, Turbinen
Leistung:	28,2 Knoten

Giuseppe Miraglia

Das ehemalige Linienschiff *Citta Di Messina* wurde 1923 in *Giuseppe Miraglia* umbenannt und zu einem voll ausgerüsteten Wasserflugzeugträger umgebaut. Sie wurde ausgiebig für experimentelle Katapultstarts verwendet. Im 2. Weltkrieg diente sie als Flugzeugtransporter und zur Ausbildung. Sie ergab sich 1943 bei Malta den Alliierten. Insgesamt ergaben sich im September 1943 43 italienische Kriegsschiffe und 33 U-Boote während des Waffenstillstands. Die *Giuseppe Miraglia* verließ die Adria gemeinsam mit dem Schlachtschiff *Giulio Cesare*, dem Zerstörer *Riboty* und dem Torpedoboot *Sagittario*. Nicht alle Schiffe erreichten jedoch die Häfen der Alliierten: Das Schlachtschiff *Roma* wurde von ferngelenkten Bomben und die Zerstörer *Da Noli* und *Vivaldi* wurden durch Minen und Geschützfeuer unterwegs versenkt.

Herkunftsland:	Italien
Besatzung:	180
Gewicht:	5.486 t
Maße:	115 m x 15 m x 5,2 m
Reichweite:	7.412 km (4.000 nm) bei 14 Knoten
Panzerung:	50-mm-Gürtel
Bewaffnung:	vier 102-mm-Kanonen, 20 Flugzeuge
Motorisierung:	Zwillingsschrauben, Turbinen
Leistung:	21,5 Knoten

Glatton

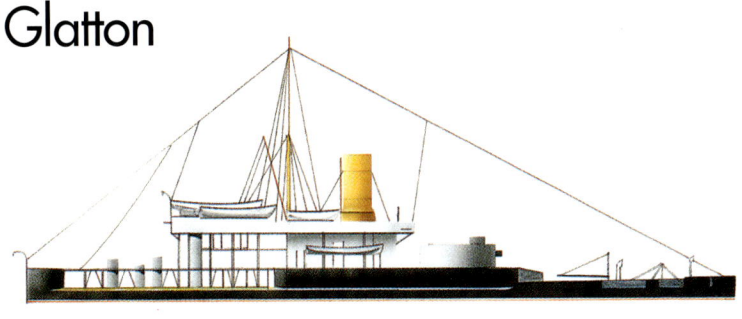

Die von Sir Edward Reed entwickelte und im März 1871 vom Stapel gelaufene *Glatton* sollte sowohl zur Hafenverteidigung als auch für Angriffe auf See dienen. Die höhere Brustwehr mittschiffs schützte die Basis von Turm und Schornstein. Eine leichte, fliegende Brücke beherbergte die Boote des Schiffs. Von der Brustwehr verlief auch ein Deck zu dem kleinen, erhöhten Achterdeck. Die *Glatton* stach nur einmal 1887 in See. Sie wurde zu einer Zeit entwickelt, als große Veränderungen bei der britischen Marine stattfanden. So entstand 1873 ein vollkommen neues Schiff, die *Devastation.* Sie hatte keine Masten oder Takelung, dafür aber Kanonen, die in alle Richtungen schießen konnten. Mit der Zeit setzte sich dieser Entwurf durch. Die *Glatton* verbrachte ihre Dienstzeit vorwiegend im Hafen von Portsmouth.

Herkunftsland:	Großbritannien
Besatzung:	600
Gewicht:	4.990 t
Maße:	74,6 m x 16,4 m x 5,7 m
Reichweite:	3.706 km (2.000 nm) bei 10 Knoten
Panzerung:	304–245-mm-Gürtel, 355–304 mm an den Türmen
Bewaffnung:	zwei 305-mm-Kanonen
Motorisierung:	Zwillingsschrauben, Motoren
Leistung:	12 Knoten

Glatton

Die *Glatton* war eines von zwei von Norwegen 1913 bestellten und noch Ende des Jahres in Großbritannien auf Kiel gelegten Küstenverteidigungsschiffen. Im November 1914 wurden beide Schiffe von der britischen Marine zum Dienst im 1. Weltkrieg gekauft und für den Gebrauch von britischen Standardpatronen umgebaut. Wegen dringenderer Schiffprojekte wurde die *Glatton* erst 1918 fertig gestellt und der Patrouille von Dover zugeteilt. Diese sollte deutsche U-Boote davon abhalten, von ihren Stützpunkten an der Nordsee durch den Kanal zu fahren. Deutsche Zerstörer aus Ostende und Zeebrügge versuchten, die Patrouillen durch Überfälle zu stoppen, wurden aber in heftigen Nachtgefechten abgewehrt. Die *Glatton* war erst kurze Zeit auf ihrem Posten, als sie durch eine Explosion im Schiffsinneren am 16. September 1918 zerstört wurde, wobei 77 Besatzungsglieder umkamen.

Herkunftsland:	Großbritannien
Besatzung:	305
Gewicht:	5.831 t
Maße:	94,5 m x 22,4 m x 5 m
Reichweite:	5.000 km (2.700 nm) bei 11 Knoten
Panzerung:	178–75-mm-Gürtel, 203 mm an den Türmen, 203–152 mm an den Barbetten
Bewaffnung:	vier 152-mm-, zwei 233-mm-Kanonen
Motorisierung:	Zwillingsschrauben, drei Expansionsmotoren
Leistung:	12 Knoten

Gloire

Die von Dupuy de Lome entworfene *Gloire* war das erste gepanzerte Linienschiff und auch das erste moderne Schlachtschiff der Welt. Sie hatte eine hölzerne Hülle und Panzerplatten bis zum Oberdeck, weil die französischen Hersteller nicht genug Platten und Panzerung für den Bau einer durchgehend eisernen Hülle liefern konnten. Der Entwurf des Schlachtschiffs war dem der Dampffregatte *Napoleon* darin ähnlich, dass sich die Batterie über die ganze Länge der Hülle erstreckte. In den Bauplänen waren 68-Pfünder-Kanonen mit glattem Lauf vorgesehen. Das Schlachtschiff war dann jedoch auch mit geriffelten Kanonen des gleichen Kalibers ausgestattet und erhielt später einen neue Bewaffnung mit modernen Kanonen. Ihre Barkentakelung wurde in die eines Vollschiffs umgewandelt. Die *Gloire* lief 1859 vom Stapel, wurde 1879 außer Dienst gestellt und vier Jahre später abgewrackt. Andere Schiffe ihrer Klasse waren die *Invincible* und die *Normandie*.

Herkunftsland:	Frankreich
Besatzung:	570
Gewicht:	5.720 t
Maße:	77,8 m x 17 m x 8,4 m
Reichweite:	7.412 km (4.000 nm) bei 8 Knoten
Panzerung:	120–107,5 mm gehämmerter Eisengürtel
Bewaffnung:	sechsunddreißig 162,5-mm-Kanonen
Motorisierung:	eine Schraube, horizontale Rückschlagmotoren
Leistung:	13 Knoten

Glorious

Die zur Courageous-Kreuzerklasse gehörenden Schiffe *Glorious*, *Courageous* und die ähnliche *Furious* vereinten maximale Feuerkraft mit hoher Geschwindigkeit. Die 1917 auf Kiel gelegte *Glorious* wurde 1919 fertig gestellt, sie und ihre Schwesterschiffe erfuhren in den 1920er Jahren eine Reihe von Umbauten hin zu Flugzeugträgern. Am Nachmittag des 8. Juni 1940 wurden die *Glorious* und ihre Begleitschiffe von der *Scharnhorst* und der *Gneisenau* abgefangen, die zu einem Einsatz gegen die alliierten Truppentransporte westlich von Harstad ausgelaufen waren. Aus bisher ungeklärten Gründen, befand sich keines ihrer Swordfish-Aufklärungsflugzeuge zu dem Zeitpunkt in der Luft. Die *Glorious* wurde von den deutschen Schlachtkreuzern versenkt, bevor ihre Flugzeuge bewaffnet und startbereit waren. Auch die beiden Begleitzerstörer *Ardent* und *Acasta* wurden versenkt.

Herkunftsland:	Großbritannien
Besatzung:	842
Gewicht:	23.327 t
Maße:	239,5 m x 24,7 m x 6,7 m
Reichweite:	5.929 km (3.200 nm) bei 19 Knoten
Panzerung:	76–51-mm-Gürtel, 228–178 mm an den Türmen
Bewaffnung:	achtzehn 102-mm-, vier 380-mm-Kanonen
Motorisierung:	vier Schrauben, Turbinen
Leistung:	33 Knoten

Gneisenau

Die *Gneisenau* und ihr Schwesterschiff *Scharnhorst* wurden 1936 mit geraden Steven in Dienst gestellt, der Bug wurde später verlängert. Beide Schiffe hatten ihren Einsatz im 2. Weltkrieg. Sie griffen britische Handelsschiffe an und versenkten den britischen Flugzeugträger *Glorious*. Im Hafen von Brest wurden sie 1941 und ein weiteres Mal im Februar 1942 durch Luftangriffe beschädigt, brachen dann gemeinsam mit dem Kreuzer *Prinz Eugen* aus und flüchteten über den englischen Kanal in die nördlichen deutschen Häfen. Die *Gneisenau* erreichte Kiel ohne Zwischenfall, wurde dort zwei Wochen später durch einen Luftangriff der britischen Luftwaffe beschädigt, nach Danzig verlegt und im Juli 1942 außer Dienst gestellt. Ihre Türme wurden zur Küstenverteidigung entfernt. Von einer geplanten Überholung sah man 1943 ab, dafür versenkte man ihren Rumpf zur Blockade des Danziger Hafens im März 1945. 1947–1951 wurde sie von den Russen gehoben und schließlich abgewrackt.

Herkunftsland:	Deutschland
Besatzung:	1.840
Gewicht:	39.522 t
Maße:	226 m x 30 m x 9 m
Reichweite:	16.306 km (8.800 nm) bei 18 Knoten
Panzerung:	343–168-mm Gürtel, 356–152 mm an den Türmen
Bewaffnung:	vierzehn 104-mm-, zwölf 150-mm-, neun 279-mm-Kanonen
Motorisierung:	drei Schrauben, Turbinen, Dieselmotoren zum Kreuzen
Leistung:	32 Knoten

Goeben

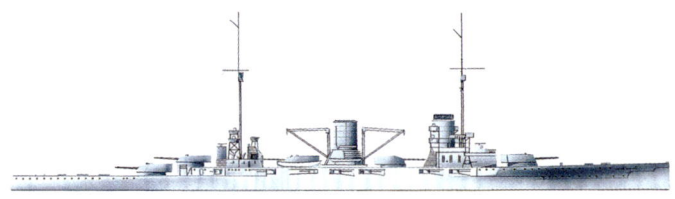

Die *Goeben* war eines von zwei Schiffen der Moltke-Klasse, der zweiten Schlachtkreuzergruppe vor dem 1. Weltkrieg für die rasch anwachsende deutsche Marine. Bei Kriegsausbruch wurden die *Goeben* und das Schwesterschiff *Breslau* von den britischen *Indomitable* und *Indefatigable* über das Mittelmeer verfolgt. Beide Schiffe entkamen jedoch und erreichten den türkischen Hafen von Konstantinopel. Dort übergab man sie der türkischen Marine. Die *Goeben* wurde am 16. August 1914 in *Yavuz Sultan Selim* umbenannt. Im November 1914 wurde sie im Einsatz gegen russische Schlachtschiffe vor Samsoun schwer beschädigt. Im Dezember lief sie am Bosporus auf zwei Minen auf. Anschließend wurde sie im Mai 1915 erneut von russischen Kriegsschiffen ins Visier genommen und getroffen. Im Januar 1918 versenkte sie die britischen Panzerschiffe *Raglan* und *M28* bei Mudros. Danach wurde sie ein weiteres Mal von Minen beschädigt. 1954 wurde sie abgewrackt.

Herkunftsland:	Deutschland
Besatzung:	1.053
Gewicht:	25.704 t
Maße:	186,5 m x 29,5 m x 9 m
Reichweite:	7.634 km (4.120 nm) bei 14 Knoten
Panzerung:	270–100-mm-Gürtel, 229–60 mm an den Türmen
Bewaffnung:	zwölf 150-mm-, zehn 280-mm-Kanonen
Motorisierung:	vier Schrauben, Turbinen
Leistung:	28 Knoten

Golden Hind

Die *Golden Hind* hieß ursprünglich *Pelikan* und war ein kleines, schnelles Kriegsschiff. Ihre Baupläne folgten einem französischen Muster, verbanden dies jedoch mit der venezianischen Bauweise eines weit über dem kleinen Hauptdeck erhöhten Hecks und Vorderdecks. Ihre Vorder- und Hauptmasten waren mit Rahsegeln voll aufgetaktelt, ihr Besanmast mit einem Lateinsegel. Sie wurde bekannt als das Flaggschiff Sir Francis Drakes bei seiner Weltumsegelung 1577–1580. Dabei musste Drakes Flotte im September 1578 im Pazifischen Ozean einige schwere Stürme überstehen, bei denen eines der Schiffe sank. Schließlich stieß Drake in der *Pelikan* bis zum heutigen San Francisco nach Norden vor.

Herkunftsland:	England
Besatzung:	70
Gewicht:	102 t
Maße:	31 m x 6 m x 2,7 m
Reichweite:	abhängig von Wetter, Vorräten etc.
Panzerung:	keine
Bewaffnung:	18 Kanonen
Motorisierung:	–
Leistung:	(etwa) 3 Knoten

Gorgon

Die Gefahr eines Krieges mit Frankreich 1870 führte in England zum raschen Bau einer Gruppe von Küstenverteidigungsschiffen mit niedrigem Tiefgang, zu denen die *Gorgon*, die *Cyclops*, die *Hecate* und die *Hydra* gehörten. Da die Kriegsgefahr gebannt wurde, ging der Bau langsamer voran, und so wurde die *Gorgon*, die sich in besonderer Weise durch ihre Bewaffnung und ihre Wasserverdrängung auszeichnete, erst 1874 in Dienst gestellt. Um ihre Hochseetauglichkeit zu verbessern, wurde die Brustwehr zwischen 1886 und 1889 erweitert. Einen Großteil ihrer Dienstzeit verbrachte die *Gorgon* in Devonport als Begleitschiff eines Spezial-Geschwaders der britischen Marine. Nach einem Umbau wurde sie 1903 zur Verschrottung verkauft. Der Bedarf an Schiffen wie der *Gorgon* ging nach der Unterzeichung der „Entente cordiale" zwischen Frankreich und Großbritannien kurz nach der Jahrhundertwende zurück.

Herkunftsland:	Großbritannien
Besatzung:	150
Gewicht:	3.535 t
Maße:	68,5 m x 13,7 m x 4,9 m
Reichweite:	5.559 km (3.000 nm) bei 10 Knoten
Panzerung:	203–152 mm an der Hülle, 228–203 mm an der Brustwehr, 254–228 mm an den Türmen
Bewaffnung:	vier 254-mm-Kanonen
Motorisierung:	Zwillingsschrauben, horizontale, direkt übersetzte Motoren
Leistung:	11 Knoten

Graf Spee

Die *Graf Spee* sollte eine verbesserte Version des 1917 in Dienst gestellten Schlachtkreuzers *Hindenburg* sein. Die Hauptbewaffnung der *Graf Spee* wurde aufgerüstet, wobei die Kanonen in vier Zwillingstürmen untergebracht wurden, von denen jeweils zwei über Vorderteil und Achterdeck ragten. Die Sekundärbewaffnung konzentrierte sich in einer langen Batterie auf dem Oberdeck, einer Verlängerung des erhöhten Vorderdecks. Man hoffte, alle vier Schiffe der Klasse – neben der *Graf Spee* waren dies die *Mackensen*, die *Prinz Eitel Friedrich* und die *Fürst Bismarck* – bis 1918 zu beenden, aber die Arbeiten wurde 1917 eingestellt. Zwei der Schiffe liefen nicht einmal vom Stapel. So wurde die unvollendete *Graf Spee* 1921–1923 verschrottet.

Herkunftsland:	Deutschland
Besatzung:	1.186
Gewicht:	36.576 t
Maße:	223 m x 30,4 m x 8,4 m
Reichweite:	14.400 km (8.000 nm) bei 10 Knoten
Panzerung:	300–102 mm an Gürtel und Türmen
Bewaffnung:	zwölf 150-mm-, acht 350-mm-Kanonen
Motorisierung:	vier Schrauben, Turbinen
Leistung:	28 Knoten

Graf Zeppelin

Als Ergebnis des Versailler Vertrags wurde Deutschland nach dem 1. Weltkrieg der Aufbau einer Trägerflotte untersagt. Bis 1933 hatte Wilhelm Hadelar einen Grundentwurf für einen Träger mit vollem Deck beendet, der 40 Flugzeuge beherbergen konnte, aber das Projekt wurde durch die fehlende Erfahrung verzögert. Die Arbeit an der *Graf Zeppelin* begann 1935, ihre Fertigstellung wurde jedoch zugunsten des U-Boot-Programms verschoben und nie beendet. Stattdessen setzte man den unfertigen Träger vor Ende des 2. Weltkrieges auf Grund. Die Russen hoben das Schiff wieder, aber es sank auf dem Weg nach Leningrad. Die *Graf Zeppelin* sollte ein Luftgeschwader von 12 (später 28) Ju-87D-Sturzbombern und 30 (später 12) Me-109F-Kampfflugzeugen erhalten. Ein Schwesterschiff wurde zur Hälfte fertig gebaut, welches vermutlich nach Peter Strasser, dem Kommandanten der deutschen Seeluftschiffe im 1. Weltkrieg, benannt worden wäre.

Herkunftsland:	Deutschland
Besatzung:	1.760 (geschätzt)
Gewicht:	28.540 t
Maße:	262,5 m x 31,5 m x 8,5 m
Reichweite:	14.842 km (8.000 nm) bei 19 Knoten
Panzerung:	89 mm Gürtel, 37,5 mm auf dem Flugdeck
Bewaffnung:	zwölf 104-mm-, sechzehn 150-mm-Kanonen, 43 Flugzeuge
Motorisierung:	vier Schrauben, Turbinen
Leistung:	35 Knoten

Großer Kurfürst

Die ersten deutschen Schlachtschiffe mit Turbinen waren die *Großer Kurfürst* und ihre drei Schwesterschiffe *König*, *Kronprinz* und *Markgraf*. Sie waren stark verbesserte Versionen der *Helgoland* und hatten achtern über Deck feuernde Kanonen, was die Breitseite von sechs auf bis zu zehn 305-mm-Kanonen vergrößerte. Die Schiffe dieser Klasse wurden zur gleichen Zeit gebaut wie die ersten britschen, mit 343-mm-Kanonen ausgerüsteten Kriegsschiffe, die auch eine ähnliche Wasserverdrängung aufwiesen. Während jedoch die Briten stärkere Kanonen und eine eher schwache Panzerung eingebaut hatten, behielten die *Großer Kurfürst* und ihre Schwesterschiffe die 305-mm-Kanonen, hatten aber eine verstärkte Panzerung. Die 1913 vom Stapel gelaufene *Großer Kurfürst* wurde in der Schlacht von Jütland eingesetzt und erhielt acht Treffer. Sie ergab sich am Ende des 1. Weltkriegs und wurde mit dem Rest der deutschen Flotte 1919 versenkt. 1934 wurde sie gehoben und verschrottet.

Herkunftsland:	Deutschland
Besatzung:	1.136
Gewicht:	28.598 t
Maße:	175,7 m x 29,5 m x 8,3 m
Reichweite:	12.240 km (6.800 nm) bei 10 Knoten
Panzerung:	350–80-mm-Gürtel, 300–80 mm an den Türmen
Bewaffnung:	acht 86-mm- und vierzehn 150-mm-Kanonen
Motorisierung:	drei Schrauben, Turbinen
Leistung:	21 Knoten

Guam

Die *Guam* und ihr Schwesterschiff *Alaska* wurden zur Bekämpfung schneller Raider vom Typ *Scharnhorst* gebaut, die – wie man damals glaubte – 1940 für die japanische Marine produziert wurden. Die *Guam* war eine vergrößerte Version des Kreuzers *Baltimore* mit je drei in Dreifach-Türmen untergebrachten, speziell entworfenen 305-mm-Kanonen und verbesserter Panzerung. Das 1944 fertig gestellte Schiff hatte ein flaches Deck und einen einzigen durch die Kräne für die zwei Katapulte flankierten Schornstein, von denen die ersten Aufklärungsflugzeuge starteten. Im März 1945 war sie Teil der Deckungsflanke von Kriegsschiffen, die zur Unterstützung der US-Träger operierten und einige Luftangriffe auf die japanische Insel Kyushu ausführten. Von April bis Juni unterstützte sie die Seekampfverbände, welche Okinawa angriffen. Ihre letzten Einsätze im August 1945 richteten sich gegen den Schiffsverkehr im Ostchinesischen Meer. Die *Guam* wurde 1961 verschrottet.

Herkunftsland:	USA
Besatzung:	1.517
Gewicht:	34.801 t
Maße:	246 m x 27,6 m x 9,6 m
Reichweite:	22.800 km (12.000 nm) bei 15 Knoten
Panzerung:	229–127-mm-Gürtel, 305–203 mm an den Türmen
Bewaffnung:	zwölf 127-mm-, neun 305-mm-Kanonen
Motorisierung:	vier Schrauben, Turbinen
Leistung:	33 Knoten

Habsburg

Die *Habsburg* gehörte gemeinsam mit zwei anderen Schiffen zu den ersten wirklich hochseetauglichen österreichischen Schlachtschiffen seit dem Stapellauf der *Tegetthoff* 1878. Die *Habsburg* lief 1900 vom Stapel und wurde später neu aufgebaut, wobei ihre oberen Aufbauten 1910–1911 entfernt wurden. Österreich begann, neue Schiffe in kürzeren Zeitabständen zu bauen, aber fehlende Finanzen verhinderten eine rasche Entwicklung. In der Zeit vor dem 1. Weltkrieg hatte die Marine jedoch zwei standhafte Sponsoren, Erzherzog Franz Ferdinand, den Thronerben, und Admiral Montecuccoli, den Oberbefehlshaber der Marine. Letzterer bestellte 1911 Österreichs erste und einzige Dreadnought-Klasse, deren Bau sogar noch vor der eigentlichen Genehmigung durch die Regierung begonnen wurde. Nach dem 1. Weltkrieg wurden alle drei Schiffe der Habsburg-Klasse (die *Habsburg*, die *Arpad* und die *Babenberg*) Großbritannien übergeben und 1921 verschrottet.

Herkunftsland:	Österreich
Besatzung:	638
Gewicht:	8964 t
Maße:	114,5 m x 19,8 m x 7,4 m
Reichweite:	6.670 km (3.600 nm) bei 10 Knoten
Panzerung:	203–50-mm-Gürtel, 203–152 mm an Barbetten und Türmen
Bewaffnung:	zwölf 150-mm-, drei 240-mm-Kanonen
Motorisierung:	Zwillingsschrauben, drei senkrechte Expansionsmotoren
Leistung:	19,6 Knoten

Hansa

Die *Hansa* war das erste in Deutschland gebaute Schlachtschiff. Sie wurde in der Danziger Werft 1868 auf Kiel gelegt und erst nach sieben Jahren fertig gestellt, so dass ihr Eisengürtel zu diesem Zeitpunkt bereits verrostet war. Die 210-mm-Kanonen waren in einer zweilagigen Kasematte untergebracht, damit nach beiden Seiten gerichtete Kanonen und oben in die Eckpositionen vier Kanonen installiert werden konnten. Die als Panzerkorvette klassifizierte *Hansa* war ein zum Dienst im Ausland gebautes, kleines Zentralbatterieschiff. Sie war das erste nach deutscher Art gestaltete Panzerschiff und hatte eine hölzerne Hülle. 1878–1880 fuhr sie als Begleitschutz für Handelsschiffe in Südamerika. Acht Jahre später fand sie als Wachschiff in Kiel Verwendung. 1888 wurde die *Hansa* ein Ausbildungshulk, bevor man sie 1906 verschrottete.

Herkunftsland:	Deutschland
Besatzung:	399
Gewicht:	4.403 t
Maße:	73,4 m x 14,1 m x 6,7 m
Reichweite:	2.465 km (1.330 nm) bei 10 Knoten
Panzerung:	152–114-mm-Gürtel, 114 mm an der zentralen Batterie
Bewaffnung:	acht 210-mm-Kanonen
Motorisierung:	eine Schraube, ein horizontaler Expansionsmotor
Leistung:	12,5 Knoten

Haruna

Die *Haruna* war eines der ersten in einer japanischen Werft auf Kiel gelegten Kriegsschiffe vom Dreadnought-Typ. Ihr Schwesterschiff *Kongo* war das letzte größere, im Ausland gebaute japanische Kriegsschiff. Die vier Schiffe der Haruna-Klasse hatten zunächst drei Schornsteine und leichte militärische Masten. 1927–1928 erlebte die *Haruna* einen größeren Neuaufbau, nach dem sie erneut als Schlachtschiff eingestuft wurde. Der vordere Schornstein wurde entfernt, der zweite wurde vergrößert und erhöht. Man installierte sechzehn neue Dampfkessel, passte Bilgen ein und verstärkte die Panzerung, so dass das Gesamtgewicht von 6.600 auf 10.500 Tonnen stieg. Im Dezember 1941 war sie Teil der Deckung der japanischen Landungen auf Britisch-Malaya (Malaysia) und den Philippinen und nahm anschließend an größeren Einsätzen im Pazifik teil. Im Juli 1945 wurde die *Haruna* von amerikanischen Flugzeugen versenkt. 1946 wurde sie gehoben und abgewrackt.

Herkunftsland:	Japan
Besatzung:	1.221
Gewicht:	32.715 t
Maße:	214,5 m x 28 m x 8,4 m
Reichweite:	14.400 km (8.000 nm) bei 12 Knoten
Panzerung:	203–76-mm-Gürtel, 228 mm an den Türmen
Bewaffnung:	sechzehn 152-mm-, acht 355-mm-Kanonen
Motorisierung:	vier Schrauben, Turbinen
Leistung:	27,5 Knoten

Helgoland

Viele Jahre lang war die *Helgoland* Dänemarks größtes Kriegsschiff. Die Batterie, in der die vier 260-mm-Kanonen untergebracht waren, befand sich mittschiffs. Auf beiden Seiten der Batterie war die Hülle unterbrochen, um Heckfeuer zu ermöglichen. Die 304-mm-Kanone war in einem Einzelturm vorn untergebracht. Von den beiden 127-mm-Kanonen befand sich eine vorn, die andere achtern. An den zwei Masten konnte auch eine kleine Segelausrüstung angebracht werden. Das mit Torpedo und Ramme ausgestattete Küstenverteidigungsschiff wurde nach dem dänischen Seesieg bei Helgoland über die vereinigten Streitkräfte Preußens und Österreichs am 9. Mai 1864 benannt. Das 1876 in Kopenhagen auf Kiel gelegte Schiff wurde 1879 fertig gestellt und 1884 neu aufgebaut. 1907 wurde die *Helgoland* aus dem aktiven Dienst entfernt. In späteren europäischen Konflikten bis 1940 verhielt sich Dänemark neutral, so dass eine Flotte kleiner Küstenverteidigungsschiffe ausreichte.

Herkunftsland:	Dänemark
Besatzung:	331
Gewicht:	5417 t
Maße:	79 m x 18 m x 5,8 m
Reichweite:	2.594 km (1.400 nm) bei 9 Knoten
Panzerung:	304–203-mm-Gürtel, 254 mm an Türmen und zentraler Batterie
Bewaffnung:	eine 304-mm-, vier 260-mm-Kanonen
Motorisierung:	Zwillingsschrauben
Leistung:	13,7 Knoten

Helgoland

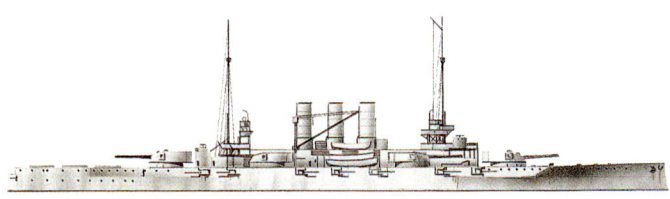

Die 1909 vom Stapel gelaufene *Helgoland* war das letzte deutsche Schlachtschiff mit drei Schornsteinen und das erste, das die 304-mm-Kanone als Hauptbewaffnung verwendete. Alle Schiffe ihrer Klasse wurden im 1. Weltkrieg eingesetzt, zwei von ihnen wurden dabei in der Schlacht von Jütland 1916 beschädigt. Auch die *Helgoland* erhielt einen Treffer. Nach dieser Schlacht lief die deutsche Hochseeflotte im 1. Weltkrieg nur noch dreimal aus, bei zwei Einsätzen 1916 und einem 1918. Diese hatten keine kriegerischen Handlungen zur Folge. Als die deutsche Schlachtflotte zu einem letzten Angriff gegen England eingesetzt werden sollte, verweigerten einige Schiffsbesatzungen den Gehorsam, da sie nicht einsahen, für einen ohnehin schon verlorenen Krieg noch sinnlos geopfert zu werden. Auch die Mannschaft der *Helgoland* meuterte 1918. Die *Helgoland* wurde 1924 abgewrackt.

Herkunftsland:	Deutschland
Besatzung:	1.113
Gewicht:	24.700 t
Maße:	166,4 m x 28,5 m x 8,3 m
Reichweite:	6.670 km (3.600 nm) bei 18 Knoten
Panzerung:	300–102-mm-Gürtel, 280 mm an den Türmen, 170–75 mm an den Kasematten
Bewaffnung:	vierzehn 150-mm-, zwölf 304-mm-Kanonen
Motorisierung:	drei Schrauben, drei Expansionsmotoren
Leistung:	20,3 Knoten

Henri IV

Die *Henri IV* war ungewöhnlich, da durch Abschneiden der Hülle achtern Gewicht gespart wurde, was zu einem sehr geringen Freibord führte. Die 270-mm-Kanonen befanden sich vorn auf erhöhten Aufbauten 8,5 m oberhalb des Wasserspiegels, während ein Turm hinten 4,8 m über dem Wasser war. Der Gürtel war 2 m tief, wobei sich etwas mehr als die Hälfte unterhalb der Wasserlinie befand. Die Decks waren flach und gepanzert. Die *Henri IV* hatte auch seitliche Panzerschotten. Das Gesamtgewicht der Panzerung betrug etwa 3.556 Tonnen. 1907 wurde sie vor Algier bei einem Zusammenstoß mit dem Zerstörer *Dard* beschädigt, der dabei seinen Bug verlor. Im März 1915 wurde sie zu den Dardanellen geschickt, wo ein französisches Seegeschwader unter dem Befehl des Admirals Carden operierte. Anschließend nahm sie an der Bombardierung türkischer Festungen teil. Im Mai diente sie zur Deckung der Landung von General Baillouds algerischer Division. 1921 wurde sie abgewrackt.

Herkunftsland:	Frankreich
Besatzung:	464
Gewicht:	8.948 t
Maße:	108 m x 22,2 m x 6,9 m
Reichweite:	11.118 km (6.000 nm) bei 10 Knoten
Panzerung:	254-mm-Stahlplatten
Bewaffnung:	sieben 140-mm-, zwei 274-mm-Kanonen
Motorisierung:	drei Schrauben, drei Expansionsmotoren
Leistung:	17 Knoten

Henri Grâce à Dieu

Die *Henri Grâce à Dieu* wurde von König Heinrich VIII. als Ersatz für den 600-Tonner *Regent* in Dienst gestellt, der 1512 im Einsatz verloren ging. Nach ihrer Fertigstellung war das neue Schiff das zu der Zeit größte Kriegsschiff der Welt. Nur die portugiesische *Santa Catarina Do Monte Sinai* kam ihr in Bezug auf die Ausmaße nahe. Die *Henri Grâce à Dieu* wurde in Deptford an der Themse mit sehr hohem Vorder- und Achterdeck gebaut. Sie hatte vier Masten und weite, schwere, goldfarbene Segel mit reichen Verzierungen. Der Vorder- und der Hauptmast waren mit Rahsegeln aufgetakelt, die Besanmasten mit Lateinsegeln. Zwischen 1536 und 1539 wurde sie neu aufgebaut. 1553 wurde sie durch Feuer zerstört. In den ersten Jahren seiner Herrschaft baute Henry VIII. 24 Schiffe. Seine wichtigste Neuerung war die schwere Kanone, die auf dem Unterdeck angebracht war und durch Schießscharten in der Seite des Schiffs feuerte.

Herkunftsland:	England
Besatzung:	150
Gewicht:	ca. 1.000 t
Maße:	unbekannt
Reichweite:	unbekannt
Panzerung:	keine
Bewaffnung:	21 schwere Bronze-Kanonen, 130 eiserne Kanonen, 100 Handfeuerwaffen
Motorisierung:	–
Leistung:	4 Knoten

Hercules

Die 1868 vom Stapel gelaufene *Hercules* war ein Einzelentwurf – eine Weiterentwicklung der *Bellerophon* mit besserer Verteilung von Panzerung und Gewicht, was sie bei schlechtem Wetter stabiler machte. Sie hatte eine Ramme mit Spitze und kein Achterdeck. Ihre Hülle war oben völlig frei. 1872 wurde sie am ersten Weihnachtstag bei einem Zusammenstoß mit dem Panzerschiff *Northumberland* bei Funchal, Madeira, beschädigt. Nach einem Neuaufbau war sie von 1875–1877 im Mittelmeer und ab 1878 bei einem Spezialgeschwader in Dienst. 1892/93 wurde sie nach neuen Plänen wieder aufgebaut. Von 1905 an kam sie als Versorgungsschiff bei Gibraltar zur Reserveflotte. 1909 wurde sie in *Calcutta* umbenannt und 1914 als Schulschiff dem Stützpunkt Portsmouth zugeteilt. 1915 erhielt sie wiederum einen neuen Namen – *Fisgard II*. 1932 wurde sie bei Preston in Lancashire abgewrackt.

Herkunftsland:	Großbritannien
Besatzung:	638
Gewicht:	8.971 t
Maße:	99 m x 18 m x 7,6 m
Reichweite:	4.002 km (2.160 nm) bei 10 Knoten
Panzerung:	229–152-mm-Gürtel, 203 mm an der Batterie
Bewaffnung:	vier 178-mm-, zwei 229-mm-, acht 254-mm-Vorderlader-Kanonen
Motorisierung:	eine Schraube, horizontale Motoren mit Laufrad
Leistung:	14,7 Knoten

Hermes

Die *Hermes* war das erste, von vornherein als Flugzeugträger entwickelte Schiff, das von einer Marine in Auftrag gegeben wurde. Sie wurde 1917 auf Kiel gelegt, aber erst 1924 fertig gestellt und war somit nach der japanischen *Hosho* nur der zweite in Dienst gestellte Träger. Ihre Hülle hatte die Form eines Kreuzers, ihre Stärke lag im Hauptdeck. Darüber befand sich ein 122 m langes Hangardeck, das vom Flugdeck bedeckt wurde. Ihre Brücke, ihr Schornstein, ihre Kommandozentrale und ihre Masten wurden zu einer großen Insel auf der Steuerbordseite des Flugdecks gruppiert. Die 150-mm-Kanonen waren in die Hülle eingebaut, während sich die kleineren Kanonen auf der Steuerbordseite des Flugdecks befanden. Ihre Flugzeuganzahl war begrenzt. 1940 bestand ihr Luftgeschwader nur aus 12 Kampfflugzeugen. Am 9. April 1942 wurden sie, der australische Zerstörer *Vampire*, die Korvette *Hollyhock* und zwei Tanker von den Flugzeugen eines japanischen Trägers bei einem Angriff vor Ceylon versenkt.

Herkunftsland:	Großbritannien
Besatzung:	664
Gewicht:	13.208 t
Maße:	182,9 m x 21,4 m x 6,5 m
Reichweite:	7.412 km (4.000 nm) bei 15 Knoten
Panzerung:	75-mm-Gürtel, 25 mm an Deck
Bewaffnung:	drei 102-mm-, sechs 140-mm-Kanonen
Motorisierung:	Zwillingsschrauben, Turbinen
Leistung:	25 Knoten

Hermes

Im Jahr 1943 wurde eine Klasse von acht Trägern mit einer doppelt so starken Motorisierung wie die der vorigen Colossus-Klasse geplant. Diese Schiffe sollten für die neuen, schwereren Flugzeuge eine verbesserte Panzerung und ein stärkeres Flugdeck aufweisen. Schließlich wurden nur vier Schiffe auf Kiel gelegt, die nach dem Willen der Admiralität am Ende des 2. Weltkriegs noch in den Docks verschrottet werden sollten. Aufgrund der Tatsache, dass viele der vorhandenen Träger keine Düsenflugzeuge verwenden konnten, wurde der Bau der Schiffe fortgesetzt. Nach mehreren Änderungen im Entwurf wurde die *Hermes* 1959 fertig gestellt. Bei einem planmäßigen Neuaufbau 1979 wurde für die zwei Geschwader zu je sechs Angriffsflugzeugen des Typs Sea Harrier FSR.1 V/STOL eine Schanze mit einer Neigung von 12° eingebaut. 1982 diente sie im Falklandkrieg als Flaggschiff. 1984 kam sie zur Reserveflotte und wurde später an Indien verkauft.

Herkunftsland:	Großbritannien
Besatzung:	1.830 (Schiffsbesatzung), 270 (Flugzeugbesatzung)
Gewicht:	25.290 t
Maße:	224,6 m x 30,4 m x 8,2 m
Reichweite:	7.412 km (4.000 nm) bei 15 Knoten
Panzerung:	40 mm über den Magazinen, 19 mm auf dem Flugdeck
Bewaffnung:	zweiunddreißig 40-mm-Kanonen
Motorisierung:	Zwillingsschrauben, Turbinen
Leistung:	29,5 Knoten

Hood

Nach der Schlacht von Jütland 1916, in der drei Kreuzer Großbritanniens zerstört wurden, plante man ein besser gepanzertes Schiff. Die *Hood* sollte das erste von vier Schiffen sein, wurde aber als einziges fertig gestellt. Ihre Motoren leisteten bis zu 144.000 PS, und sie hatte eine Reichweite von bis zu 7.400 km bei einer Geschwindigkeit von 10 Knoten. Dennoch wurde ihre obere Panzerung bei einem Gefecht mit dem deutschen Schlachtschiff *Bismarck* und dem Kreuzer *Prinz Eugen* am 21. Mai 1941 durch einen Treffer durchschlagen. Dieser drang bis in ihr Magazin vor und führte dazu, dass das Schiff explodierte. Der Untergang der *Hood* war für die Briten ein schwerer Schlag, denn bei ihrer Weltumrundung war sie so etwas wie ein Flaggschiff Großbritanniens. Ihr Angreifer, die *Bismarck*, wurde drei Tage später ebenfalls versenkt.

Herkunftsland:	Großbritannien
Besatzung:	1.477
Gewicht:	45.923 t
Maße:	262 m x 31,7 m x 8,7 m
Reichweite:	7.200 km (4.000 nm) bei 10 Knoten
Panzerung:	305–127 mm an Gürtel und Barbetten
Bewaffnung:	zwölf 140-mm-, acht 381-mm-Kanonen
Motorisierung:	vier Schrauben, Turbinen
Leistung:	32 Knoten

Huascar

Die *Huascar* wurde in England für die peruanische Marine gebaut. Ihre 254-mm-Hauptbewaffnung befand sich in einem einzigen, schwer gepanzerten Coles-Turm weit unten auf dem Hauptdeck achtern vom Fockmast vor der leichten Brücke. Der Freibord war dort nur 1,52 m. Wenn das Schiff nicht im Einsatz war, wurden die Schanzkleider hochgeklappt, um das Deck zu schützen. Nach einer Meuterei der Mannschaft nahm sie an ihrem ersten Kampf im Mai 1877 gegen zwei britische Kriegsschiffe teil. Sie war eines von zwei peruanischen Kriegsschiffen, die im Krieg von 1879 gegen Chile eingesetzt wurden. Im Oktober 1879 wurde sie von zwei chilenischen Panzerschiffen eingeholt und ergab sich schließlich. Nach Reparaturen bei Valparaíso wurde sie in den Dienst der chilenischen Marine gestellt und auch eingesetzt. Im Bürgerkrieg kämpfte die *Huascar* in mehreren Seegefechten auf der Seite des Parlaments. Sie wurde als Museumsschiff erhalten.

Herkunftsland:	Peru
Besatzung:	170
Gewicht:	2.062 t
Maße:	60,9 m x 10,6 m x 5,5 m
Reichweite:	3.335 km (1.800 nm) bei 10 Knoten
Panzerung:	127–102-mm-Gürtel, 203 mm an der Vorderseite der Türme, 152 mm an den Seiten der Türme
Bewaffnung:	zwei 254-mm-, zwei 40-Pfünder-Kanonen
Motorisierung:	eine Schraube, ein Expansionsmotor
Leistung:	12,3 Knoten

Hydra

Die 1889 entworfene *Hydra* wies eine ungewöhnliche Bauweise auf, denn zwei ihrer 274-mm-Kanonen befanden sich oben in einer zweistöckigen Batterie vorn. Die untere Lage der Batterie bestand aus vier der 150-mm-Kanonen, die fünfte befand sich unter der Brücke. Die *Hydra* wurde 1900 neu aufgebaut und bekam zwei militärische Masten. 1912 war sie im Balkankrieg gegen türkische Kriegsschiffe im Einsatz. Obwohl Griechenland eine Nation mit langer Seefahrertradition ist, war der Hauptzweck der Marine zu dieser Zeit die Verteidigung gegen die Türken. Bis zur Indienststellung der *Hydra* waren die wichtigsten Schiffe zwei kleine Panzerschiffe. Erst 1900 begann man, die Marine zu vergrößern, so dass Griechenland die Türken 1912 besiegte. Die Griechen erlangten unter dem Befehl von Admiral Condouriotis die Herrschaft über das Ägäische Meer.

Herkunftsland:	Griechenland
Besatzung:	440
Gewicht:	4.885 t
Maße:	102 m x 15,8 m x 5,4 m
Reichweite:	5.559 km (3.000 nm) bei 10 Knoten
Panzerung:	305–102-mm-Gürtel, 356–305 mm an der Batterie, 305 mm an den Barbetten
Bewaffnung:	fünf 150-mm-, drei 274-mm-Kanonen
Motorisierung:	Zwillingsschraube, drei vertikale Expansionsmotoren
Leistung:	17 Knoten

Ibuki

Die im Mai 1907 auf Kiel gelegte *Ibuki* war das erste japanische Kriegsschiff, das mit Turbinen ausgestattet war. Sie wurde schnell gebaut, aber ihr Stappellauf wurde aufgrund anderer, gleichzeitig gebauter Schiffe verschoben. So konnte man ihren Entwurf vor der Fertigstellung noch einmal verändern und baute Turbinen ein, die bis zu 24.000 PS leisteten. Sie hatte einen Kohlevorrat von 2.000 Tonnen und zusätzlich 221 Tonnen Dieselkraftstoff. Die *Ibuki* diente zu Beginn des 1. Weltkriegs als Begleitschiff für australische Truppen auf ihrem Weg zu den Dardanellen. Sie nahm auch an der Suche nach dem deutschen Kreuzer *Emden* teil, der als Handelsstörer im Indischen Ozean operierte. Die *Emden* brachte 21 Schiffe der Alliierten auf, zerstörte einen kleinen russischen Kreuzer, einen französischen Zerstörer und eine Signalstation, bevor sie vom Kreuzer HMAS *Sydney* versenkt wurde. Die *Ibuki* wurde 1924 verschrottet.

Herkunftsland:	Japan
Besatzung:	844
Gewicht:	15.844 t
Maße:	148 m x 23 m x 8 m
Reichweite:	6.485 km (3.500 nm) bei 15 Knoten
Panzerung:	178–102 mm an Gürtel, Barbetten und Türmen
Bewaffnung:	vier 305-mm-, acht 203-mm-Kanonen
Motorisierung:	Zwillingsschrauben, Turbinen
Leistung:	21 Knoten

Idaho

Die *Idaho* gehörte mit der *New Mexico* und der *Mississippi* zu den drei Schlachtschiffen der New-Mexico-Klasse mit der neuen 356-mm-Kanone, deren Höhe unabhängig voneinander verstellt werden konnte. Bei früheren Kanonen waren alle Kanonen in einem Turm auf dieselbe Höhe eingestellt. Die Hauptbewaffnung befand sich in Dreifach-Türmen. Ursprünglich waren 22 127-mm-Kanonen geplant gewesen, deren Zahl aber auf 14 reduziert wurde, was in einigen Bereichen dafür eine zusätzliche Panzerung ermöglichte. Die *Idaho* wurde 1930/31 völlig neu aufgebaut. 1919–1941 diente sie bei der Pazifikflotte, war aber zwischenzeitlich kurze Zeit bei der Atlantikflotte im Einsatz. Danach kämpfte sie vor Attu, bei den Gilbert-Inseln, Kwajalein, Saipan, Guam, Palau, Iwo Jima und Okinawa, wo sie im Juni 1945 auf Grund lief. 1943 wurden alle 127-mm-Kanonen entfernt. Die *Idaho* wurde 1947 außer Dienst gestellt.

Herkunftsland:	USA
Besatzung:	1.084
Gewicht:	33.528 t
Maße:	190,2 m x 29,7 m x 9,1 m
Reichweite:	14.400 km (8.000 nm) bei 10 Knoten
Panzerung:	343–203-mm-Gürtel, 254–229 mm an den Seiten, 450 mm an den Türmen
Bewaffnung:	zwölf 356-mm-, vierzehn 127-mm-Kanonen
Motorisierung:	vier Schrauben, Turbinen
Leistung:	21 Knoten

Imperator Pawel I

Die *Imperator Pawel I* wurde im April 1904 auf Kiel gelegt, aber ihr Bau verzögerte sich, da man die Erfahrungen aus dem Russisch-Japanischen Krieg von 1904/05 mit einarbeiten wollte. Die Hülle war ganz gepanzert. Die Aufbauten beherbergten sechs der 203-mm- und alle 120-mm-Kanonen. Die Zwillingstürme mit 203-mm-Kanonen befanden sich auf dem Oberdeck an jeder Ecke der Aufbauten. Die 304-mm-Kanonen waren ebenfalls in Türmen montiert. Während des 1. Weltkriegs wurde sie in der Ostsee eingesetzt. Nach der erfolgreichen russischen Oktoberrevolution von 1917 wurde sie in *Respublika* umbenannt. 1923 wurde sie verschrottet. In der Ostsee, in der das Schiff seinen aktiven Dienst verbrachte, fanden im 1. Weltkrieg eine Reihe heftiger Seeschlachten statt. Die Russen versuchten, die deutsche Vorherrschaft über die baltischen Staaten anzufechten. Die meisten Einsätze fanden gegen Kriegsschiffe des 3. deutschen Hochseegeschwaders statt.

Herkunftsland:	Russland
Besatzung:	933
Gewicht:	17.678 t
Maße:	140,2 m x 24,4 m x 8,2 m
Reichweite:	11.118 km (6000 nm) bei 12 Knoten
Panzerung:	127–216-mm-Gürtel, 102–203 mm an den Haupttürmen, 127–165 mm an der Batterie
Bewaffnung:	vier 305-mm-, vierzehn 203-mm-, zwölf 119-mm-Kanonen
Motorisierung:	Zwillingsschrauben, drei vertikale Expansionsmotoren
Leistung:	17,5 Knoten

Independence

Die *Independence* war eines von drei 74-Kanonen-Linien-Kampfschiffen mit Segeln, die nach der früheren Klasse von 1799 gebaut wurden, obwohl die Pläne für die *Independence* nie an das Marine-Ministerium geschickt wurden. Als sie bereit für die See war, musste man erfahren, dass die Schwellbalken der unteren Kanonenöffnungen bei voller Schlachtausrüstung und bei voller Ladung mit Nahrungsmitteln für sechs Monate nur 1,2 m über der Wasseroberfläche lagen. 1836 entschied man sich, zur Verbesserung der Leistung ihre drei Decks auf zwei zu verringern. Danach war die *Independence* sehr erfolgreich und dank Beibehaltung der früheren Takelung eines 74-Kanonen-Schiffs ein guter Segler. Sie war auch die größte Fregatte in der US-Marine. Die *Independence* wurde 1914 schließlich abgewrackt. Die ersten Fregatten waren noch relativ klein und sollten ursprünglich nur Konvois schützen, wurden aber im 18. und 19. Jahrhundert viel größer und besaßen 50–60 Kanonen auf zwei Decks.

Herkunftsland:	USA
Besatzung:	250
Gewicht:	2.293 t
Maße:	57,9 m x 15,2 m
Reichweite:	3.706 km (2.000 nm) bei 6 Knoten
Panzerung:	keine
Bewaffnung:	30 lange 32-Pfünder-, 33 mittlere 32-Pfünder-Kanonen, 24 32-Pfünder-Kanonen
Motorisierung:	keine
Leistung:	8 Knoten

Independence

Die US-Marine verlor 1942 vier Flugzeugträger und hatte eine Zeit lang nur die *Enterprise* im Pazifik. Die ersten Träger der großen Essex-Klasse sollten erst im folgenden Jahr fertig werden, und so wurden Pläne gehegt, einige der 39 leichten Kreuzer der Cleveland-Klasse, die sich zu dieser Zeit noch im Bau befanden, umzufunktionieren. Neun der Schiffe wurden umgebaut, die alle 1943 in Dienst gestellt wurden. Die *Independence* hatte 45 Flugzeuge, aber genug Platz, um kurzfristig bis zu 100 Stück zu befördern. Im 2. Weltkrieg zeichnete sie sich bei Angriffen auf die Gilbert-Inseln, Palau, Leyte, Luzón, Taiwan, Okinawa, die Küste Chinas, die Ryuku-Inseln und die japanischen Hauptinseln aus. Bei den Gilbert-Inseln wurde der Träger im November 1943 durch einen Torpedo aus der Luft schwer beschädigt. Bei den Atombomben-Tests auf dem Bikini-Atoll diente die *Independence* als Übungsziel und wurde schließlich 1951 versenkt.

Herkunftsland:	USA
Besatzung:	1569
Gewicht:	14.980 t
Maße:	189,78 m x 33,3 m x 7,4 m
Reichweite:	23.400 km (13.000 nm) bei 12 Knoten
Panzerung:	127 mm an Gürtel und Schotten, 50 mm auf dem Panzerdeck
Bewaffnung:	zwei 40-mm-, zweiundzwanzig 20-mm-Kanonen, 45 Flugzeuge
Motorisierung:	vier Schrauben, Turbinen
Leistung:	31,6 Knoten

Independencia

Die 1865 vom Stapel gelaufene *Independencia* und ihr Schwesterschiff *Huascar* waren die einzigen größeren für Peru in den 1860er Jahren gebauten, gepanzerten Schiffe, und ihr Verlust im Krieg mit Chile 1879 war katastrophal für das Land. Zu Beginn des Kriegs fuhren sowohl die *Independencia* als auch die *Huascar* nach Iquique, um die Blockade durch zwei kleine chilenische Kanonenboote zu durchbrechen. Um eine Eroberung der *Independencia* zu verhindern, wurde sie gesprengt, nachdem sie in der Schlacht mit dem chilenischen Kanonenboot *Covadonga* vor Iquique auf Grund gelaufen war. Neben diesen zwei Schiffen besaß Peru zwei von den USA erworbene Panzerschiffe. Das Schwesterschiff der *Independencia*, die *Huascar*, schrieb Geschichte, als sie sich 1877 nach ihrer Übernahme durch Meuterer mit dem britischen Kreuzer *Shah* 1877 eine Schlacht lieferte.

Herkunftsland:	Peru
Besatzung:	250
Gewicht:	3556 t
Maße:	65,5 m x 13,6 m x 6,7 m
Reichweite:	2.594 km (1.400 nm) bei 10 Knoten
Panzerung:	114 mm am Gürtel und über der Batterie
Bewaffnung:	zwei 178-mm-Kanonen, zwölf 70-Pfünder-Vorderlader-Kanonen
Motorisierung:	eine Schraube, horizontale Verbundmotoren
Leistung:	12 Knoten

Indiana

Die *Indiana* war eine von vier Einheiten der South-Dakota-Klasse, den letzten innerhalb der Gewichtsgrenzen des Londoner Vertrags von 1922 gebauten US-Schlachtschiffen. Alle sekundären 127-mm-Kanonen der 1942 fertig gestellten *Indiana* konzentrierten sich auf zwei Ebenen in Zwillingstürmen mittschiffs. Ihr einziger Schornstein befand sich hinter der Brücke. Die Schiffe der Klasse besaßen über hundert 40-mm- und 20-mm-Flugabwehrkanonen. Im 2. Weltkrieg diente die *Indiana* hauptsächlich im Pazifik und wurde im Süd-West-Pazifik, bei den Gilbert-Inseln, Kwajalein, vor den Philippinen, bei Saipan, Guam, Palau, Iwo Jima und Okinawa eingesetzt. Im Februar 1944 wurde sie bei einem Zusammenstoß mit dem Schlachtschiff *Washington* vor Kwajalein beschädigt. Im Juni desselben Jahres wurde sie von einem Kamikazeflugzeug vor Saipan getroffen, und im Juni 1945 erlitt sie weitere Beschädigungen durch einen Taifun vor Okinawa. 1963 wurde sie verkauft.

Herkunftsland:	USA
Besatzung:	1.793
Gewicht:	45.231 t
Maße:	207,2 m x 32,9 m x 10,6 m
Reichweite:	27.000 km (15.000 nm) bei 12 Knoten
Panzerung:	309-mm-Gürtel, 457 mm an der Vorderseite der Türme
Bewaffnung:	zwanzig 127-mm-, neun 406-mm-Kanonen
Motorisierung:	vier Schrauben, Turbinen
Leistung:	27,5 Knoten

Indianola

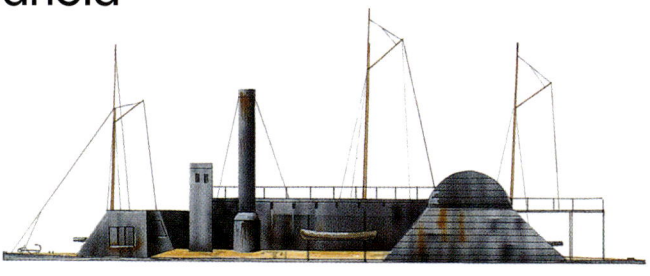

Die *Indianola* hatte eine der kürzesten Laufbahnen eines Panzerschiffs der Union im Amerikanischen Bürgerkrieg. Sie wurde von den Streitkräften der Union zum Dienst auf dem Mississippi geordert und im Frühjahr 1863 von der Marine übernommen. Trotz der Tatsache, dass sie noch nicht fertig gestellt war, wurde die *Indianola* zur Verteidigung Cincinnatis gegen die konföderierten Truppen schnell in Dienst genommen. Am 24. Februar 1863 wurde sie von der konföderierten Ramme *Queen of the West* und zwei anderen Schiffen angegriffen und versenkt. Die Konföderierten versuchten, die *Indianola* zu heben, sprengten sie aber vor ihrem Rückzug beim Herannahen einer Streitmacht der Union. Der Wert von Kanonenbooten für die Union lässt sich anhand der Schlacht von Shiloh im April 1862 zeigen, als die *Lexington* und die *Tyler* in der Nacht vom 6. auf den 7. April der linken Flanke von General Grant, der auf die notwendige Verstärkung wartete, mit 203,2-mm-Kugeln Feuerschutz gaben.

Herkunftsland:	USA
Besatzung:	50
Gewicht:	520 t
Maße:	53 m x 15 m x 1,5 m
Reichweite:	unbekannt
Panzerung:	75 mm an den Seiten
Bewaffnung:	zwei 228-mm-, zwei 280-mm-Kanonen
Motorisierung:	Zwillingsschrauben, Schaufelräder
Leistung:	6 Knoten

Inflexible

Die von Nathaniel Barnaby entwickelte *Inflexible* war eines der stärksten Schiffe ihrer Zeit. Ihre Kiellegung 1871 war eine direkte Reaktion auf den Bau der riesigen italienischen Schlachtschiffe *Duilio* und *Dandolo* und auf französische Pläne, ihre neuen Schiffe mit Großkanonen auszustatten. Die 1874 fertig gestellte *Inflexible* hatte die schwersten geriffelten Vorderladerkanonen eines Schiffs der britischen Marine und die dickste Panzerung. Die 81-Tonnen-Kanonen befanden sich in Türmen in gegenüberliegenden Ecken der Zitadelle. Da die Rohre zu lang waren, um innerhalb des Turms neu geladen werden zu können, wurden die Waffen so entworfen, dass sie sich zum Laden in ein gepanzertes Glacis auf das Hauptdeck absenkten. 1881 wurde sie der Mittelmeerflotte zugeteilt. Im folgenden Jahr wurde sie bei der Bombardierung Alexandrias, die zu Konflikten zwischen Briten und Ägyptern führte, von Granatfeuer beschädigt. 1903 wurde die Inflexible verschrottet.

Herkunftsland:	Großbritannien
Besatzung:	440
Gewicht:	12.070 t
Maße:	104,8 m x 22,8 m x 7,7 m
Reichweite:	6.300 km (3.400 nm) bei 10 Knoten
Panzerung:	600–400 mm an der Zitadelle, 425–400 mm an den Türmen
Bewaffnung:	vier 406-mm-Kanonen
Motorisierung:	Zwillingsschrauben, Verbundmotoren
Leistung:	14,7 Knoten

Inflexible

Die starken japanischen Tsukuba- und Ibuki-Klassen überzeugten 1904 die britische Admiralität von der Notwendigkeit einer Schiffsklasse, die die Geschwindigkeit eines Kreuzers mit der Feuerkraft eines Schlachtschiffs in sich vereinte. Die Lösung war die Invincible-Klasse, zu der die *Inflexible* zählte. Sie lief 1907 vom Stapel und wurde 1908 fertig gestellt. Im Mai 1911 wurde ihr Bug bei einem Zusammenstoß mit dem Schlachtschiff *Bellerophon* im englischen Kanal beschädigt. In der Anfangsphase des 1. Weltkriegs nahm sie an Einsätzen vor den Falklandinseln und an der Jagd auf den deutschen Kreuzer *Goeben* teil. 1915 war sie eines der Schiffe, die die Landungen auf den Dardanellen deckten. Bei einer Bombardierung im März wurde sie von Küstenbatterien und einer Mine schwer beschädigt. In der Schlacht von Jütland 1916 erlitt sie im Gegensatz zu ihrem Schwesterschiff *Invincible*, die nach deutschem Beschuss explodierte, keinen Schaden. Die *Inflexible* und die *Indomitable* wurden 1922 verkauft.

Herkunftsland:	Großbritannien
Besatzung:	784
Gewicht:	20.320 t
Maße:	172,8 m x 23,9 m x 8 m
Reichweite:	5.562 km (3.090 nm) bei 10 Knoten
Panzerung:	152–102-mm-Gürtel, 178 mm an den Türmen
Bewaffnung:	sechzehn 102-mm-, acht 305-mm-Kanonen
Motorisierung.	vier Schrauben, Turbinen
Leistung:	25,5 Knoten

Invincible

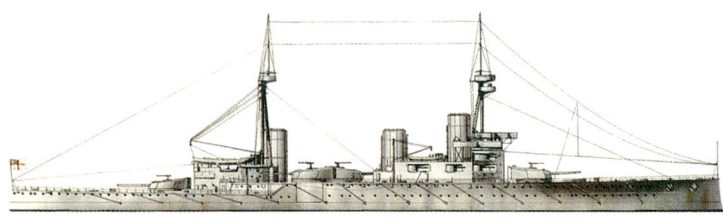

Die 1908 fertig gestellte *Invincible* war der erste Schlachtkreuzer der Welt und damit auch das erste Schiff eines neuen Kriegsschifftyps. Bei diesem Typ, der schneller und besser bewaffnet war als die Panzerkreuzer, wurde Panzerschutz zugunsten von Geschwindigkeit, Reichweite und Schlachtschiffbewaffnung geopfert. Wie der Verlust der *Invincible* und zweier anderer Schlachtkreuzer bei Jütland zeigen sollte, war der Mangel an Panzerung gegen die Feuerkraft eines Schlachtschiffs ein fataler Fehler. Trotz der Aufrüstung mit stärkerer Panzerung nach diesem Debakel hatten die Ereignisse zur Veraltung dieses Schiffstyps geführt, und so wurde die weitere Entwicklung gestoppt. Der Schlachtkreuzer *Queen Mary* erlitt bei Jütland dasselbe Schicksal und explodierte nach einem Volltreffer des Schlachtkreuzers *Derfflinger*.

Herkunftsland:	Großbritannien
Besatzung:	784
Gewicht:	20.421 t
Maße:	175,5 m x 23,9 m x 7,7 m
Reichweite:	5.559 km (3.000 nm) bei 25 Knoten
Panzerung:	152-mm-Gürtel, 178 mm an Barbetten und Schotten
Bewaffnung:	acht 305-mm-, sechzehn 102-mm-Kanonen
Motorisierung:	vier Turbinen mit Getriebewellen
Leistung:	25 Knoten

Iowa

Die Planung der schnellen Schlachtschiff-Klasse Iowa wurde 1936 auf das Gerücht hin begonnen, dass die Japaner Schlachtschiffe mit 46.000 Tonnen bauten. Die *Iowa* wurde 1940 auf Kiel gelegt und 1943 in Dienst gestellt. Die Klasse, zu der auch die *New Jersey* und die *Missouri* gehörten, hatte eine größere Wasserverdrängung, mehr Kraft und eine stärkere Panzerung (ihr Panzergürtel war in die Hülle integriert) als die vorherige South-Dakota-Klasse. Diese sehr rasch gebauten Schlachtschiffe hatten ein hohes Länge-Breite-Verhältnis. Die Iowa-Schiffe eskortierten im 2. Weltkrieg Träger, weil sie als einzige Schlachtschiffe schnell genug waren, um mit einem Trägergeschwader Schritt halten zu können. Im Koreakrieg wurde die *Iowa* zur Bombardierung von Küstenpositionen verwendet. Das letzte Schiff der Iowa-Klasse, die *Kentucky*, lief erst 1950 vom Stapel. Zwei Schiffe, die *Illinois* und die *Kentucky*, wurden nicht beendet. Im März 1944 wurde die *Iowa* vom Geschützfeuer der Küstenbatterien auf der Insel Mili beschädigt.

Herkunftsland:	USA
Besatzung:	1.921
Gewicht:	56.601 t
Maße:	270,4 m x 33,5 m x 11,6 m
Reichweite:	27.000 km (15.000 nm) bei 12 Knoten
Panzerung:	302–152-mm-Gürtel, 152 mm an Deck, 492–290 mm an den Türmen
Bewaffnung:	neun 406-mm-, zwanzig 127 mm-Kanonen
Motorisierung:	vier Schrauben, Turbinen
Leistung:	32,5 Knoten

Iron Duke

Die 1912 vom Stapel gelaufene *Iron Duke* war 1916 in der Schlacht von Jütland das britische Flaggschiff und eines der längsten in Dienst stehenden, vor dem 1. Weltkrieg gebauten Dreadnought-Schlachtschiffe. Sie gehörte zu einer Klasse von vier Schiffen, der dritten Gruppe von Super-Dreadnoughts, die mit 343-mm-Kanonen ausgerüstet waren. Diese waren die ersten größeren Großkampfschiffe, die zur Verteidigung gegen Torpedoboote auch wieder die 152-mm-Kanonen verwendeten. Andere Schiffe ihrer Klasse wurden verschrottet, um dem Washingtoner Vertrag aus den 1920er Jahren zu entsprechen, aber die *Iron Duke* wurde 1931 zum Schulschiff umfunktioniert. Von 1939–1945 diente sie als Versorgungsschiff bei Scapa Flow. Dort wurde sie am 17. Oktober 1939 vor Anker von vier Junker-Ju88-Sturzkampfbombern der Deutschen angegriffen. Sie wurde beschädigt und musste gestrandet werden. 1946 wurde sie schließlich verschrottet.

Herkunftsland:	Großbritannien
Besatzung:	1022
Gewicht:	30.866 t
Maße:	189,8 m x 27,4 m x 9 m
Reichweite:	14.000 km (7.780 nm) bei 10 Knoten
Panzerung:	304–102-mm-Gürtel (228 mm mittlere Gürteldicke), 152–51 mm an der Batterie
Bewaffnung:	zwölf 152-mm-, zehn 342-mm-Kanonen
Motorisierung:	vier Schrauben, Turbinen
Leistung:	21,6 Knoten

Ise

Die *Ise* lief 1916 vom Stapel und war eine verbesserte Version der vorherigen Fuso-Klasse. Mittschiffs besaß sie zwei Zwillings-Superfeuer-Kanonen. Zwischen den beiden Weltkriegen wurde sie umfangreich modernisiert. 1937 wurde sie nach achtern um 7,6 m verlängert. Nach dem Verlust zahlreicher japanischer Flugzeugträger bei Midway im Juni 1942 wurde die *Ise* 1943 durch den Aufbau eines Hangars und eines Flugdecks über ihrem Quarterdeck in einen Schlachtschiff-Träger umgewandelt. Aus Platzmangel mussten ihre 22 Wasserflugzeuge per Katapult gestartet und anschließend von einem Kran eingeholt werden. Sie nahm an den Schlachten von Midway und im Golf von Leyte teil. Nach ihrer Beschädigung durch von amerikanischen Flugzeugen gelegten Minen wurde sie außer Dienst gestellt. Bei einer zweitägigen Serie von Luftschlägen bei Kure im Juli 1945 wurde sie neben den Schlachtschiffen *Hyuga* und *Haruna* und dem Flugzeugträger *Amagi* versenkt. 1946 wurde die *Ise* gehoben und verschrottet.

Herkunftsland:	Japan
Besatzung:	1.376 als Schlachtschiff, 1.463 als Träger
Gewicht:	32.576 t als Schlachtschiff
Maße:	208,2 m x 28,6 m x 8,8 m
Reichweite:	7.412 km (4.000 nm) bei 15 Knoten
Panzerung:	304–229-mm-Gürtel
Bewaffnung:	zwölf 356-mm-, zwanzig 140-mm-Kanonen
Motorisierung:	vier Schrauben, Turbinen
Leistung:	23 Knoten

Italia

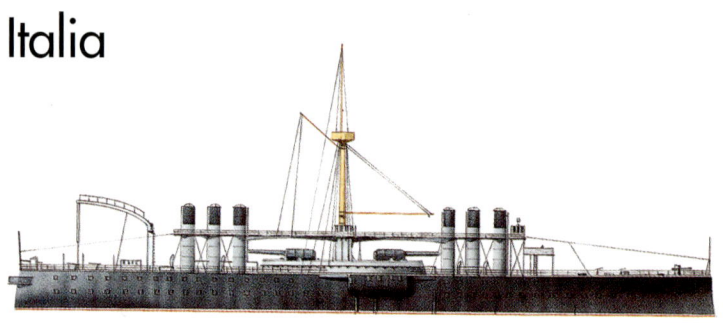

Bei ihrer Fertigstellung 1880 gehörten die *Italia* und ihr Schwesterschiff *Lepanto* zu den schnellsten Schiffen. Dies war teilweise auf die nicht vorhandene Seitenpanzerung zurückzuführen, denn diese Schiffe besaßen keinen Panzergürtel. Stattdessen hatten sie ein dickes Panzerdeck, welches bis zur Wasserlinie hinunter gebogen war und durch große Waben wasserdichter Abteile ergänzt wurde. Ihre 104-Tonnen-Hauptbewaffnung war paarig auf Drehscheiben montiert, die sich auf einer riesigen, ovalen, gepanzerten Barbette befanden. Die Munition musste vom Panzerdeck heraufgerollt werden, und so konnte jede Waffe nur alle fünf Minuten einen Schuss abfeuern. Schon bei ihrer Indienststellung waren die Schiffe durch nicht vorhandene Schnellfeuerkanonen und hoch explosive Munition technisch überholt und veraltet. Die *Italia* kam ab 1914 in den Hafendienst und wurde 1921 verschrottet.

Herkunftsland:	Italien
Besatzung:	701
Gewicht:	15.904 t
Maße:	124,7 m x 22,5 m x 8,7 m
Reichweite:	9.000 km (5.000 nm) bei 10 Knoten
Panzerung:	102 mm am Deck, 482 mm an der Zitadelle
Bewaffnung:	vier 431-mm-Kanonen
Motorisierung:	Zwillingsschrauben, senkrechte Verbundmotoren
Leistung:	17,8 Knoten

Iwo Jima

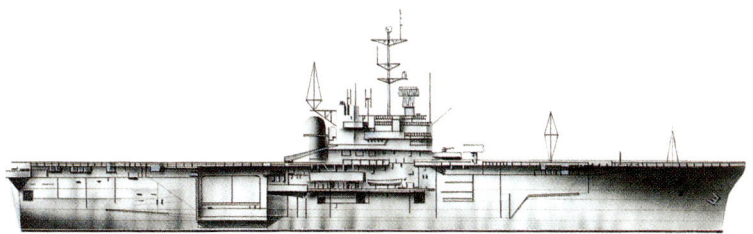

Die *Iwo Jima*, das erste Schiff einer Klasse von sieben, wurde als weltweit erstes Schiff dazu entworfen, Hubschrauber zu befördern und einzusetzen. Sie kann auch ein Marinebataillon von 2.000 Soldaten samt Artillerie- und Unterstützungsfahrzeugen befördern. Vom Flugdeck können bis zu sieben Hubschrauber gleichzeitig abheben. Der Hangar der *Iwo Jima* bietet Platz für bis zu 20 Hubschrauber. Die zwei Aufzüge befinden sich am Ende des Decks, um den Flugdeckbereich nicht zu verkleinern. Bis zu 24.600 Liter Benzin für die Fahrzeuge und mehr als 1.515.000 Liter Treibstoff für die Hubschrauber können gelagert werden. 1970 wurde ein Sea-Sparrow-Raketenwerfer eingebaut, drei Jahre später ein zweiter. Die *Iwo Jima* und ihre sechs Schwesterschiffe *Guadalcanal*, *Guam*, *Inchon*, *Okinawa*, *Tripoli* und *New Orleans* haben umfassende medizinische Einrichtungen, wozu ein großes Krankenhaus und sogar Operationssäle gehören.

Herkunftsland:	USA
Besatzung:	667 + 2.000 Soldaten
Gewicht:	18.330 t
Maße:	183,6 m x 25,7 m x 8 m
Reichweite:	11.118 km (6.000 nm) bei 18 Knoten
Panzerung:	100 mm auf dem Flugdeck, 200-mm-Gürtel
Bewaffnung:	vier 76-mm-Kanonen
Motorisierung:	eine Schraube, Turbinen
Leistung:	23,5 Knoten

Jauréguiberry

Die *Jauréguiberry* wurde von Lagane als größere Version des 1890 vom Stapel gelaufenen kleinen Schlachtschiffs *Capitan Prat* entwickelt. Nach anfänglichen Problemen mit dem Dampfkessel erwies sich die *Jauréguiberry* als guter Dampfer, der über lange Zeit eine hohe Geschwindigkeit beibehalten konnte. Sie wurde in den ersten Monaten des 1. Weltkriegs eingesetzt. Zur Zeit ihres Stapellaufs befand sich Frankreich immer noch im Wettbewerb mit Großbritannien und baute daher seine Flotte aus. Die britische Politik wollte einen so genannten „Zwei-Mächte-Standard" aufrecht erhalten, der besagte, dass die britische Marine zahlenmäßig so groß wie zwei andere Marinen zusammen sein sollte. So wurde bis 1906 eine große Zahl von Schlachtschiffen gebaut. Die *Jauréguiberry* wurde 1920 zum Hulk umgewandelt und 1934 verschrottet.

Herkunftsland:	Frankreich
Besatzung:	631
Gewicht:	11.823 t
Maße:	108,5 m x 22 m x 8,4 m
Reichweite:	6.485 km (3.500 nm) bei 10 Knoten
Panzerung:	450–254-mm-Gürtel, 380 mm an den Türmen
Bewaffnung:	zwei 305-mm-, zwei 270-mm-, acht 140-mm-Kanonen
Motorisierung:	Zwillingsschrauben, drei senkrechte Expansionsmotoren
Leistung:	17,7 Knoten

Javary

Nach ihrer Fertigstellung 1874 waren die Panzerturmschiffe *Javary* und ihr Schwesterschiff *Solimoes* die stärksten Schiffe der brasilianischen Marine. Während der brasilianischen Revolution von 1893 sank die *Javary*, deren Hülle infolge des Dauerbeschusses von Küstenbefestigungen der Regierung durch ihre Kanonen undicht geworden war. Die *Javary* und das andere Panzerturmschiff *Aquibadan* (das 1906 bei Rio de Janeiro explodierte und versank) bildeten lange Zeit das Rückgrat von Brasiliens Marine. Die Vergrößerung der argentinischen Marine zwang Brasilien jedoch, 1907 den Bau von zwei Dreadnoughts in britischen Werften zu beauftragen. Daher besaß Brasilien noch vor Frankreich, Italien und Russland Dreadnoughts. Im 1. Weltkrieg bot Brasilien an, seine Dreadnoughts als Unterstützung der britischen Flotte zu entsenden, aber das Angebot wurde abgelehnt.

Herkunftsland:	Brasilien
Besatzung:	135
Gewicht:	3.699 t
Maße:	73 m x 17 m x 3,4 m
Reichweite:	1.260 km (680 nm) bei 10 Knoten
Panzerung:	305-mm-Gürtel, 305–279 mm am Turm
Bewaffnung:	vier 254-mm-Vorderlader-Kanonen
Motorisierung:	Zwillingsschrauben, Verbundmotoren mit zwei Zylindern
Leistung:	11 Knoten

Jeanne d'Arc

Ursprünglich sollte dieses Schiff, das 1957 genehmigt wurde, *La Résolue* heißen. Es sollte als Ausbildungskreuzer die noch aus der Zeit vor dem 1. Weltkrieg stammende *Jeanne d'Arc* ersetzen. Aufgrund der Stornierung eines großen Trägers wurde der Entwurf der *La Résolue* mehrfach verändert, bis sie 1964 zur *Jeanne d'Arc* wurde. Sie war eine Kombination aus Kreuzer, Hubschrauberträger und Angriffsschiff. Ihre Aufbauten befinden sich vorn. Das Achterdeck des Schiff ist ein Hubschrauberdeck, unter dem sich ein schmaler Hangar befindet. Als Truppentransporter kann die *Jeanne d'Arc* 700 Mann und acht große Hubschrauber befördern. 1975 wurden Exocet-Raketenwerfer eingebaut, wodurch sie zur Schiffsabwehr befähigt wurde. In Friedenszeiten kehrt sie mit Einrichtungen für bis zu 198 Kadetten zu ihrer Ausbildungsrolle zurück. Das Schiff besitzt einen Raum für modulare Typeninformation und Operationen mit einem Computersystem zur Verarbeitung taktischer Daten sowie eine kombinierte Kommando- und Kontrollzentrale für Amphibienoperationen.

Herkunftsland:	Frankreich
Besatzung:	627 (+ 198 Kadetten)
Gewicht:	13.208 t
Maße:	180 m x 25,9 m x 6,2 m
Reichweite:	10.800 km (6.000 nm) bei 12 Knoten
Panzerung:	geheim
Bewaffnung:	vier 100-mm-Kanonen, Exocet-Raketenwerfer, 4–8 Hubschrauber
Motorisierung:	Zwillingsschrauben, Turbinen
Leistung:	26,5 Knoten

Kaiser

Österreich war in erster Linie eine Landmacht, die nur eine schmale Küste an der Adria besaß. Folglich war die Marine immer der Armee untergeordnet. Durch die ständige Geldknappheit musste sich die Marine im Allgemeinen auf Schiffe verlassen, die schwächer waren als die der Länder mit großen Flotten und zur Zeit ihrer Indienststellung meist schon veraltet waren. Die *Kaiser* war ein typisches Beispiel dafür. Sie war ursprünglich ein hölzernes Schlachtschiff mit zwei Decks. In der Schlacht von Lissa 1886 wurde sie schwer beschädigt. Aus Geldmangel zum Bau neuer Schiffe wurde das beschädigte Schiff 1869 in ein Panzerschiff mit zentraler Batterie umgewandelt. Von der Wasserlinie an wurde sie nach oben mit Eisen neu aufgebaut und stieß 1874 wieder zur Flotte. 1882 und 1885 wurde sie jeweils neu bewaffnet. Zwischen 1902 und 1918 diente die *Kaiser* als Kasernenhulk. 1920 wurde sie schließlich verschrottet.

Herkunftsland:	Österreich
Besatzung:	471
Gewicht:	5.811 t
Maße:	77,7 m x 17,7 m x 7,3 m
Reichweite:	2.779 km (1.500 nm) bei 10 Knoten
Panzerung:	152–102 mm am schmiedeeisernen Gürtel, 127 mm an Kasematten
Bewaffnung:	zehn 228-mm-Vorderlader (nach der Neuausstattung 1882)
Motorisierung:	eine Schraube, horizontale Verbundmotoren
Leistung:	11,5 Knoten

Kaiser

Die 1911 vom Stapel gelaufene und 1912 fertig gestellte *Kaiser*, die ursprünglich als Ersatz für die *Hildebrand* auf Kiel gelegt wurde, war das erste Schiff einer neuen Art deutscher Dreadnoughts, die den Stil für darauf folgende Schiffe prägte. Im 2. Weltkrieg gingen schließlich die *Bismarck* und die *Tirpitz* daraus hervor. Die zur Kaiser-Klasse gehörenden *Friedrich der Große*, *Kaiserin*, *König Albert* und *Prinzregent Luitpold* waren die ersten mit Turbinen ausgerüsteten deutschen Schlachtschiffe. Alle hatten achtern Türme, die übereinander feuern konnten, und diagonal versetzte Flügeltürme. Die Maschinen entwickelten bis zu 31.000 PS, und bis zu 3.000 Tonnen Kohle konnten geladen werden. Außerdem betrug die Reichweite bei 12 Knoten beinahe 15.200 km. Die *Kaiser* nahm an der Schlacht von Jütland teil. Anschließend wurden alle fünf Schiffe der Klasse bei Scapa Flow eingeschlossen und 1919 angebohrt. 1929–1937 wurden die Schiffe gehoben und abgewrackt.

Herkunftsland:	Deutschland
Besatzung:	1278 (bei Jütland)
Gewicht:	26.998 t
Maße:	172,4 m x 29 m x 8,3 m
Reichweite:	15.200 km (8.000 nm) bei 12 Knoten
Panzerung:	350–80 mm an Gürtel und Türmen
Bewaffnung:	zehn 304-mm-, vierzehn 150-mm-Kanonen
Motorisierung:	drei Schrauben, Turbinen
Leistung:	23,5 Knoten

Kaiser Friedrich III

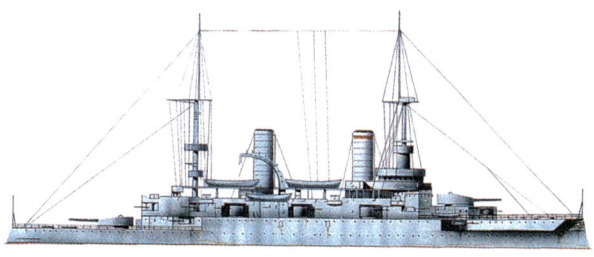

Die *Kaiser Friedrich III.* wurde 1895 auf Kiel gelegt und 1898 beendet. Sechs ihrer 152-mm-Kanonen befanden sich in Einzeltürmen oben auf den Aufbauten, der Rest war in Kasematten untergebracht. Die 86,3-mm-Kanonen befanden sich einzeln hinter Schilden auf dem Oberdeck. Sie war mit ihrer leichten Hauptbewaffnung und den drei Schrauben ein Muster für deutsche Vorgängermodelle der Dreadnoughts. Das Gesamtgewicht der Panzerung der *Kaiser Friedrich III.* betrug 3.860 Tonnen. Sie war 1906 das Flaggschiff der Flotte und wurde 1907–10 neu aufgebaut. 1916 wurde sie wegen ihrer Veralterung jedoch zum Hulk umgewandelt und 1920 schließlich verschrottet. Auch die anderen Schiffe ihrer Klasse waren nach deutschen Kaisern benannt und hießen *Kaiser Barbarossa*, *Kaiser Wilhelm der Große*, *Kaiser Wilhelm II.* und *Kaiser Karl der Große*. Alle außer der letztgenannten wurden mit neuen Schornsteinen, Kasematten und militärischen Masten (als Ersatz der alten Polmasten) modernisiert.

Herkunftsland:	Deutschland
Besatzung:	651
Gewicht:	11.784 t
Maße:	125,3 m x 20,4 m x 8,2 m
Reichweite:	4.170 km (2.250 nm) bei 12 Knoten
Panzerung:	305–152-mm-Gürtel, 254 mm an den Haupttürmen, 152 mm an Sekundärtürmen und Kasematten
Bewaffnung:	vier 238-mm-, achtzehn 152-mm-, zwölf 86,3-mm-Kanonen
Motorisierung:	drei Schrauben, drei Expansionsmotoren
Leistung:	17 Knoten

Kaiser Max

Die *Kaiser Max* war eine von drei Einheiten einer für die österreichische Marine gebauten Panzerschiff-Klasse. Bei der *Juan de Austria*, der *Kaiser Max* und der *Prinz Eugen* handelte es sich um verbesserte Versionen der Schiffe der vorigen Klasse mit stärkeren Motoren, mehr Kanonen und Heckgeschützen. Man fand jedoch nach nur wenigen Jahren heraus, dass die Hülle der *Kaiser Max* bereits verfault war. So wurde ihr Motor entfernt und in ein eisernes Kasemattenschiff eingebaut, was sich letztendlich als drei Mal so teuer erwies wie ein kompletter Schiffsneubau. Die Hülle wurde 1878 verschrottet. Alle Schiffe hatten eine geringe Hochseetauglichkeit. Die *Juan de Austria* kämpfte beispielsweise in der Schlacht von Lissa mit unvollständiger Panzerung. Dennoch siegte die österreichische Marine über die Italiener.

Herkunftsland:	Österreich
Besatzung:	400
Gewicht:	3.645 t
Maße:	70,2 m x 12,8 m x 6,3 m
Reichweite:	3.706 km (2.000 nm) bei 10 Knoten
Panzerung:	110-mm-Gürtel
Bewaffnung:	vierzehn 14-Pfünder-, sechzehn 48-Pfünder-Kanonen
Motorisierung:	eine Schraube, horizontaler Verbundmotor
Leistung:	11,4 Knoten

Kalamazoo

Die *Kalamazoo* gehörte zu einer Klasse von vier Schiffen, die – abgesehen von der *Dunderberg* – die damals größten Kriegsschiffe der US-Marine waren. Die nach einem Fluss in Michigan benannte *Kalamazoo* war ein Panzerschiff mit zwei Türmen, zwei massiven Schornsteinen und einem einzigen, großen gepanzerten Belüftungsschacht. Ihre Hülle war mit 152-mm-Panzerplatten belegt, die hinten mit 762 mm Holz verstärkt waren. Das 152 mm dicke Deck war mit 75 mm Eisen gepanzert, auf das noch einmal 75 mm Holz gelegt wurde. Auf diese Weise waren Hülle und Decks folglich sehr stark, sie verfaulten aber – da sie aus nicht abgelagertem Holz gemacht waren – auch sehr schnell. Die *Kalamazoo* wurde 1863 auf Kiel gelegt, aber nach dem Ende des Amerikanischen Bürgerkrieges ging der Bau der Schiffe dieser Klasse nur langsam voran. Alle vier Einheiten wurden 1884 abgewrackt, ohne vom Stapel gelaufen zu sein.

Herkunftsland:	USA
Besatzung:	unbekannt
Gewicht:	5.690 t
Maße:	105 m x 17 m x 5,3 m
Reichweite:	unbekannt
Panzerung:	152–75 mm Eisen an den Seiten, 380 mm an den Türmen
Bewaffnung:	vier 380-mm-Kanonen
Motorisierung:	Zwillingsschrauben, horizontale, direkt übersetzte Motoren
Leistung:	11 Knoten

Keokuk

Die in New York gebaute *Keokuk* entsprach einem der Vorschläge, die der Entwicklungs-
behörde für Panzerschiffe 1861 vorgelegt wurden, um ein Schiff zu bauen, das die mächtigen, sich noch im Bau befindenden Panzerschiffe der Konföderierten bekämpfen konnte.
Ein anderer Vorschlag war die *Monitor*. Die *Keokuk* besaß ein gepanzertes Ruderhaus zwischen zwei festen Kanonenhäuschen. Die Kanonen innen waren schwenkbar und konnten
aus drei in einem Winkel von 90 Grad versetzten Schießscharten feuern. 1863 wurde die *Keokuk* im Einsatz vor Charleston 90-mal getroffen und versank daraufhin im seichten Wasser.
Die Konföderierten retteten ihre 279-mm-Kanonen und ließen die Hülle als Wrack zurück.
Die konföderierte Marine war vom Kongress am 16. März 1861 geschaffen worden und zunächst sehr klein: vier Kapitäne, vier Fregattenkapitäne, 30 Leutnants, je fünf Schiffsärzte
und Assistenten, sechs Zahlmeister, zwei Hauptingenieure und andere Dienstgrade.

Herkunftsland:	USA
Besatzung:	unbekannt
Gewicht:	687 t
Maße:	48,6 m x 10,9 m x 2,6 m
Reichweite:	unbekannt
Panzerung:	102 mm dickes Bandeisen mit 25-mm-Zwischenräumen, die mit Holz gefüllt wurden
Bewaffnung:	zwei 280-mm-Vorderlader-Kanonen mit glattem Lauf
Motorisierung:	Zwillingsschrauben, gekühlte Motoren
Leistung:	9 Knoten

Kearsage

Die *Kearsage* wurde unter dem Kriegsprogramm von 1861 für die Union gebaut. Sie wurde 1862 in Dienst gestellt und sofort in europäische Gewässer gesandt, um den konföderierten Handelskaper *Sumter* ausfindig zu machen und zu zerstören. Dieser hatte seinerseits bereits einige Handelsschiffe der Union zerstört. In ihrem bekanntesten Einsatz im Juni 1864 verfolgte sie den konföderierten Kaper *Alabama* bis in den französischen Hafen von Cherbourg, wo das Schiff der Konföderierten repariert werden sollte. Die unweit der Küste liegende *Kearsage* griff erst an, als die *Alabama* die Herausforderung annahm und in internationale Gewässer segelte. In etwas mehr als einer Stunde wurde das konföderierte Schiff, das 65 Schiffe der Union gekapert hatte, von der *Kearsage* versenkt. 1894 lief die *Kearsage* vor Nicaragua auf Grund und wurde ausgeplündert.

Herkunftsland:	USA
Besatzung:	212
Gewicht:	1.511 t
Maße:	60,6 m x 10,3 m x 4,7 m
Reichweite:	unbekannt
Panzerung:	unbekannt
Bewaffnung:	eine geriffelte 105-mm-Vorderlader-, zwei glattläufige 279-mm-, sechs glattläufige 32-Pfünder-Kanonen
Motorisierung:	ein Motor mit Getriebewelle
Leistung:	12 Knoten

Kiew

Die *Kiew* war der erste mit ganzem Flugdeck und spezieller Hülle gebaute sowjetische Flugzeugträger. Sie wurde im September 1970 in der Schwarzmeer-Werft Nikolajew auf Kiel gelegt und im Mai 1975 fertig gestellt. Das Flugdeck ist angewinkelt. Der Großteil der Bewaffnung, die den vollen Bereich von Schiffs-, Flugzeug- und U-Boot-Abwehrraketen umfasst, befindet sich vorn. Es werden auch 24 Raketen vom Typ SS-N-12 Shaddock mitgeführt. Die große Brückenstruktur, die eine Vielzahl von Radargeräten beherbergt, befindet sich auf der Steuerbordseite der *Kiew*. Das von den Russen als „Kreuzer mit durchgehenden Decks" eingestufte Schiff fuhr im Sommer 1976 aus dem Schwarzen Meer durchs Mittelmeer und vereinigte sich mit der sowjetischen Nordflotte. Die *Kiew* hat ein Luftgeschwader von Jakowlew-Jak-38-Forger-VTOL-Kampfbombern und Hubschraubern zur U-Boot-Abwehr. Die anderen Schiffe der Kiew-Klasse sind die *Minsk*, die *Novorossiysk* und die *Baku*.

Herkunftsland:	Sowjetunion
Besatzung:	1.700
Gewicht:	38.608 t
Maße:	273 m x 47,2 m x 8,2 m
Reichweite:	24.300 km (13.500 nm) bei 10 Knoten
Panzerung:	100 mm auf dem Flugdeck, 50-mm-Gürtel
Bewaffnung:	vier 76,2-mm-Kanonen und bis zu 136 Raketen
Motorisierung:	vier Schrauben, Turbinen
Leistung:	32 Knoten

King Edward VII

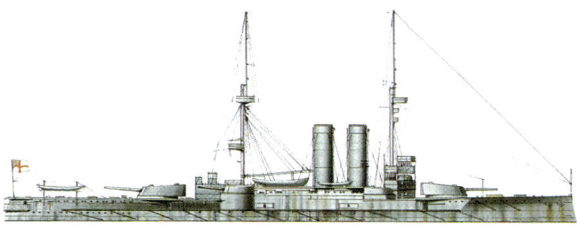

Die *King Edward VII* war das erste britische Schlachtschiff, das im 20. Jahrhundert gebaut wurde. Sie wurde 1902 als erstes einer Klasse von acht Schiffen auf Kiel gelegt und drei Jahre später fertig gestellt. Sie war während ihres ganzen Dienstes für ihre schwierige Steuerung bekannt und litt auch unter einer gemischten Sekundärbewaffnung, die verhinderte, dass sie ausreichend große Kanonen in genügender Zahl einsetzen konnte. Die *King Edward VII* fuhr 1916 nördlich von Schottland auf eine deutsche Mine auf und sank nach 12 Stunden. Die anderen Schiffe ihrer Klasse hießen *Africa*, *Britannia*, *Commonwealth*, *Dominion*, *Hibernia*, *Hindustan* und *New Zealand*. 1912 wurde die *Hibernia* mit einer Startplattform ausgestattet. Am 9. Mai 1912 hob Leutnant C.R. Samson als erster Pilot mit einem Flugzeug – einem Short-Wasserflugzeug – von einem fahrenden Schiff, der *Hibernia*, die mit 10 Knoten fuhr, ab.

Herkunftsland:	Großbritannien
Besatzung:	777
Gewicht:	17.566 t
Maße:	138,3 m x 23,8 m x 7,72 m
Reichweite:	12.970 km (7.000 nm) bei 10 Knoten
Panzerung:	229–203-mm-Gürtel, 305 mm an den Barbetten, 304–203 mm an den Kanonenhäuschen
Bewaffnung:	vier 304-mm-, vier 230-mm-Kanonen
Motorisierung:	zwei Getriebewellen, drei senkrechte Expansionsmotoren
Leistung:	18,5 Knoten

Kirishima

Die 1913 als Schiff der Schlachtkreuzer-Klasse Kongo vom Stapel gelaufene *Kirishima* wurde zwischen 1927 und 1930 mit den übrigen Schiffen ihrer Klasse neu ausgestattet und als Schlachtschiff neu eingestuft. Bei einem weiteren Neuaufbau zwischen 1934 und 1936 wurde ihr Heck völlig geändert, ihren Barbetten 400 Tonnen Panzerung hinzugefügt und ihre Flugabwehrbewaffnung verstärkt. Im Dezember 1941 eskortierte sie die Träger, deren Flugzeuge Pearl Harbor angriffen. Sie deckte anschließend japanische Landungen in Rabaul und in den holländischen Westindischen Inseln und versenkte am 1. März 1942 südlich von Java den Zerstörer USS *Edsall*. In der zweiten Schlacht von Guadalcanal im November 1942 wurde sie ein Opfer des radargeleiteten Geschützfeuers der USS *Washington*, von der sie nachts über eine Entfernung von 7,7 km von neun 400-mm- und vierzig 127-mm-Geschossen so stark getroffen wurde, dass sie versenkt werden musste.

Herkunftsland:	Japan
Besatzung:	1.437 (nach der Neuausstattung von 1936)
Gewicht:	32.491 t
Maße:	219,6 m x 222,1 m x 9,7 m
Reichweite:	14.824 km (8.000 nm) bei 14 Knoten
Panzerung:	203–75-mm-Gürtel, 254 mm an den Barbetten, 229 mm an den Türmen
Bewaffnung:	acht 356-mm-, vierzehn 152-mm-, acht 127-mm-Kanonen
Motorisierung:	vier Turbinen mit Getriebewellen
Leistung:	30,4 Knoten

Kniaz Poscharskij

Die 1870 fertig gestellte *Kniaz Poscharskij* war das erste russische Panzerschiff, das im Pazifik seinen Dienst leistete. Sie war nach Fürst Dmitrij Michajlowitsch Poscharskij (1578–1642) benannt, der gegen die Polen gekämpft hatte. Sie wurde 1864 als Teil von Russlands schnell wachsender Flotte auf Kiel gelegt, war aber von ihren Schwesterschiffen das einzige Schiff, das als kreuzendes Panzerschiff klassifiziert wurde. Sie hatte ausreichend Segelfläche für ausgedehnte Patroullien und eine feste Kanonenplattform. 1884–86 wurde sie modernisiert. Zwei 152-mm-Kanonen wurden vorn und achtern auf dem Oberdeck befestigt, und 203-mm-Kanonen ersetzten die 229-mm-Kanonen auf dem Batteriedeck. Nach ihrem Dienst im Pazifik wurde sie 1880 zur Ostseeflotte verlegt. Nach einem Neuaufbau wurde sie zum Schulschiff, bevor sie 1892 als Kreuzer erster Klasse neu klassifiziert wurde. 1906 nahm sie ihre Ausbildungsrolle wieder auf. 1907 wurde sie abgewrackt.

Herkunftsland:	Russland
Besatzung:	455
Gewicht:	5.220 t
Maße:	83 m x 15 m x 7,4 m
Reichweite:	6.002 km (3.250 nm) bei 10 Knoten
Panzerung:	112 mm Schmiedeeisen an Gürtel und Batterie
Bewaffnung:	acht 203-mm-, zwei 152-mm-Kanonen und eine 2,4-m-Ramme am Bug
Motorisierung:	eine Schraube, horizontale, direkt übersetzte Motoren
Leistung:	11,7 Knoten

Kniaz Suwarow

Die 1902 vom Stapel gelaufene und im September 1904 fertig gestellte *Kniaz Suwarow* war im Mai 1905 in der Schlacht von Tsuschima das russische Flaggschiff und wurde von japanischen Torpedos versenkt. Sie war eines von fünf Schiffen der Borodino-Klasse. Ihre Schwesterschiffe *Borodino* und *Alexander* wurden bei Tsuschima ebenfalls versenkt, während sich die *Orel* den japanischen Streitkräften ergab und später in *Iwami* umbenannt wurde. Das letzte Schiff der Klasse, die *Slavia*, wurde nicht mehr rechtzeitig beendet, um das Schicksal ihrer Schwesterschiffe zu teilen. Auf ihrem Weg in die Schlacht verursachten die russischen Schiffe einen größeren diplomatischen Zwischenfall, indem sie in der Nordsee das Feuer auf einige britische Schleppnetzfischer eröffneten (die Besatzungen verwechselten sie mit japanischen Torpedobooten!). Gibraltar wurde in den Kriegszustand versetzt, und 28 britische Kriegsschiffe standen einige Stunden lang bereit, das russische Pazifik-Geschwader abzufangen und zu zerstören. Die Situation wurde noch rechtzeitig entschärft.

Herkunftsland:	Russland
Besatzung:	835
Gewicht:	13.730 t
Maße:	121 m x 23 m x 7,9 m
Reichweite:	12.274 km (6.624 nm) bei 10 Knoten
Panzerung:	190–152-mm-Gürtel, 254–102 mm an den Türmen
Bewaffnung:	zwölf 152-mm-, vier 304-mm-, zwanzig 11-Pfünder-Kanonen
Motorisierung:	Zwillingsschrauben, drei senkrechte Expansionsmotoren
Leistung:	17,5 Knoten

Kongo

Die 1912 in einer britischen Werft fertig getellte *Kongo* und ihre Schwesterschiffe *Hiei*, *Haruna* und *Kirishima* waren stark vom Entwurf und der Leistung britischer Schlacht-kreuzer beeinflusst. Aufgrund der Erfahrungen des 1. Weltkriegs und der Seeverträge aus den 1930er Jahren wurde die Klasse zum Schutz gegen Torpedos mit besserer Panzerung des Decks und der Bilgen ausgestattet. Die Entwicklung schneller Träger-Gruppen führte zu einer weiteren Umgestaltung, bei der die Motoren verbessert wurden, was die Geschwindig-keit der Schiffe auf bis zu 30 Knoten erhöhte. Alle vier Schiffe wurden im 2. Weltkrieg ver-senkt. Die *Kongo* wurde im November 1944 vom amerikanischen U-Boot *Sealion* torpediert. Die *Hiei* und *Kirishima* wurden in der Schlacht von Guadalcanal versenkt, wobei die *Hiei* 50 Treffer, einen Bombentreffer einer B-17 und zwei Torpedotreffer von Flugzeugen der USS *Enterprise* erhielt. Die *Haruna* wurde im Juli 1945 bei Kure von US-Flugzeugen versenkt.

Herkunftsland:	Japan
Besatzung:	1.221
Gewicht:	27.940 t
Maße:	214,7 m x 28 m x 8,4 m
Reichweite:	14.824 km (8.000 nm) bei 14 Knoten
Panzerung:	203-mm-Gürtel, 254 mm an den Barbetten
Bewaffnung:	acht 356-mm-, sechzehn 152-mm-Kanonen
Motorisierung:	vier Turbinen mit Getriebewellen
Leistung:	27,5 Knoten

König Wilhelm

Die *König Wilhelm* war eine ursprünglich unter dem Namen *Fatikh* für die türkische Marine in Großbritannien 1865 auf Kiel gelegte Panzerfregatte, wurde aber vor ihrer Fertigstellung 1865 von Preußen gekauft. Zuerst hieß sie *Wilhelm I.*, bevor sie 1867 ihren endgültigen Namen bekam. 1878 stieß sie mit der *Großer Kurfürst* zusammen und versenkte sie. Danach wurde sie repariert und bekam einen neuen Dampfkessel, eine stärkere Ramme und zusätzliche kleinere Waffen. Sie wurde anschließend als schwerer Kreuzer klassifiziert, wobei ihre Takelung auf zwei militärische Masten reduziert wurde. Sie war zu dieser Zeit das stärkste Schiff der deutschen Marine und wurde deren Flaggschiff. 1897 wurde sie als Panzerkreuzer neu klassifiziert. 1904 wandelte man sie zum Schulschiff für Soldaten in Kiel um und entfernte fast ihre gesamte Bewaffnung. 1921 wurde sie außer Dienst gestellt und verschrottet.

Herkunftsland:	Deutschland
Besatzung:	730
Gewicht:	10.933 t
Maße:	112 m x 18,3 m x 8,5 m
Reichweite:	2.400 km (1.300 nm) bei 10 Knoten
Panzerung:	304–152 mm schmiedeeiserner Gürtel, 203–152 mm an der Batterie
Bewaffnung:	achtzehn 238-mm-, fünf 210-mm-Kanonen
Motorisierung:	eine Schraube, ein horizontaler Expansionsmotor
Leistung:	14,7 Knoten

Kreml

Die *Kreml* war eines von fünf Schiffen der Pervenietz-Klasse, welche die Basis der russischen Panzerschiff-Flotte bildeten. Ein eng verwandtes Schiff, die *Pervenietz*, wurde von George Mackrow gestaltet und in Großbritannien gebaut. Die *Kreml* wurde 1864 auf Kiel gelegt, 1866 fertig gestellt und war ein wie ein Schoner getakeltes Panzerschiff mit eiserner Hülle. Ihre Motoren, die einem hölzernen russischen Schraubendampfer entnommen wurden, entwickelten bis zu 1.630 PS. Sie diente schließlich als Übungsschiff für Artilleristen, bevor sie 1905 verschrottet wurde. Wie Österreich stützte sich auch Russland in der Mitte des 19. Jahrhunderts in erster Linie auf die Armee, der die Marine untergeordnet war. Dennoch wurden schon 1861 zwei hölzerne Schiffe in Panzerschiffe umgewandelt, und Russlands erstes gepanzertes Kriegsschiff, die *Pervenietz* wurde mit ihrem Schwesterschiff *Nye Tron Menya* in Großbritannien bestellt und gebaut.

Herkunftsland:	Russland
Besatzung:	395
Gewicht:	4.064 t
Maße:	67,6 m x 16 m x 5,9 m
Reichweite:	2.780 km (1.500 nm) bei 10 Knoten
Panzerung:	112 mm Schmiedeeisen an den Seiten, 140 mm an der Batterie
Bewaffnung:	acht 203-mm-, sechs 152-mm-, acht 86-mm-Kanonen
Motorisierung:	eine Schraube, horizontale, direkt übersetzte Motoren
Leistung:	9 Knoten

Kurfürst Friedrich Wilhelm

Die 1890 auf Kiel gelegte und 1893 fertig gestellte *Kurfürst Friedrich Wilhelm* war einer von vier starken Vorgängermodellen der Dreadnoughts in der Brandenburg-Klasse, die in den frühen 1900er Jahren die Basis der deutschen Marine bildeten. Als eines der ersten deutschen Kriegsschiffe war sie mit einem drahtlosen Telegrafen ausgestattet. Ihre Hauptbewaffnung befand sich in drei Zwillingstürmen auf der Mittellinie des Schiffs. Ein Turm mittschiffs mit Kanonen kleineren Kalibers hatte ein eingeschränktes Feuerfeld. Das Schiff wurde 1910 an die Türkei verkauft und dort zur *Heireddin Barbarossa*. In türkischem Diensten nahm sie 1912 an der Bombardierung Varnas teil. Im Dezember 1912 wurde sie im Einsatz gegen ein griechisches Seegeschwader vor den Dardanellen beschädigt. Eine Woche später erlitt sie im selben Gebiet erneute Schäden. Am 8. August 1915 wurde sie vom britischen U-Boot *E11* bei den Dardanellen torpediert und versenkt, wobei 253 Menschen ums Leben kamen.

Herkunftsland:	Deutschland
Besatzung:	568
Gewicht:	10.210 t
Maße:	115,7 m x 19,5 m x 7,9 m
Reichweite:	8.338 km (4.500 nm) bei 10 Knoten
Panzerung:	406–304-mm-Gürtel, 304 mm an den Barbetten, 127 mm an den Kanonenhäuschen
Bewaffnung:	sechs 280-mm-, sechs 105-mm-, acht 88-mm-Kanonen
Motorisierung:	Zwillingsschrauben, drei Expansionsmotoren
Leistung:	14 Knoten

Leonardo da Vinci

Die *Leonardo da Vinci* und ihre beiden Schwesterschiffe *Conte de Cavour* und *Giulio Cesare* stellten gegenüber der vorigen Dante-Alighieri-Klasse eine Verbesserung dar. Ihre 13 großkalibrigen Kanonen befanden sich in fünf Türmen auf der Mittellinie. Achtern und vorn waren erhöhte Zwillingstürme angebracht. Die Sekundärbewaffnung war nicht in den Zwillingstürmen, sondern in einer Batterie mittschiffs kasemattiert. Die Motoren entwickelten bis zu 31.000 PS, und die Reichweite bei 10 Knoten betrug 8.640 km. Die *Leonardo da Vinci* wurde 1914 fertig gestellt und verbrachte den Kriegsdienst in der Adria. Am 2. August 1916 fing sie Feuer, explodierte und kenterte vor Tarent. Die Explosion, die entweder auf instabiles Kordit oder auf Sabotage zurückzuführen ist, verursachte 249 Tote. Im September 1919 wurde die *Leonardo da Vinci* wieder flott gemacht, jedoch nicht mehr repariert und 1923 schließlich abgewrackt.

Herkunftsland:	Italien
Besatzung:	1.235
Gewicht:	25.250 t
Maße:	176 m x 28 m x 9,3 m
Reichweite:	8.640 km (4.800 nm) bei 10 Knoten
Panzerung:	248–127-mm-Gürtel, 280 mm an den Türmen, 127–110 mm an der Sekundärbatterie
Bewaffnung:	dreizehn 304-mm-, achtzehn 120-mm-Kanonen
Motorisierung:	vier Schrauben, Turbinen
Leistung:	21,6 Knoten

Lepanto

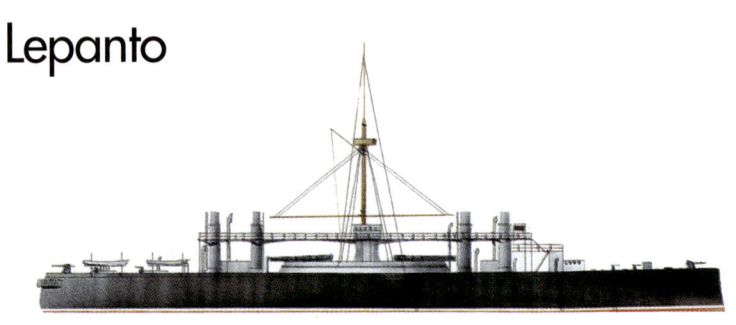

Nach ihrer Fertigstellung 1887 war Benedetto Brins *Lepanto* das schnellste Großkampfschiff der Welt und gemeinsam mit ihrem Schwesterschiff *Italia* auch eines der größten und leistungsfähigsten. Ihre vier Schornsteine waren durch eine enge Flugbrücke miteinander verbunden, deren Vorderteil an die winzige Befehlsbrücke angefügt war. Im Notfall konnte die *Lepanto* eine große Zahl von Soldaten befördern. Bis zur Indienststellung der *Lepanto* und der *Italia* hatte die Entwicklung von Schnellfeuerkanonen und hochexplosiver Munition große Fortschritte gemacht, und so waren diese Schiffe mit ihrer unzulänglichen Panzerung und der geringen Feuerrate von einem Schuss pro fünf Minuten bald nicht mehr dazu geeignet, einem modernen Schlachtschiff direkt gegenüberzutreten. Später bekam die *Lepanto* leichte Schnellfeuerkanonen. Nach ihrem Einsatz in der ersten Schlachtlinie diente sie als Schulschiff für Artilleristen, als Lagerschiff in La Spezia und als Wachschiff bei Derna. 1914 wurde sie abgewrackt.

Herkunftsland:	Italien
Besatzung:	701
Gewicht:	16.154 t
Maße:	124,7 m x 22,3 m x 9,6 m
Reichweite:	15.660 km (8.700 nm) bei 10 Knoten
Panzerung:	483 mm an der zentralen Zitadelle
Bewaffnung:	vier 431-mm-, acht 152-mm-Kanonen
Motorisierung:	Zwillingsschrauben, senkrechte Verbundmotoren
Leistung:	18,4 Knoten

Lexington

Die *Lexington* war der erste für die US-Marine gebaute Flugzeugträger. Sie wurde 1921 als Schlachtkreuzer auf Kiel gelegt, aber infolge des Washingtoner Abkommens von 1922 wurden die Arbeiten gestoppt. Der Entwurf wurde dann zu einem Flugzeugträger verändert, obwohl die für einen Kreuzer typische Schiffshülle beibehalten wurde. Sie erhielt einen Hangar von 137 m x 21 m, mit dem sie viele Jahre lang der größte Flugzeugträger blieb. Im Mai 1942 war sie Teil der Taskforce 11, die sich mit zwei weiteren alliierten Taskforces zusammenschloss, um in der Schlacht im Korallenmeer eine japanische Landung in Moresby (Neuguinea) zu verhindern. Am Morgen des 8. Mai trafen die beiden Trägerflotten aufeinander und schickten ihre Flugzeuge – 90 japanische und 78 amerikanische – zum Angriff. Die *Lexington*, unter dem Kommando von Kapitän F.C. Sherman, wurde von zwei Torpedos und drei Bomben getroffen, aufgegeben und später vom Zerstörer USS *Phelps* endgültig versenkt.

Herkunftsland:	USA
Besatzung:	2.327
Gewicht:	48.463 t
Maße:	270,6 m x 32,2 m x 9,9 m
Reichweite:	18.900 km (10.500 nm) bei 10 Knoten
Panzerung:	178–127-mm-Gürtel, 31 mm am gepanzerten Deck
Bewaffnung:	acht 203-mm-, zwölf 127-mm-Kanonen, 80 Flugzeuge
Motorisierung:	vier Schrauben, turboelektrische Steuerung
Leistung:	33,2 Knoten

Lion

Die Schiffe der Lion-Klasse waren die ersten Schlachtkreuzer, die größer als Schlacht-schiffe waren. Die 1910 vom Stapel gelaufene und 1912 fertig gestellte *Lion* hatte acht in Zwillingstürmen befestigte 343-mm-Kanonen, von denen zwei nach vorn gerichtet waren (eine feuerte über den anderen), eine achtern und eine mit eingeschränktem Schussradius mittschiffs zwischen dem zweiten und dritten Schornstein. Im 1. Weltkrieg war die *Lion* das Flaggschiff der von Admiral Sir David Beatty kommandierten Schlachtkreuzer-Flotte der britischen Flotte. Am 24. Januar 1915 erhielt die *Lion* in der Schlacht bei der Dogger Bank insgesamt 21 Treffer, und in der Schlacht von Jütland 1916 entkam sie nur knapp der Zer-störung, als sie von zwölf Treffern schwer beschädigt wurde und 99 Besatzungsglieder verlor. Sie wurde 1924 schließlich verkauft und abgewrackt.

Herkunftsland:	Großbritannien
Besatzung:	997
Gewicht:	30.154 t
Maße:	213,3 m x 27 m x 8,7 m
Reichweite:	10.098 km (5.610 nm) bei 10 Knoten
Panzerung:	127–228 mm am Hauptgürtel, 102–152 mm am oberen Gürtel, 102–228 mm an den Türmen
Bewaffnung:	sechzehn 102-mm-, acht 343-mm-Kanonen
Motorisierung:	vier Schrauben, Turbinen
Leistung:	27 Knoten

Littorio

Die 1940 fertig gestellte *Littorio* war eines der letzten für die italienische Marine gebauten Schlachtschiffe. Nach dem 1. Weltkrieg wurde sie als erstes Schiff in italienische Dienste gestellt. Zur Vermeidung von Hitzeschäden an den beiden Kampfflugzeugen auf dem Achterdeck war der Achterturm erhöht, was die beeindruckenden Konturen des Schiffs noch auffallender machte. Die *Littorio* wurde am 12. November 1940 von drei Torpedos, die beim Angriff der britischen Marine auf Tarent von Swordfish-Flugzeugen abgeworfen wurden, schwer getroffen. Weiteren Schaden erlitt die *Littorio* im Juni 1942, als sie während eines Angriffs auf einen Konvoi nach Malta von britischen Flugzeugen torpediert wurde. 1943 nannte man sie in *Italia* um. Nach der Kapitulation Italiens wurde sie von einer ferngesteuerten deutschen Bombe beschädigt. Bis Februar 1946 wurde sie im Great Bitter Lake des Suezkanals festgehalten. 1948 stellte man sie außer Dienst und wrackte sie 1960 ab.

Herkunftsland:	Italien
Besatzung:	1.950
Gewicht:	46.698 t
Maße:	237,8 m x 32,9 m x 9,6 m
Reichweite:	8.487 km (4.580 nm) bei 16 Knoten
Panzerung:	280–70-mm-Gürtel, 350–280 mm an den Barbetten, 350–200 mm an den Türmen
Bewaffnung:	neun 380-mm-, zwölf 152-mm-, vier 120-mm-, elf 89-mm-Kanonen
Motorisierung:	vier Schrauben, Turbinen
Leistung:	28 Knoten

Lord Nelson

Die im Oktober 1908 fertig gestellte *Lord Nelson* und ihr Schwesterschiff *Agamemnon* waren die letzten für die britische Marine gebauten Vorgängermodelle der Dreadnoughts. Während die 305-mm-Kanonen in Zwillingstürmen untergebracht waren, befanden sich die 233-mm-Kanonen in Einzel- oder Zwillingstürmen an der Breitseite. Der Hauptgürtel, der durch den oberen Gürtel ergänzt wurde, erstreckte sich über die volle Länge. Das Schiff wurde weiter von einer Anzahl fester Schotten geschützt, die zum ersten Mal in einem britischen Schlachtschiff verwendet wurden. Im 1. Weltkrieg wurde sie umfangreich eingesetzt, auch bei der Bombardierung der Dardanellen-Meerengen am 7. März 1915. Die von den französischen Schlachtschiffen *Gaulois*, *Charlemagne*, *Bouvet* und *Suffren* gedeckten *Lord Nelson* und *Agamemnon* griffen türkische Festungen mit direktem Geschützfeuer aus einer Entfernung von 11–13 km an und schalteten zwei davon aus. 1920 wurde die *Lord Nelson* abgewrackt.

Herkunftsland:	Großbritannien
Besatzung:	900
Gewicht:	17.945 t
Maße:	135 m x 24 m x 7,9 m
Reichweite:	17.010 km (9.180 nm) bei 10 Knoten
Panzerung:	304–203-mm-Gürtel, 203–178 mm an den Türmen
Bewaffnung:	vier 304-mm-, zehn 233-mm-Kanonen
Motorisierung:	Zwillingsschrauben, drei Expansionsmotoren
Leistung:	18,7 Knoten

Los Andes

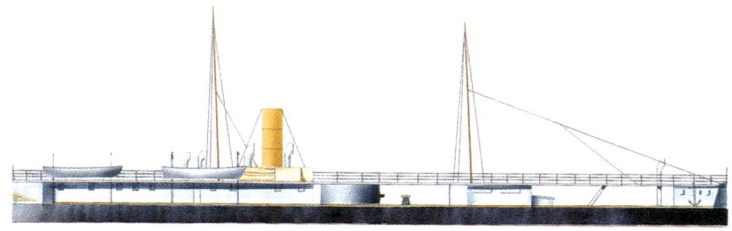

Die zur El-Plata-Klasse gehörende und 1875 in Dienst gestellte *Los Andes* war ein Turmschiff mit niedrigem Freibord und eines der ersten für die argentinische Marine gebauten Großkampfschiffe. Leichte Aufbauten trugen eine schwebende Brücke, die sich von vorn bis achtern erstreckte und schmal genug war, um beiden Kanonen ein direktes Feuern nach vorn zu ermöglichen. Sie hatte einen Schornstein und zwei leichte Polmasten. Auf ihrer Jungfernfahrt nach Argentinien verwendete sie nur ein Vordersegel. Eine beständige argentinische Marine war erst drei Jahre zuvor durch den Kauf mehrerer kleiner Schiffe aufgebaut worden, zu denen das Panzerschiff *Los Andes* und ihr Schwesterschiff *El Plata* gehörten. Ein Grenzstreit mit Chile in den 1890er Jahren führte zur Erweiterung der argentinischen Flotte. So wurden vier Panzerkreuzer in Italien bestellt, von denen nur zwei geliefert wurden, da der Streit inzwischen beigelegt worden war. 1929 wurde die *Los Andes* verschrottet.

Herkunftsland:	Argentinien
Besatzung:	200
Gewicht:	1.703 t
Maße:	56,4 m x 15,7 m x 3,2 m
Reichweite:	5.336 km (2.880 nm) bei 10 Knoten
Panzerung:	152-mm-Gürtel, 229–203 mm an den Türmen
Bewaffnung:	zwei 228-mm-Kanonen
Motorisierung:	Zwillingsschrauben, Verbundmotoren
Leistung:	9,5 Knoten

Louisiana

Die *Louisiana* war eines von drei für die Verteidigung des unteren Mississippi bestimmten Panzerschiffen. Aus Mangel an passendem Material wurde bei ihrem Bau in hohem Maße Holz verwendet, das nicht ausreichend gelagert war. Sie leckte daher, so dass das Wasser im Einsatz knietief auf dem Kanonendeck stand. Im April 1862 verteidigte sich die *Louisiana* verbissen gegen eine Übermacht, wurde aber – als die Flotte der Union an ihr vorüber nach New Orleans drängte – von ihrem Kommandanten in Brand gesteckt und explodierte daraufhin. Der Vormarsch nach Tennessee und in das Mississippidelta in der ersten Hälfte von 1862 war hauptsächlich auf die Westflotte der Union zurückzuführen. Im März und April 1862 trug die Flottille entschieden zum Fall zweier wichtiger Stützpunkte der Konföderierten am Mississippi bei. Der Gegenangriff der konföderierten Flussverteidigungsflotte im Mai wurde zurückgeschlagen und diese schließlich im Juni bei Memphis vernichtet.

Herkunftsland:	Konföderierte Staaten von Amerika
Besatzung:	150
Gewicht:	1.422 t
Maße:	80 m x 18,8 m
Reichweite:	1.853 km (1.000 nm) bei 6 Knoten
Panzerung:	102 mm (plus hölzerne Verstärkung hinten) an den Kasematten
Bewaffnung:	zwei 178-mm-, vier 203-mm-, drei 228-mm-, sieben 32-Pfünder-Kanonen
Motorisierung:	Zwillingsschrauben, Schaufelräder
Leistung:	8 Knoten

Lutfi Djelil

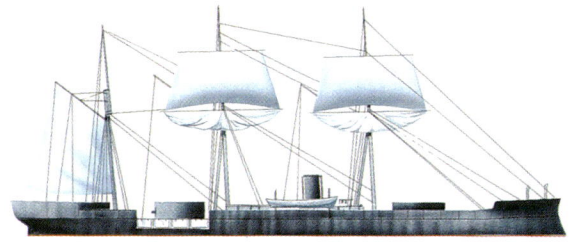

Die *Lutfi Djelil* war zwar von Ägypten bestellt worden, wurde aber 1869 noch auf der Werft in Frankreich von der Türkei beansprucht. Sie hatte eine gepanzerte Ramme am Bug und zwei Zwillingstürme, von denen der größere Vorderturm die beiden 203-mm-Kanonen und der Achterturm die 178-mm-Kanonen beherbergte. Beide Türme wurden manuell bedient und benötigten 24 Mann zur Drehung. Schwenkbare Bollwerke mittschiffs dienten zum Schutz der Mannschaft im Einsatz. Während des Türkisch-Russischen Krieges explodierte die *Lutfi Djelil* im Mai 1877 vor Braila nach Treffern der russischen Küstenbatterien, die ihr Magazin durchschlugen. Die türkische Marine verlor neben der *Lutfi Djelil* noch ein anderes Panzerschiff gegen russische Streitkräfte. Drei in Großbritannien gebaute Großkampfschiffe wurden unter den britischen Neutralitätsgesetzen beschlagnahmt und für die britische Marine fertig gebaut. So veraltete die türkische Marine mit der Zeit zusehends.

Herkunftsland:	Türkei
Besatzung:	130
Gewicht:	2.580 t
Maße:	62 m x 14 m x 4,2 m
Reichweite:	2.779 km (1.500 nm) bei 10 Knoten
Panzerung:	140 mm Eisengürtel, 75 mm an der Seite, 140 mm am Turm
Bewaffnung:	zwei 203-mm-, zwei 178-mm-Vorderlader-Kanonen
Motorisierung:	Zwillingsschrauben, Verbundmotoren
Leistung:	12 Knoten

Magenta

Die 1861 vom Stapel gelaufene *Magenta* und ihr Schwesterschiff *Solferno* waren die einzigen jemals gebauten Doppeldecker-Panzerschiffe mit Breitseite. Die Panzerung war mittschiffs konzentriert. Dort befanden sich die Kanonen auf dem Haupt- und Oberdeck und waren mit schusssicheren Querschotten versehen. Die Stellung in zwei Decks gab den oberen Kanonen eine größere Höhe und Reichweite und nahm auch das Gewicht von den Schiffsenden. Die *Magenta* war mit ihrer ausgeprägten Hülle und ihrer auffälligen Ramme ein imposantes Schiff. Am 31. Oktober 1875 explodierte sie infolge eines Feuers, das in der Offiziersmesse begann. Das Schwesterschiff der *Magenta,* die nach dem französischen und sardischen Seesieg im Juni 1859 über Österreich *Solferno* genannt wurde, blieb zehn Jahre in der ersten Linie im Dienst, bevor sie 1871 zur Reserve kam und 1884 abgewrackt wurde. Sie war das einzige französische Panzerschiff mit einer Galionsfigur – einem goldenen Adler.

Herkunftsland:	Frankreich
Besatzung:	674
Gewicht:	6.832 t
Maße:	86 m x 57,7 m x 8,4 m
Reichweite:	2.913 km (1.840 nm) bei 10 Knoten
Panzerung:	120-mm-Gürtel
Bewaffnung:	zwei 223-mm-Haubitzen, vierunddreißig 162-mm- und sechzehn 55-Pfünder-Kanonen
Motorisierung:	eine Schraube, horizontale Rückschlagmotoren mit Pleuelstange
Leistung:	13 Knoten

Maine

Der Stapellauf der *Maine* erfolgte 1889. Die ersten Pläne für das Schiff zeigten eine Drei-mast-Takelung, aber davon kam man ab, und so wurde sie 1895 mit zwei militärischen Masten in Dienst gestellt. Im Januar 1898 wurde sie nach Havanna gesandt, um dort die ame-rikanischen Interessen zu wahren, aber sie sank im Februar nach einer Explosion im vorderen Magazin. Man glaubte an spanische Sabotage, und so begann im folgenden Monat ein Krieg zwischen den USA und Spanien. Die Indizien im 1912 gehobenen Wrack sprachen jedoch für ein Feuer im Kohlenbunker als Ursache. Der Krieg mit Spanien brachte den USA eine Reihe von Gebieten. Die Amerikaner siegten auf Kuba, das ihnen im Pariser Frieden schließlich auch zugesprochen wurde. Außerdem besetzten sie die Philippinen, welche die Amerikaner zu-nächst als großen Gewinn betrachteten. In Wirklichkeit kosteten die dortigen Unruhen ins-gesamt 4.000 Amerikaner das Leben.

Herkunftsland:	USA
Besatzung:	374
Gewicht:	6.789 t
Maße:	98,9 m x 17,4 m x 6,9 m
Reichweite:	6.670 km (3.600 nm) bei 10 Knoten
Panzerung:	304–152-mm-Gürtel, 304 mm an den Barbetten, 203 mm an den Türmen
Bewaffnung:	vier 254-mm-, sechs 152-mm-Kanonen
Motorisierung:	Zwillingsschrauben, drei Expansionsmotoren
Leistung:	16,4 Knoten

Majestic

Die 1895 fertig gestellte *Majestic* und ihre acht Schwesterschiffe *Caesar*, *Hannibal*, *Jupiter*, *Illustrious*, *Magnificent*, *Mars*, *Prince George* und *Victorious* erwiesen sich als die besten Schlachtschiffe in den 1890er Jahren und setzten den Maßstab für alle weiteren Schlachtschiffentwicklungen bis zur Dreadnought 1905. Der Entwickler Sir William White verwendete eine verbesserte Panzerung, die mehr Schutz bei geringerem Gewicht bot. Die gepanzerte Hülle war bis zur Unterkante des Gürtels hinabgebogen, wodurch der innere Schutz vergrößert wurde. Im Dezember 1904 erlitt die *Majestic* im Kanal eine Kohlengasexplosion, und im Juli 1912 wurde sie bei einem Zusammenstoß mit ihrem Schwesternschiff *Victorious* beschädigt. Nach Eskortdiensten und Kanalpatrouillen wurde sie ins Mittelmeer gesandt, wo sie am 27. Mai 1915 durch zwei Torpedotreffer des deutschen U-Bootes *U21* bei den Dardanellen versenkt wurde.

Herkunftsland:	Großbritannien
Besatzung:	672
Gewicht:	16.317 t
Maße:	128,3 m x 22,8 m x 8,2 m
Reichweite:	14.082 km (7.600 nm) bei 10 Knoten
Panzerung:	228-mm-Gürtel, 355–304 mm an den Schotten, 355 mm an den Barbetten, 254 mm an den Türmen
Bewaffnung:	vier 304-mm-, zwölf 152-mm-Kanonen
Motorisierung:	Zwillingsschrauben, drei Expansionsmotoren
Leistung:	17 Knoten

Masséna

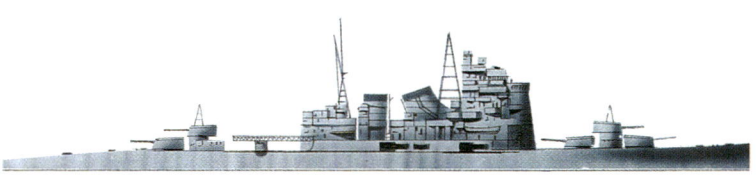

Als erstes französisches Kriegsschiff besaß die 1898 fertig gestellte *Masséna* drei Schrauben. Sie hatte eine lange, glatte Hülle und eine auffälligen Ramme am Bug. Ihre 304-mm-Kanonen waren in Einzeltürmen untergebracht, von denen sich einer hoch über dem Bug und der andere achtern auf der Höhe des Hauptdecks befand. Die 270-mm-Kanonen waren einzeln an den Seiten des Schiffs auf tiefen Barbetten befestigt, die über die Hülle hinausragten, so dass die Kanonen parallel zum Kiel schießen konnten. 1913 wurde die *Masséna* zum Hulk umgewandelt und anschließend am 9. November 1915 als Wellenbrecher bei den Dardanellen versenkt. Das Schiff war in seiner Bauweise einem anderen französischen Schlachtschiff, der *Charles Martel*, gleich, die ein Jahr vorher auf Kiel gelegt, 1915 ausrangiert und 1922 schließlich abgewrackt wurde.

Herkunftsland:	Frankreich
Besatzung:	667
Gewicht:	11.922 t
Maße:	112,6 m x 20,2 m x 8,8 m
Reichweite:	8.524 km (4.600 nm) bei 10 Knoten
Panzerung:	450–254-mm-Gürtel, 356 mm an den Türmen
Bewaffnung:	zwei 304-mm-, zwei 274-mm-, acht 100-mm-Kanonen
Motorisierung:	drei Schrauben, drei Expansionsmotoren
Leistung:	17 Knoten

Messina

Obwohl Inspektor Mattei die *Messina* als Fregatte mit hölzerner Hülle plante, wurde sie vor ihrer Fertigstellung 1867 zu einem Panzerschiff mit Breitseite verändert. Das in der Seewerft Castellamare gebaute Schiff war Teil der zweiten Gruppe von Panzerschiffen – der Principe-di-Carignano-Klasse – die als erste Gruppe in Italien selbst gebaut wurde. Etwa um 1870 wurde die Bewaffnung der *Messina* zu acht 164-mm-, vier 203-mm- und zwei 254-mm-Kanonen geändert. Im September 1870 nahm sie an der Befreiung Roms teil, lief jedoch in der Tibermündung auf Grund. Das erste Schiff der Klasse, die *Principe di Carignano,* wurde nach Baubeginn ebenfalls zu einem Panzerschiff umgewandelt. Das dritte Schiff der Klasse, die *Conte Verde*, wurde als Panzerschiff auf Kiel gelegt, wegen ihrer unvollständigen Panzerung jedoch 1880 aus dem aktiven Dienst entfernt.

Herkunftsland:	Italien
Besatzung:	572
Gewicht:	4.382 t
Maße:	75,8 m x 15 m x 7,3 m
Reichweite:	2.160 km (1.200 nm) bei 8 Knoten
Panzerung:	114 mm am Gürtel
Bewaffnung:	sechzehn 164-mm-, vier 78-Pfünder-Kanonen
Motorisierung:	eine Schraube, ein 6-Zylinder-Expansionsmotor
Leistung:	10,4 Knoten

Michigan

Die 1910 fertig gestellte *Michigan* wurde vor der *Dreadnought* geplant, aber nach ihr gebaut. Das zur South-Carolina-Klasse gehörende Schiff führte das Konzept ein, die ausschließlich großkalibrigen Kanonen auf der Mittellinie des Schiffs zu plazieren. Die meisten der 76-mm-Kanonen waren in einer Batterie mittschiffs konzentriert, der Rest befand sich auf dem Oberdeck. Käfigmasten reduzierten den Zielbereich für feindliche Artilleristen sehr und waren ein Merkmal amerikanischer Dreadnoughts. Da sich die Turbine immer noch im Entwicklungsstadium befand, wurden statt dessen drei Expansionsmotoren eingebaut. Zwischen 1910 und 1916 diente die *Michigan* bei der Atlantikflotte. 1917/1918 wurde sie zur Begleitung von Konvois eingesetzt. Im Januar 1918 verlor sie in einem Sturm vor Cape Hatteras ihren Käfigfockmast. 1919 machte sie zwei Reisen als Truppentransporter. 1922 wurde sie außer Dienst gestellt und 1924 in Philadelphia abgewrackt.

Herkunftsland:	USA
Besatzung:	869
Gewicht:	18.186 t
Maße:	138,2 m x 24,5 m x 7,5 m
Reichweite:	9.000 km (5.000 nm) bei 10 Knoten
Panzerung:	304–229-mm-Gürtel, 304–203 mm an den Türmen
Bewaffnung:	acht 305-mm-, zweiundzwanzig 76-mm-Kanonen
Motorisierung:	Zwillingsschrauben, drei senkrechte Expansionsmotoren
Leistung:	18,5 Knoten

Mikasa

Die 1902 fertig gestellte *Mikasa* war das letzte unter dem japanischen Marineerweiterungsprogramm von 1896 gebaute Schlachtschiff und im Russisch-Japanischen Krieg von 1904/05 das Flaggschiff von Vizeadmiral Togo. Im Februar 1904 wurde sie bei der Bombardierung von Port Arthur drei Mal getroffen. Im August wurde sie in der Schlacht vom Gelben Meer erneut von Geschützfeuer beschädigt – sie erhielt 22 Treffer. Noch größeren Schaden erlitt sie am 27. Mai 1905 in der Schlacht von Tsushinma – hier bekam sie 32 Treffer ab. Am 12. September 1905 sank sie nach einer Munitionsexplosion in ihrem Magazin achtern beim Anlegen in Sasebo, wobei 114 Besatzungsglieder getötet wurden. Sie wurde jedoch wieder gehoben und im August 1906 erneut in Dienst gestellt. 1921 wurde sie als Küstenverteidigungsschiff neu klassifiziert. 1923 lief die *Mikasa* auf Grund, wurde stillgelegt und wird bis heute als letztes erhaltenes Schlachtschiff ihrer Zeit öffentlich ausgestellt.

Herkunftsland:	Japan
Besatzung:	830
Gewicht:	15.422 t
Maße:	131,7 m x 23,2 m x 8,2 m
Reichweite:	16.677 km (9.000 nm) bei 10 Knoten
Panzerung:	229–102-mm-Gürtel, 75–50 mm an Deck, 356–203 mm an den Türmen
Bewaffnung:	vier 305-mm-, vierzehn 152-mm-Kanonen
Motorisierung:	Zwillingsschrauben, drei senkrechte Expansionsmotoren
Leistung:	18 Knoten

Minas Gerais

Die *Minas Gerais* wurde ursprünglich als Vorgängermodell der Dreadnought als Schlachtschiff entwickelt, um den starken chilenischen Schiffen, zu begegnen. Ihr Entwurf wurde später verändert, und sie war der erste Dreadnought für eine kleine Marine wie die brasilianische. Die in Großbritannien gebaute und 1910 fertig gestellte *Minas Gerais* wurde 1923 in den USA und 1934–1937 noch einmal in Brasilien vollständig modernisiert. Sie wurde 1954 verschrottet. Brasilien bot 1917 den Dienst beider Schiffe dieser Klasse – der *Minas Gerais* und der *Sao Paulo* – der britischen Flotte an, nachdem das Land seine Neutralität aufgegeben hatte und deutsche Schiffe in brasilianischen Häfen beschlagnahmte, aber das Angebot wurde wegen Treibstoffproblemen abgelehnt. Versuchsweise Pläne, brasilianische Kriegsschiffe 1918 in europäischen Gewässern unter dem Befehl von Admiral Bonti ihren Dienst tun zu lassen, wurden nicht umgesetzt.

Herkunftsland:	Brasilien
Besatzung:	900
Gewicht:	21.540 t
Maße:	165,8 m x 25,3 m x 8,5 m
Reichweite:	18.000 km (10.000 nm) bei 10 Knoten
Panzerung:	229-mm-Gürtel, 304–229 mm an den Türmen
Bewaffnung:	zwölf 304-mm-, zweiundzwanzig 120-mm-Kanonen
Motorisierung:	Zwillingsschrauben, drei senkrechte Kolbenmotoren
Leistung:	21 Knoten

Missouri

Die *Missouri* war das letzte konföderierte Panzerschiff, das im Amerikanischen Bürgerkrieg in Dienst gestellt wurde. Sie wurde im Dezember 1862 auf Kiel gelegt, im folgenden September fertig gestellt und sollte ihren Dienst auf den Flüssen leisten, die noch unter konföderierter Kontrolle waren. Das Schiff hatte eine 40 m lange Kasematte, in der ihre gemischte Bewaffnung untergebracht war. Das Schaufelrad mit einem Durchmesser von 6,7 m befand sich achtern von der Kasematte, die mit Eisenbahnschienen schräg belegt war, damit diese nicht abgesägt werden mussten. Die Panzerung wurde in zwei miteinander verblockten Lagen aufeinander gelegt und erstreckte sich bis 1,8 m unter die Wasserlinie. Die *Missouri* diente bis Juni 1865 als Truppentransporter und Minenleger, als sie – zwei Monate nach der offiziellen Kapitulation der Konföderierten – an die Streitkräfte der Union übergeben wurde. Alle verstreuten konföderierten Streitkräfte außer einer isolierten Gruppe auf indianischem Gebiet hatten bis Mai ihre Waffen niedergelegt. Die *Missouri* wurde 1865 verkauft.

Herkunftsland:	Konföderierte Staaten von Amerika
Besatzung:	100
Gewicht:	399 t
Maße:	55,7 m x 17 m x 2,6 m
Reichweite:	1.853 km (1.000 nm) bei 5 Knoten
Panzerung:	102 mm (plus hölzerne Verstärkung hinten) an den Kasematten
Bewaffnung:	eine 228-mm-, eine 280-mm-, eine 32-Pfünder-Kanone
Motorisierung:	ein Schaufelrad, Schnüffelventilmotoren
Leistung:	6 Knoten

Moltke

Die 1909 auf Kiel gelegte und 1911 beendete *Moltke* war wie ihr Schwesterschiff *Goeben* der Nachfolger des Schlachtkreuzers *Von der Tann*, hatte jedoch zwei weitere 280-mm-Kanonen im zweiten Achterturm. Die *Moltke* diente im 1. Weltkrieg beim Geschwader von Admiral Hipper. Sie überlebte zwei Torpedotreffer vom britischen U-Boot *E42* ebenso wie Treffer aus 304-mm-Geschützen bei Jütland. Sie wurde bei Dogger Bank und in der Bucht von Helgoland eingesetzt und nahm an den Bombardierungen der englischen Städte der Ostküste, die von November 1914 bis ins Frühjahr 1916 stattfanden, teil. 1919 wurde die *Moltke* gemeinsam mit dem Rest der deutschen Flotte versenkt. 1927 wurde sie gehoben und verschrottet.

Herkunftsland:	Deutschland
Besatzung:	1.355 (bei Jütland)
Gewicht:	25.704 t
Maße:	186,5 m x 29,5 m x 9 m
Reichweite:	7.416 km (4.120 nm) bei 12 Knoten
Panzerung:	270–102-mm-Gürtel, 230–30 mm an den Barbetten, 230 mm an den Türmen
Bewaffnung:	zehn 280-mm, zwolf 150-mm-Kanonen
Motorisierung:	vier Turbinen mit Getriebewellen
Leistung:	28 Knoten

Monadnock

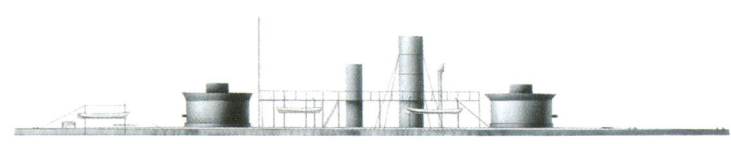

Vier starke Panzerschiffe mit doppelten Türmen der Miantonomoh-Klasse wurden 1862 von der US-Marine bestellt. Die Schiffsindustrie war jedoch überlastet, und die Hüllen der damals produzierten Schiffe waren aufgrund der schlechten Qualität des Holzes nicht sehr lange haltbar. Erste Pläne sahen einen Coles-Turm vor, was jedoch zugunsten des weniger effektiven Turms vom Typ Ericsson fallen gelassen wurde. Die *Monadnock* wurde 1864 in Dienst gestellt – zu spät, um noch im Amerikanischen Bürgerkrieg dienen zu können – und so wurde sie an die Pazifikküste gesandt. Die Miantonomoh-Klasse waren gute Schiffe zur See und boten selbst bei schlechtem Wetter eine sehr feste Kanonenplattform. Neben der nach einem Berg in New Hampshire benannten *Monadnock* gab es in dieser Klasse noch die *Agamenticus* (nach einem Berg in Maine), die *Miantonomoh* (nach einem Häuptling der Narragansett-Indianer) und die *Tonawanda* (nach einem Verwaltungsbezirk in New York). Alle wurden etwa zur selben Zeit – um 1875 – außer Dienst gestellt und verschrottet.

Herkunftsland:	USA
Besatzung:	150
Gewicht:	3454 t
Maße:	78,8 m x 16 m x 3,9 m
Reichweite:	2.316 km (1.250 nm) bei 8 Knoten
Panzerung:	254 mm an den Türmen, 127 mm an der Hülle, 50 mm an Deck
Bewaffnung:	vier 380-mm-Kanonen
Motorisierung:	Zwillingsschrauben, Schwinghebelmotoren
Leistung:	9 Knoten

Monarch

Die 1869 fertig gestellte *Monarch* war das erste große, hochseetaugliche Turmschiff vom Typ des Panzerschiffs und das erste, das mit 304-mm-Kanonen bestückt war. Sie hatte ein Vorder- und ein Achterdeck und besaß noch immer eine volle Segeltakelung. Ihre Motoren entwickelten bis zu 7.842 PS und machten sie zum damals schnellsten Schlachtschiff der Welt. Über ihren Zwillingstürmen befand sich die fliegende Brücke. 1869/70 machte sie eine Reise in die USA. Nach ihrer ersten Neuausstattung 1871 wurde sie der Mittelmeerflotte zugeteilt. 1882 bombardierte sie auf dem Ägypten-Feldzug gemeinsam mit anderen Kriegsschiffen der britischen Marine Alexandria, was zum Rücktritt des liberalen Politikers John Bright aus der Regierung führte. 1878 wurden zwei Torpedorohre hinzugefügt. 1890–97 erlebte sie eine vollständige Modernisierung und wurde dabei mit einem neuen Motor ausgerüstet. 1904 wurde sie zum Versorgungsschiff und in *Simoom* umbenannt. 1906 wurde sie verkauft.

Herkunftsland:	Großbritannien
Besatzung:	575
Gewicht:	8.455 t
Maße:	100,5 m x 17,5 m x 7,3 m
Reichweite:	3.706 km (2.000 nm) bei 10 Knoten
Panzerung:	178–114-mm-Gürtel, 254–203 mm an den Türmen
Bewaffnung:	vier 304-mm-, drei geriffelte 178-mm-Vorderlader-Kanonen
Motorisierung:	eine Schraube, Rückschlagmotoren mit Pleuelstange
Leistung:	14,9 Knoten

Monarch

Die *Monarch* war eines von vier Schiffen, die als erste seit der Royal-Sovereign-Klasse von 1889 an wieder mit 343-mm-Kanonen ausgestattet waren. Durch die starke Gewichtszunahme von 2.500 Tonnen gegenüber Dreadnoughts dieser Zeit, wurden die *Monarch* und ihre drei Schwesterschiffe der Orion-Klasse „Super-Dreadnoughts" genannt. Als erste Großkampfschiffe der Dreadnought-Ära hatten sie die gesamte Hauptbewaffnung auf der Mittellinie des Schiffs. Der Panzerschutz bestand rundum. So ging die Seitenpanzerung bis zur Ebene des Oberdecks, 5 m über der Wasserlinie, hinauf. Alle Schiffe der Klasse nahmen 1916 an der Schlacht von Jütland teil. Die *Monarch* wurde 1925 als Übungsziel versenkt. Von den anderen drei wurden die *Conquerer*, die im Dezember 1914 bei einem Zusammenstoß mit der *Monarch* beschädigt wurde, sowie die *Orion* im Dezember 1922 abgewrackt. Die *Thunderer* beendete ihre Karriere als zur See fahrendes Kadettenschiff und wurde 1924 in Blyth verschrottet.

Herkunftsland:	Großbritannien
Besatzung:	752
Gewicht:	26.284 t
Maße:	177 m x 26,9 m x 8,7 m
Reichweite:	12.114 km (6.730 nm) bei 10 Knoten
Panzerung:	304–203-mm-Gürtel, 280 mm an den Türmen
Bewaffnung:	zehn 343-mm-, sechzehn 102-mm-Kanonen
Motorisierung:	vier Schrauben, Turbinen
Leistung:	20,8 Knoten

Moreno

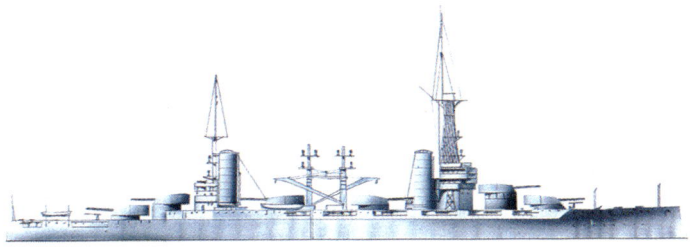

Die Rivalität zwischen den südamerikanischen Ländern erreichte etwa 1910 eine neue Dimension, als Brasilien bei britischen Werften zwei starke Dreadnoughts bestellte. Argentinien reagierte mit einem Programm von drei Dreadnoughts, bestellte aber aufgrund finanzieller Beschränkungen nur zwei in amerikanischen Werften – die *Moreno* und die *Rivadavia*. Beide wurden 1924/25 modernisiert und so umgestellt, dass sie mit Öl liefen. Der Gittermast vorn wurde verkürzt und der Polmast achtern durch einen Stativmast ersetzt. Die Verdrängung nahm um 1.000 Tonnen zu. 1937 ging die *Moreno* auf Kreuzfahrt nach Europa und wurde nach ihrem Dienst in Hoheitsgewässern im 2. Weltkrieg zuerst zu einem Versorgungs-, dann zu einem Gefängnisschiff. Mit ihrem Schwesterschiff, der *Rivadavia*, die die *Moreno* auf ihrer europäischen Kreuzfahrt begleitete, blieb sie bis in die 1950er Jahre Argentiniens größtes Kriegsschiff. 1956 wurde die *Moreno* verkauft.

Herkunftsland:	Argentinien
Besatzung:	1.130
Gewicht:	30.500 t
Maße:	173,8 m x 29,4 m x 8,5 m
Reichweite:	19.800 km (11.000 nm) bei 12 Knoten
Panzerung:	304–254-mm-Gürtel, 304 mm an den Türmen
Bewaffnung:	zwölf 304-mm-, zwölf 152-mm-Kanonen
Motorisierung:	drei Turbinen mit Getriebewellen
Leistung:	22,5 Knoten

Moskwa

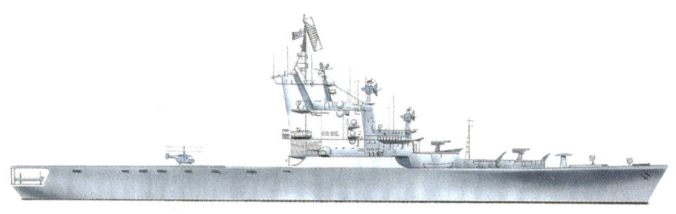

Die 1962 auf Kiel gelegte *Moskwa* war der erste für die sowjetische Marine gebaute Hubschrauberträger. Sie wurde dafür entworfen, den mit Raketen bestückten amerikanischen Atom-U-Booten entgegenzutreten, die ab 1960 in Dienst gestellt wurden, sowie Schiffe mit geheimen Aufträgen zu suchen und zu vernichten. Nach Fertigstellung der *Moskwa* und der *Leningrad* in der Schiffswerft Nikolayev Süd waren beide weder der Zahl noch den Fähigkeiten von NATO-U-Booten gewachsen, so dass das Bauprogramm eingestellt wurde. Die bei den Russen als PKR (U-Boot-Abwehrkreuzer) bekannten Schiffe erwiesen sich bei schwerem Wetter als kaum hochseetauglich. Die *Moskwa* hat einen massiven zentralen Block, der das Schiff dominiert und in dem die größeren Waffensysteme und ein riesiges Sonar untergebracht sind. Sie ist immer noch im aktiven Dienst, obwohl ihr Schwesterschiff *Leningrad* 1991 außer Dienst gestellt wurde.

Herkunftsland:	Sowjetunion
Besatzung:	850
Gewicht:	14.800 t
Maße:	191 m x 34 m x 7,6 m
Reichweite:	8.100 km (4.500 nm) bei 12 Knoten
Panzerung:	102 mm an Deck, 51 mm an den Aufbauten
Bewaffnung:	ein Zwillingsraketenwerfer vom Typ SUW-N-1, zwei Zwillingsraketenwerfer vom Typ SA-N-3, 14–20 Hubschrauber
Motorisierung:	Zwillingsschrauben, Turbinen
Leistung:	30 Knoten

Mount Whitney

Die Schlachten der USA im Pazifik im 2. Weltkrieg überzeugten das US-Marine-Korps vom Wert spezialisierter amphibischer Angriffsstreitkräfte. Die bisherige Erfahrung bei der Durchführung amphibischer Operationen wurde bereits beim Bau der Angriffsschiffe der Guam-Klasse umgesetzt. Die 1969 vom Stapel gelaufene *Whitney* und ihr Schwesterschiff *Blue Ridge* verwenden die gleiche Hülle und Motorisierung wie die Guam-Klasse und haben flache, offene Decks, damit so viele Antennen wie möglich befestigt werden können. Achtern befindet sich ein Hubschrauberflugdeck. Diese Schiffe sind voller Funkausrüstung, aber es gibt auch Bereiche zur Lagebesprechung, zur Planung und Befehlszentralen. Sie bieten Platz für 200 Stabsoffiziere und 500 Männer. Ihre Motoren entwickeln bis zu 22.000 PS. Sie haben begrenzte Waffen zur Selbstverteidigung und verlassen sich normalerweise auf den Schutz einer sie begleitenden Einsatztruppe. Sie dienen jetzt als Flaggschiffe der Flotte.

Herkunftsland:	USA
Besatzung:	720 (Schiffsbesatzung) plus 700 (Flottenpersonal)
Gewicht:	19.598 t
Maße:	189 m x 25 m x 8,2 m
Reichweite:	25.650 km (13.500) bei 16 Knoten
Panzerung.	51 mm Kevlar an den Kommandozentralen
Bewaffnung:	zwei 76-mm-Kanonen, zwei 8-Rohr-Raketenwerfer vom Typ Sea Sparrow (wurden 1992 entfernt)
Motorisierung:	eine Schraube, Turbinen
Leistung:	23 Knoten

Nagato

Die 1920 fertig gestellte *Nagato* und ihr Schwesterschiff *Mutsu* kündigten mit der Übernahme von 406-mm-Kanonen eine neue Ära des Schlachtschiffentwurfs an. Sie konnten extrem weit schießen und vereinten große Genauigkeit mit größerer Zerstörungskraft. Ein massiver Dreibeinfockmast erhob sich über einer großen Brückenstruktur. Mitte der 1920er Jahre wurde der erste Schornstein nach hinten geneigt, um Brücke und Mast vom Rauch frei zu halten. 1934–1936 wurden neue Motoren eingebaut, wodurch der vordere Schornstein entfernt werden konnte. Als Flaggschiff der Flotte wurde sie bei Midway und der Schlacht vor den Philippinen eingesetzt. Im Oktober 1944 erhielt sie im Golf von Leyte Bombentreffer und konnte so das Ende der Schlacht bei Yokosuka nicht mehr miterleben. Im Juli 1946 diente die *Nagato* als Übungsschiff für die amerikanischen Atomtests auf dem Bikini-Atoll und sank am 29. Juli schwer beschädigt nach dem zweiten Test.

Herkunftsland:	Japan
Besatzung:	1.333
Gewicht:	39.116 t
Maße:	215,8 m x 29 m x 9 m
Reichweite:	9.900 km (5.500 nm) bei 10 Knoten
Panzerung:	304–102-mm-Gürtel, 304 mm an Barbetten und Türmen
Bewaffnung:	acht 406-mm-, zwanzig 140-mm-Kanonen
Motorisierung:	vier Schrauben, Turbinen
Leistung:	23 Knoten

Napoli

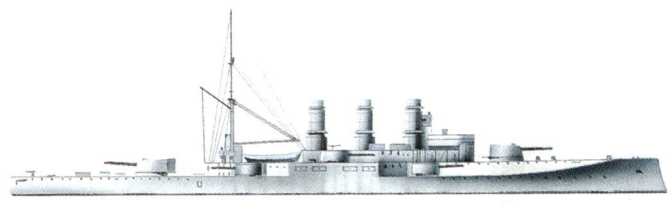

Die *Napoli* wurde von Vittorio Cuniberti gestaltet und war das Ergebnis eines Bauprojektes für ein 8000-Tonnen-Schiff, das eine 152-mm-Panzerung besaß, mit zwölf 203-mm-Kanonen bewaffnet war und 22 Knoten erreichen konnte. Ausgehend von diesen Vorgaben, entwickelte Cuniberti 1907 die *Napoli* als Schiff der Regina-Klasse. Sie war das schnellste Schiff ihrer Zeit und ein Vorläufer des Schlachtkreuzers. Ihre 304-mm Kanonen befanden sich in Türmen vorn und achtern, die 203-mm-Kanonen in Zwillingstürmen auf jeder Seite. 1911 nahm sie an Seeoperationen vor Tobruk und beim Bombardement von Benghasi teil. 1912 wurde sie an den Dardanellen und in der Ägäis als Teil der Deckungsmacht während der italienischen Besetzung von Rhodos eingesetzt. Im 1. Weltkrieg leistet sie aktiven Dienst in der Adria. 1926 wurde die *Napoli* außer Dienst gestellt.

Herkunftsland:	Italien
Besatzung:	764
Gewicht:	14.338 t
Maße:	144,6 m x 22,4 m x 8,5 m
Reichweite:	18.000 km (10.000 nm) bei 12 Knoten
Panzerung:	245 mm an den Seiten, 203 mm an den Türmen
Bewaffnung:	zwei 304-mm-, zwölf 203-mm-Kanonen
Motorisierung:	Zwillingsschrauben, drei senkrechte Expansionsmotoren
Leistung:	22 Knoten

Nashville

Die *Nashville* wurde in Montgomery, Alabama, gebaut und in Mobile beendet. Während ihre Kasematten und ihr Ruderhaus gepanzert waren, traf dies für die riesigen Schaufelradhäuser nicht zu. Sie wurde im Frühjahr 1865 beim Hauptteil der konföderierten Verteidigungstruppen gegen die Union in und um Mobile in Dienst gestellt. Als Mobile 1865 fiel, fuhr die *Nashville* zu einem letztem Widerstand flussaufwärts, lief aber am 10. Mai 1865 auf Grund und ergab sich. Mobile war von besonderer strategischer Wichtigkeit für die Konföderierten, weil der Ort durch die Eisenbahnstrecke Memphis–Charleston mit Ohio verbunden war. Dies war die einzige Ost-West-Querverbindung der Konföderation. Die Verantwortung für den Schutz der Küste zwischen Mobile und Pensacola wurde zu Beginn des Bürgerkrieges General Braxton Bragg übertragen. Er befahl das II. Konföderierte Korps in der Schlacht von Shiloh im April 1862.

Herkunftsland:	Konföderierte Staaten von Amerika
Besatzung:	80
Gewicht:	unbekannt
Maße:	82 m x 18,8 m (30 m über den Schaufelhäusern) x 3,2 m
Reichweite:	unbekannt
Panzerung:	drei Lagen mit 50-mm-Platten
Bewaffnung:	drei 178-mm-Kanonen, eine 24-Pfünder-Haubitze
Motorisierung:	Schaufelräder, zwei Seitenhebelmotoren
Leistung:	6 Knoten

Nassau

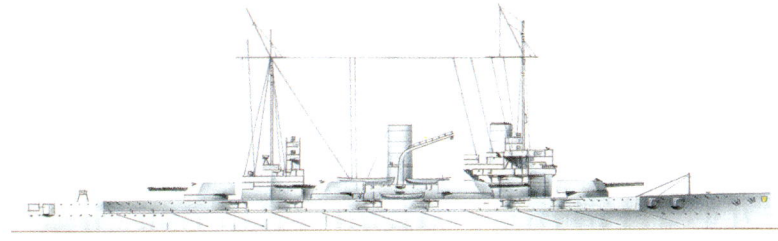

Die *Nassau* wurde als Deutschlands erster Dreadnought 1906 auf Kiel gelegt, obwohl sie erst 1910 in Dienst gestellt wurde. Sie war das erste Schiff der Nassau-Klasse, zu der auch die *Westfalen*, die *Posen* und die *Rheinland* gehörten. Ursprünglich war sie nur für acht Kanonen bei der Hauptbewaffnung entworfen worden, bei ihrem Bau kamen jedoch zwei zusätzliche Zwillingstürme hinzu. Dies verminderte ihre Leistung, obwohl sie noch immer eine solide Waffenplattform war. In der Schlacht von Jütland überstand die *Nassau* einen Zusammenstoß mit dem britischen Zerstörer *Spitfire*. Am Ende des 1. Weltkriegs ergab sie sich und wurde 1921 verschrottet. Von den anderen Schiffen ihrer Klasse überlebte die *Westfalen* im August 1916 einen Torpedoangriff des britischen U-Boots *E23* und wurde 1924 abgewrackt. Die *Posen* stieß bei Jütland mit dem Kreuzer *Elbing* zusammen und wurde 1919 abgewrackt. Die *Rheinland* lief bei den Landungen in Finnland im April 1918 auf Grund und wurde 1919 abgewrackt.

Herkunftsland:	Deutschland
Besatzung:	966
Gewicht:	20.533 t
Maße:	146 m x 27 m x 8,5 m
Reichweite:	10.2609 km (5.700 nm) bei 10 Knoten
Panzerung:	293–102-mm-Gürtel, 304 mm an den Türmen
Bewaffnung:	zwölf 150-mm-, zwölf 279-mm-Kanonen
Motorisierung:	drei Schrauben, drei senkrechte Expansionsmotoren
Leistung:	20 Knoten

Navarin

Die nach der Schlacht von Navarino von 1827 benannte *Navarin* basierte auf den erfolgreichen britischen Schlachtschiffen der Nile-Klasse und wurde 1889 in St. Petersburg auf Kiel gelegt. Sie hatte einen zentralen rechteckigen Aufbau, in dem die durch 127-mm-Panzerung geschützten 152-mm-Kanonen breitseitig befestigt waren. Ihre 304-mm-Kanonen befanden sich in zwei gepanzerten Zwillingstürmen vor und achtern des Aufbaus. Sie war durch ihren Hauptgürtel, der den zentralen Abschnitt doppelt bedeckte, gut geschützt. Auf dem Hauptgürtel ruhte ein 76 mm dickes Panzerdeck. Die *Navarin* nahm im Mai 1905 an der Schlacht von Tsushima teil, in der die russische Flotte durch japanische Geschütze und Schiffsführung zerstört wurde. Am folgenden Tag, dem 28. Mai 1905, flüchtete die *Navarin* in Richtung Wladiwostock, wurde aber von japanischen Zerstörern torpediert und sank daraufhin unter Verlust vieler Menschenleben.

Herkunftsland:	Russland
Besatzung:	622
Gewicht:	10.370 t
Maße:	109 m x 20,4 m x 8,3 m
Reichweite:	5.652 km (3.050 nm) bei 10 Knoten
Panzerung:	406–203-mm-Gürtel, 305 mm an den Türmen, 127 mm an der Batterie
Bewaffnung:	vier 304-mm-, acht 152-mm-Kanonen
Motorisierung:	Zwillingsschrauben, drei senkrechte Expansionsmotoren
Leistung:	15,5 Knoten

Nelson

Die 1927 fertig gestellte *Nelson* und ihr Schwesterschiff *Rodney* waren die ersten gemäß dem Washingtoner Vertrag von 1922 gebauten Schlachtschiffe, in dem die Maximalwasserverdrängung für jede Schiffsklasse festgelegt wurde. Sie waren auch die ersten britischen Kriegsschiffe mit 406-mm-Geschützen. Die Hauptbewaffnung der *Nelson* konzentrierte sich zur Einsparung des Panzerungsgewichts in drei Drillingstürmen vor der Turmbrücke. Weiteres Gewicht wurde durch den Einbau schwächerer Motoren eingespart. Die Sekundärbatterie befand sich in Doppeltürmen auf der Höhe des Hauptmasts. Die Maschinenräume lagen vor den Dampfkesselräumen, um die Brücke vom Rauch des Schornsteins frei zu halten. Nach der Torpedierung durch italienische Flugzeuge am 27. September 1941 beim Eskortieren des Malta-Konvois „Halberd" war sie fast ein Jahr nicht aktiv im Dienst. Im Juli 1944 wurde sie durch einen deutschen Torpedo vor der Normandie beschädigt. Beide Schiffe wurden 1948/49 verschrottet.

Herkunftsland:	Großbritannien
Besatzung:	1.361 (als Flaggschiff)
Gewicht:	38.608 t
Maße:	216,8 m x 32,4 m x 9,6 m
Reichweite:	30.574 km (16.500 nm) bei 12 Knoten
Panzerung:	356–330-mm-Gürtel, 380–350 mm an den Barbetten, 406 mm an den Türmen
Bewaffnung:	neun 406-mm-, zwölf 152-mm-Kanonen
Motorisierung:	Zwillingsschrauben, Turbinen
Leistung:	23,5 Knoten

Nelson

Die 1876 vom Stapel gelaufene *Nelson* wurde im Hinblick auf die wachsende Zahl russischer Panzerkreuzer gebaut. Sie und ihr Schwesterschiff *Northampton* waren zum Dienst auf hoher See bestimmt, hauptsächlich im Pazifik, wo der Mangel an Kohlenstationen zu langen Perioden auf dem Meer nur unter Segeln führte. 1881–1885 diente die *Nelson* auf dem australischen Stützpunkt, bevor sie zu einem Neuaufbau nach England zurückkehrte. Die *Northampton* war vor Nordamerika und den Westindischen Inseln stationiert. Sie diente später als hochseetaugliches Schulschiff, wurde 1905 verkauft und in Morecambe schließlich abgewrackt. Beide Schiffe wurden als Panzerfregatten klassifiziert. Die *Nelson* konnte 1168 Tonnen Kohle selbst befördern, hatte aber auch eine Barkentakelung von 2.200 qm. 1901 wurde sie zum Schulschiff für Heizer umgewandelt und 1910 verkauft.

Herkunftsland:	Großbritannien
Besatzung:	560
Gewicht:	7.592 km
Maße:	85,3 m x 18,3 m x 7,6 m
Reichweite:	9.265 km (5.000 nm) bei 10 Knoten
Panzerung:	229–152-mm-Gürtel und Schotten, 75–50 mm an Deck
Bewaffnung:	vier 254-mm-, acht geriffelte 229-mm-Vorderlader-Kanonen
Motorisierung:	Zwillingsschrauben, 3-Zylinder-Motor
Leistung:	14 Knoten

Neptune

Die *Neptune* hieß ursprünglich *Independencia* und war 1872 für die brasilianische Marine entwickelt worden. Sie wurde übernommen, als ein Krieg zwischen Großbritannien und Russland drohte, und in Portsmouth zum Dienst in der britischen Marine umgebaut. Die 304-mm-Kanonen befanden sich in Zwillingstürmen mittschiffs und waren voneinander durch einen kurzen Aufbau getrennt, auf dem die schwebende Brücke ruhte. Die beiden 229-mm-Kanonen waren unter dem Vorderdeck. Weil die Großmast-Segel so nahe an den Schornsteinen waren, mussten sie wegen Rauchfäule mehrmals ersetzt werden. Ihre Laufbahn begann und endete unglücklich. Bei der Stapellaufzeremonie am 30. Juli 1874 blieb im Schlamm stecken, wo sie bis zum 10. September festsaß, und als sie 1903 zum Abwracken durch den Hafen von Portsmouth geschleppt wurde, rammte sie die HMS *Victory*, kollidierte mit dem Schlachtschiff *Hero* und verfehlte einige weitere Schiffe nur knapp.

Herkunftsland:	Großbritannien
Besatzung:	541
Gewicht:	9.276 t
Maße:	91,4 m x 19,2 m x 7,6 m
Reichweite:	2.742 km (1.480 nm) bei 10 Knoten
Panzerung:	304–229-mm-Gürtel, 254 mm an der Zitadelle, 330–279 mm an den Türmen
Bewaffnung:	vier 304-mm-, zwei 229-mm-Kanonen
Motorisierung:	eine Schraube, horizontale Koffermotoren
Leistung:	14,2 Knoten

Nevada

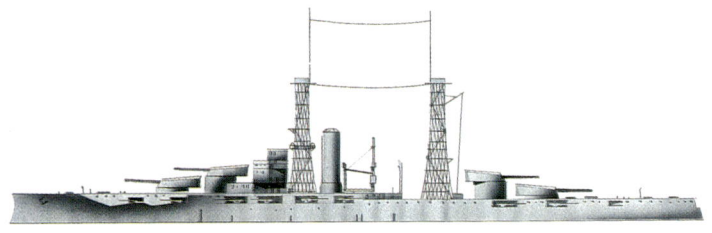

Die *Nevada* war eines der ersten Schlachtschiffe die nach dem Prinzip gebaut wurden, lebenswichtige Bereiche so dick wie möglich zu panzern und den Rest praktisch ungeschützt zu lassen. Diese Methode wurde nach dem 1. Weltkrieg auch von anderen Marinen übernommen. Sie und ihr Schwesterschiff *Oklahoma* waren Dreadnoughts der zweiten Generation und die ersten US-Schlachtschiffe, die nur Öltreibstoff verbrannten. Die 1914 vom Stapel gelaufene *Nevada*, die im 1. Weltkrieg vor Irland ihren Dienst leistete, wurde im Dezember 1941 in Pearl Harbor schwer beschädigt. Nach Reparaturen war sie im Juni 1944 bei den Landungen in der Normandie Teil des Bombardierungsgeschwaders. Im August diente sie vor Südfrankreich, bevor sie in den Pazifik zurückkehrte, wo sie von einem japanischen Kamikaze-Flieger und von Küstenbatterien beschädigt wurde. Den Juli 1946 überstand sie als Übungsziel am Bikiniatoll, wurde aber im Juli 1948 ebenfalls als Übungsziel von Flugzeugen und durch Geschützfeuer vor Hawaii versenkt.

Herkunftsland:	USA
Besatzung:	1.374 (im 2. Weltkrieg)
Gewicht:	29,362 t
Maße:	177,7 m x 29 m x 9,5 m
Reichweite:	18.530 km (10.000 nm) bei 10 Knoten
Panzerung:	343–203-mm-Gürtel, 450–229 mm an den Türmen
Bewaffnung:	einundzwanzig 127-mm-, zehn 355-mm-Kanonen
Motorisierung:	Zwillingsschrauben, Turbinen
Leistung:	20,5 Knoten

New Ironsides

Die *New Ironsides* war eines von drei 1861 bestellten Panzerschiffen, das 1862 vom Stapel lief und eine hölzerne Hülle hatte. Ihre Batterie war mit Eisenplatten belegt, die auch als fortlaufender Gürtel unterhalb der Wasserlinie dienten. Das Schiff, das ursprünglich eine Barkentakelung hatte, diente der Union als Flaggschiff. Ihre Panzerung wurde nie durchbrochen, obwohl sie im Amerikanischen Bürgerkrieg ständig im Einsatz war. Sie diente in diesem Konflikt zuerst beim Südatlantik- und dann beim Nordatlantik-Blockadegeschwader. Am 8. September 1863 wurde sie bei einem Angriff auf Fort Moultrie 50 Mal getroffen, am 5. Oktober 1863 überstand sie einen Spierentorpedoangriff des konföderierten Bootes *David* vor Charleston unbeschädigt. Bei ihrer Mannschaft galt sie als nahezu unverwundbar. Doch 1865 wurde sie in Philadelphia durch ein Feuer zerstört.

Herkunftsland:	USA
Besatzung:	449
Gewicht:	4.277 t
Maße:	70 m x 17,5 m x 4,8 m
Reichweite:	2.780 km (1.500 nm) bei 10 Knoten
Panzerung:	112–75-mm-Gürtel, 112 mm über der Batterie
Bewaffnung:	vierzehn 280-mm-, zwei 150-Pfünder-, zwei 50-Pfünder-Kanonen
Motorisierung:	eine Schraube, horizontale, direkt übersetzte Motoren
Leistung:	6,5 Knoten

New York

Die *New York* wurde im September 1911 auf Kiel gelegt und im April 1914 fertig gestellt. Die Motoren entwickelten bis zu 29.687 PS, ihr Kohlenvorrat betrug 2.964 Tonnen, zzgl. 400 Tonnen Heizöl. 1916 war sie das erste amerikanische Schlachtschiff, bei dem Flugabwehrkanonen eingebaut wurden. 1914–19 diente sie bei der US-Atlantikflotte. Im letzten Kriegsjahr wurde sie der britischen Flotte zugeteilt. Nach Umbauarbeiten in Norfolk, bei denen ihre Käfigmasten durch Dreibeine ersetzt wurden, wurde sie 1936–41 wieder der Atlantikflotte zugeteilt und 1939 versuchsweise mit dem ersten Schiffsradar ausgerüstet. Ihre Einsätze im 2. Weltkrieg führten sie nach Nordafrika, Iwo Jima und Okinawa, wo sie von einem Kamikaze-Flieger leicht beschädigt wurde. Nach dem 2. Weltkrieg überstand die *New York* 1946 auch die Atombombentests auf dem Bikiniatoll. 1948 wurde sie schließlich als Übungsziel vor Pearl Harbor versenkt.

Herkunftsland:	USA
Besatzung:	1.042
Gewicht:	28.854 t
Maße:	174,6 m x 29 m x 9 m
Reichweite:	12.708 km (7.060 nm) bei 12 Knoten
Panzerung:	304–254-mm an Gürtel und Barbetten, 356 mm an den Türmen
Bewaffnung:	zehn 356-mm-, einundzwanzig 127-mm-Kanonen
Motorisierung:	Zwillingsschrauben, drei Expansionsmotoren
Leistung:	21,4 Knoten

Nile

Die *Nile* und ihr Schwesterschiff *Trafalgar* waren bei ihrem Bau die schwersten Schlachtschiffe der britischen Marine. Die Waffen der 1888 vom Stapel gelaufenen *Nile* spiegelten das Prinzip der schwersten Bewaffnung mit gleichzeitigem Maximalschutz wider. Die 343-mm-Kanonen befanden sich etwa 4,2 m über der Wasserlinie in hydraulischen Zwillingstürmen vor und achtern der achteckigen Zitadelle auf der Mittellinie des Schiffs. In der Zitadelle waren die 120-mm-Kanonen – später modernere 152-mm-Kanonen – befestigt, welche durch 127 mm dicke Schotten geschützt waren. Als die *Nile* 1891 fertig gestellt wurde, nahm man an, sie sei eines der letzten Großkampfschiffe, weil man sich der Bedrohung durch Torpedobooten bewusst war, die zu dieser Zeit in Dienst gestellt wurden. Die *Nile* verbrachte den Großteil ihres Dienstes im Mittelmeer, bevor sie als Schulschiff eingesetzt wurde. 1912 wurde sie verschrottet.

Herkunftsland:	Großbritannien
Besatzung:	577
Gewicht:	12.791 t
Maße:	105 m x 22 m x 8,6 m
Reichweite:	12.044 km (6.500 nm) bei 10 Knoten
Panzerung:	500–356-mm-Gürtel, 450–400 mm an der Zitadelle, 450 mm an den Türmen
Bewaffnung:	vier 343-mm-, sechs 120-mm-Kanonen
Motorisierung:	Zwillingsschrauben, drei Expansionsmotoren
Leistung:	17 Knoten

North Carolina

Die *North Carolina* und ihr Schwesterschiff *Washington* waren die ersten nach Aufhebung des Washingtoner Seevertrages von 1922 gebauten US-Schlachtschiffe. Dennoch folgte die ursprüngliche Planung dem späteren Londoner Vertrag, der Kanonen bis zu einem Kaliber von 355 mm zuließ. Da sich aber die Japaner weigerten, ihre Hauptbewaffnung einzuschränken, entschieden sich die USA nach dem Stapellauf der *North Carolina* 1940, diese mit Drillingstürmen mit 400-mm-Kanonen zu bestücken. Bis 1945 war fast ihre ganze Bewaffnung durch 96 40-mm- und 36 20-mm-Flugabwehrkanonen ersetzt worden. Sie war im aktiven Einsatz im Pazifik von der Schlacht am Guadalcanal bis zu den letzten Angriffen auf Japan. Am 15. September 1942 wurde sie bei Espíritu Santo zusammen mit dem Zerstörer USS *O'Brien*, der dabei versenkt wurde, vom japanischen U-Boot *I-19* torpediert. Am 6. April 1945 wurde sie vor Okinawa von Feuer der eigenen Seite getroffen. 1960 wurde sie ausgemustert und wird bis heute wird in Wilmington, North Carolina, in Stand gehalten.

Herkunftsland:	USA
Besatzung:	1.880
Gewicht:	47.518 t
Maße:	222 m x 33 m x 10 m
Reichweite:	32.334 km (17.450 nm) bei 12 Knoten
Panzerung:	304–165-mm-Gürtel, 140 mm an Deck, 400 mm an Barbetten und Türmen
Bewaffnung:	neun 400-mm-, zwanzig 127-mm-Kanonen
Motorisierung:	vier Schrauben, Turbinen
Leistung:	28 Knoten

Numancia

Die *Numancia* war ein breitseitiges Panzerschiff mit eiserner Hülle und wurde 1861 in La Seyne-sur-Mer auf Kiel gelegt. Sie war im Krieg zwischen Spanien, Peru und Chile 1865 das spanische Flaggschiff und nahm an der Bombardierung Valparaisos am 27. März 1866 teil. Am 30. April erhielt sie während des Angriffs auf Callao 51 Treffer von Küstenbatterien, entkam aber. 1867/68 war die *Numancia* das erste Panzerschiff, das die Welt umsegelte. 1873 wurde sie während des Bürgerkriegs durch Geschützfeuer und einen Zusammenstoß beschädigt. Nach ihrer Rückgabe an die Regierung operierte sie in Spanisch-Marokko. 1897/98 wurde sie völlig neu aufgebaut. Ihre Bewaffnung umfasste nunmehr acht geriffelte 254-mm- und sieben 203-mm-Vorderlader sowie zwei Torpedorohre. Um 1914 wurde die *Numancia* zum Schulschiff für Artilleristen umgewandelt. Sie sank 1916 im Schlepptau auf dem Weg zum Abwracken.

Herkunftsland:	Spanien
Besatzung:	500
Gewicht:	7.304 t
Maße:	96 m x 17,3 m x 8,2 m
Reichweite:	5.559 km (3.000 nm) bei 10 Knoten
Panzerung:	140–102-mm-Gürtel, 444 mm Holz zur Verstärkung
Bewaffnung:	vierzig 68-Pfünder-Kanonen (beim Stapellauf)
Motorisierung:	eine Schraube, unverbundene Motoren
Leistung:	13 Knoten

Oregon

Im Jahr 1889 lehnte der US-Kongress ein Ersuchen ab, 192 Kriegsschiffe innerhalb von 15 Jahren zu bauen, und so versuchte die US-Marine, sich mit drei so genannten „hochsee-tauglichen Küstenschlachtschiffen" zu begnügen. Diese Bezeichnung war der einzige Weg, wie die Marine die Zustimmung des Kongresses bekommen konnte. Die Schiffe gehörten zur Oregon-Klasse und hatten bei geringer Verdrängung eine schwere Bewaffnung und Panzerung, was zu einem niedrigen Freibord, beschränkter Dauerleistung und niedriger Geschwindigkeit führte. Im Krieg mit Spanien 1898 nahm die *Oregon* an der Schlacht in der Bucht von Santiago teil. Nach Jahren als schwimmendes Denkmal wurde sie 1942 zunächst als Schrott verkauft, bekam aber eine Gnadenfrist eingeräumt und wurde 1944 als Munitionslager im Pazifik verwendet. Am 14. November 1948 wurde sie in einem Taifun abgetrieben, erst am 8. Dezember 930 km vor Guam ausfindig gemacht und zurückgeschleppt. Sie wurde verkauft und in Japan 1956 abgewrackt.

Herkunftsland:	USA
Besatzung:	636
Gewicht:	10.452 t
Maße:	106,9 m x 21 m x 7,3 m
Reichweite:	8.338 km (4.500 nm) bei 10 Knoten
Panzerung:	450–102-mm Gürtel, 425 mm an den Barbetten, 380 mm an den Türmen
Bewaffnung:	vier 330-mm-, acht 203-mm-, vier 152-mm-Kanonen
Motorisierung:	Zwillingsschrauben, drei senkrechte Expansionsmotoren
Leistung:	15 Knoten

Palestro

Die *Palestro* wurde im August 1864 in La Seyne-sur-Mer auf Kiel gelegt und im Januar 1866 fertig gestellt. Sie und ihr Schwesterschiff *Varese* hatten eiserne Hüllen und eine volle Barkentakelung. Ihre Dampfmaschinen konnten bis zu 930 PS entwickeln, obwohl sie sich eigentlich auf ihre Segel verlassen sollte. Am 20. Juli 1866 trafen sie und zwei andere italienische Panzerschiffe, die *Re d'Italia* und die *San Martino*, bei Lissa auf sieben österreichische Panzerschiffe. Dabei erlitt die *Palestro* zahlreiche Treffer und fing Feuer, so dass sie aus der Schlacht ausscheiden musste. Zwei andere italienische Schiffe nahmen sie in Schlepp. Boote wurden ausgesetzt, um ihre Mannschaft aufzunehmen. Kapitän Capellini lehnte es jedoch ab, sein Schiff aufzugeben. Seine Mannschaft bot an, zu bleiben und das Feuer zu bekämpfen. Kurze Zeit später explodierte das Schiff dennoch und sank. Nur 19 von 250 Mann überlebten. Die *Varese* diente bis 1891 – in späteren Jahren als Lazarettschiff.

Herkunftsland:	Italien
Besatzung:	252
Gewicht:	2.642 t
Maße:	64,8 m x 13 m x 5,6 m
Reichweite:	3.335 km (1.800 nm) bei 10 Knoten
Panzerung:	120-mm-Gürtel, 120 mm an der Batterie
Bewaffnung:	eine 164-mm-, vier 203-mm-Kanone
Motorisierung:	eine Schraube, ein Kolbenmotor
Leistung:	8 Knoten

Palestro

Die *Palestro* und ihr Schwesterschiff *Principe Amedeo* waren die ersten in italienischen Werften gebauten Panzerschiffe und auch die letzten, deren Hüllen aus Eisengerippen und Holzplanken zusammengesetzt waren und welche Segel trugen. Durch die Nachwirkungen des Krieges gegen Österreich von 1866 waren die *Palestro* und ihre Schwesterschiffe sechs Jahre auf Dock. Ihre Fertigstellung benötigte weitere vier Jahre. Die *Palestro* wurde daher erst im Juli 1875 in Dienst gestellt. Sie hatte einen sich über die ganze Länge erstreckenden Gürtel, eine ausgeprägte Ramme am Bug und 3.400 qm Segelfläche. Nach 1889 wurde sie als Verteidigungsschiff in La Maddalena verwendet und dann in ein Schulschiff in La Spezia umgewandelt. Ihr Schwesterschiff, die *Principe Amedeo*, diente in Levante, bevor auch sie eine Verteidigungsrolle in Taranto zugewiesen bekam. Aus der aktiven Liste wurde die *Palestro* 1900 entfernt. 1902–04 wurde sie dann abgewrackt.

Herkunftsland:	Italien
Besatzung:	548
Gewicht:	6.374 t
Maße:	79,7 m x 17,5 m x 7,5 m
Reichweite:	3.204 km (1.780 nm) bei 10 Knoten
Panzerung:	220-mm-Gürtel, 140 mm an der Batterie
Bewaffnung:	zwölf 160-mm-Kanonen
Motorisierung:	eine Schraube, ein Expansionsmotor
Leistung:	12,9 Knoten

Pelayo

Mehr als zwanzig Jahre lang war die 1887 vom Stapel gelaufene *Pelayo* Spaniens stärkstes Kriegsschiff. Sie wurde in Frankreich nach Plänen von Lagane – einem bekannten Schiffsingenieur – gebaut, und basierte auf der französischen *Marceau*, hatte aber eine größere Länge und Breite sowie einen geringeren Tiefgang, damit sie durch den Suezkanal fahren konnte. Die *Pelayo* wurde 1897 neu aufgebaut und bekam neue Dampfkessel und eine neue Panzerung über der Batterie mittschiffs. 1898, zur Zeit des Spanisch-Amerikanischen Krieges, fuhr sie am Kopf eines Geschwaders von Kriegsschiffen zu den Philippinen, wurde aber in Port Said aufgehalten und bei Kriegsende zurückgerufen. Der kurze Krieg mit den USA kostete Spanien sein ganzes Pazifikgeschwader, das in der Schlacht von Manila zerstört wurde. Ein zweites Geschwader, das in die Karibik entsandt worden war, wurde im Hafen von Santiago blockiert, bis es sich herauswagte und durch wartende US-Kriegsschiffe versenkt wurde. Die *Pelayo* wurde 1925 aus dem aktiven Dienst entfernt.

Herkunftsland:	Spanien
Besatzung:	520
Gewicht:	9.900 t
Maße:	102 m x 20 m x 7,5 m
Reichweite:	3.204 km (1.780 nm) bei 10 Knoten
Panzerung:	443–293-mm-Stahlgürtel, 393–293 mm an den Barbetten
Bewaffnung:	zwei 317-mm-, zwei 279-mm-, eine 162-mm-, zwölf 120-mm-Kanonen
Motorisierung:	Zwillingsschrauben, senkrechte Verbundmotoren
Leistung:	16,7 Knoten

Pennsylvania

Die *Pennsylvania* wurde 1916 fertig gestellt und hatte mit ihrem Schwesterschiff *Arizona* eine Hauptbewaffnung von zwölf 356-mm-Kanonen in vier Drillingstürmen gemeinsam. Der Drillingsturm wurde später zum Markenzeichen amerikanischer Großkampfschiffe. In der Zwischenkriegszeit wurde die *Pennsylvania* neu aufgebaut. Sie bekam starke Flugabwehrgeschütze, zwei Flugzeugkatapulte, zwei Dreibeinmasten und verstärkte unterseeische Bilgen und Schotten. Sie überstand im Gegensatz zur *Arizona*, die 1941 in Pearl Harbor zerstört wurde, den 2. Weltkrieg. Die *Pennsylvania* wurde durch im Trockendock von Pearl Harbor durch Bomben beschädigt. Nach ihrer Reparatur kämpfte sie bei Attu, den Gilbert-Inseln, Kwajalein, Eniwetok, Saipan, Guam, Palau, am Golf von Leyte, in der Surigao-Straße und bei Lingayen. Am 12. August 1945 wurde sie durch einen Lufttorpedo schwer beschädigt. Nach Kriegsende nahm sie an zwei Atombombentests teil und beendete ihre Laufbahn als Zielschiff.

Herkunftsland:	USA
Besatzung:	915
Gewicht:	33.088 t
Maße:	182,9 m x 185,4 x 29,6 m x 8,8 m
Reichweite:	14.400 km (8.000 nm) bei 12 Knoten
Panzerung:	343–203-mm-Gürtel, 450 mm an den Türmen
Bewaffnung:	zwölf 356-mm-, zweiundzwanzig 127-mm-Kanonen
Motorisierung:	vier Turbinen mit Getriebewellen
Leistung:	21 Knoten

Petr Veliki

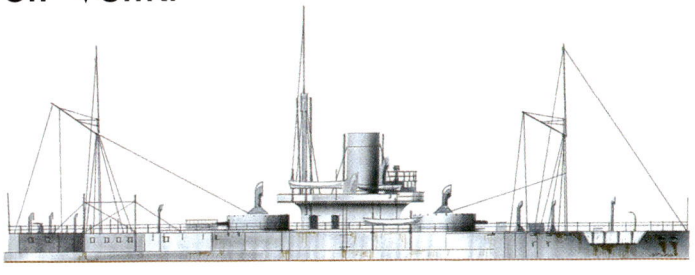

Die 1872 fertig gestellte *Petr Veliki* war ein großes Turmschiff mit Brustwehr. Sie hatte eine Eisenhülle und einen Freibord von 2,4 m. Ihr Panzergürtel war vollständig, tauchte aber bei voller Last unter. An den Seiten befand sich zwischen zwei 175-mm-Panzerplatten jeweils 550 mm Holz. 1881 erhielt sie neue Motoren. 1905/06 wurde sie neu aufgebaut. Nach der Oktoberrevolution von 1917 wurde sie in *Barrikada* umbenannt und diente bei der Ostseeflotte als Ausbildungsschiff für Artilleristen. Sie wurde 1922 verschrottet. Die Russische Revolution hatte einen negativen Einfluss auf die Wirksamkeit der Flotte, besonders auf die der größeren Schiffe, da nicht mehr genügend Offiziere auf Seiten der Revolutionäre einsatzbereit waren. Die Schiffe wurden zum Teil von Rekruten geführt, die nicht ausreichend ausgebildet waren. Einige der von Anhängern des Zaren geführten Schiffe verließen Russland und fuhren nach Tunesien.

Herkunftsland:	Russland
Besatzung:	432
Gewicht:	10.572 t
Maße:	103,5 m x 18,9 m x 8,2 m
Reichweite:	3.706 km (2.000 nm) bei 10 Knoten
Panzerung:	356 mm an schmiedeeisernem Gürtel, Zitadelle und Türmen
Bewaffnung:	vier 305-mm-, sechs 86-mm-Kanonen
Motorisierung:	Zwillingsschrauben, horizontale Rückschlagmotoren mit Pleuelstange
Leistung:	10 Knoten

Pobieda

Die Motoren der 1902 fertig gestellten *Pobieda*, die 2.000 Tonnen Kohle laden konnte, entwickelten bis zu 15.000 PS. Die *Pobieda*, die *Pereswiet* und die *Osliabia*, die derselben Klasse angehörten, waren die ersten russischen Kriegsschiffe mit Schnellfeuerwaffen. Sie hatten ein hohes Vorderdeck und eine auf zwei Decks verteilte Sekundärbewaffnung. Die *Pobieda* vereinte sich 1903 – zur Zeit des Krieges mit Japan – mit dem Pazifikgeschwader. Im Februar 1904 wurde sie von Geschützfeuer bei Port Arthur leicht beschädigt und ein weiteres Mal im April durch eine Mine, überstand dies jedoch dank des Schutzes durch ihren Kohlenbunker und ihre innere Panzerung. Am 10. August erhielt sie in der Schlacht vom Gelben Meer 11 Treffer und wurde im Oktober und November wiederholt von Küstenbatterien getroffen. Im Dezember 1904 wurde sie durch 279-mm-Salven versenkt, von den Japaner 1905 aber wieder gehoben und in *Suwo* umbenannt. Sie wurde 1922 verschrottet.

Herkunftsland:	Russland
Besatzung:	757
Gewicht:	12.872 t
Maße:	133 m x 21,7 m x 8,3 m
Reichweite:	11.118 km (6.000 nm) bei 10 Knoten
Panzerung:	229–127-mm-Gürtel, 254–127 mm an den Türmen, 127 mm an den Kasematten
Bewaffnung:	vier 254-mm-, elf 152-mm-, zwanzig 75-mm-Kanonen
Motorisierung:	drei Schrauben, drei senkrechte Expansionsmotoren
Leistung:	18,5 Knoten

Prince Albert

Die von Cowper Coles gebaute *Prince Albert* war Großbritanniens erstes Schiff mit Eisentürmen. Diese Türme befanden sich alle auf der Mittellinie, zwei vor den Aufbauten mittschiffs und zwei achtern. Die *Prince Albert* war ursprünglich mit sechs Türmen geplant worden, diese wurden aber später auf vier reduziert. Jeder Turm wog 112 Tonnen und war handgefertigt. Das Schiff wurde 1862 auf Kiel gelegt, aber erst vier Jahre später fertig gestellt. Die *Prince Albert* hatte zwar eine lange militärische Laufbahn, aber als Kriegsschiff wurde sie nicht oft eingesetzt. Sie war die meiste Zeit der Reserve zugeteilt und beendete ihren Dienst 1878 in Portsmouth im Geschwader für Spezialaufgaben. Ebenfalls 1878 erhielt sie neue Dampfkessel. 1899 wurde die *Prince Albert* dann verkauft und 1904 schließlich verschrottet.

Herkunftsland:	Großbritannien
Besatzung:	201
Gewicht:	3.942 t
Maße:	73,1 m x 14,6 m x 6,2 m
Reichweite:	1.500 km (810 nm) bei 10 Knoten
Panzerung:	112-mm-Gürtel (verstärkt durch 450 mm Holz), 266–140 mm an den Türmen (verstärkt durch 356 mm Holz)
Bewaffnung:	vier 229-mm-Vorderlader-Kanonen
Motorisierung:	eine Schraube, horizontale, direkt übersetzte Motoren
Leistung:	11,2 Knoten

Prince of Wales

Die *Prince of Wales* lief 1939 vom Stapel und wurde 1941 fertig gestellt. Zwei Vierfachtürme vorn und achtern und ein erhöhter Doppelturm vorn beherbergten ihre Hauptbewaffnung, die 356-mm-Kanonen. Im Mai 1941 nahm sie unvollendet und noch mit Arbeitern an Bord an der Suche nach der *Bismarck* teil. In der Auseinandersetzung mit dem deutschen Schlachtschiff überstand sie Treffer an der Brücke und unter der Wasserlinie. Im August 1941 brachte Winston Churchill das Schiff zu einer historischen Besprechung mit Präsident Franklin D. Roosevelt nach Neufundland. Später im selben Jahr wurde sie kurzfristig als Verteidigung gegen die japanische Besatzung Malaysias in den Fernen Osten gesandt. Gemeinsam mit dem Schlachtkreuzer *Repulse* und vier Zerstörern lief sie am 9. Dezember aus. Am nächsten Tag wurden beide Schiffe von japanischen Flugzeugen angegriffen und innerhalb von zwei Stunden versenkt. Die *Prince of Wales* war somit nur sieben Monate im aktiven Dienst.

Herkunftsland:	Großbritannien
Besatzung:	1.422
Gewicht:	41.402 t
Maße:	227,1 m x 31,4 m x 9,9 m
Reichweite:	25.950 km (14.000 nm) bei 10 Knoten
Panzerung:	380–112-mm-Gürtel, 330–279 mm an den Barbetten, 330–152 mm an den Türmen
Bewaffnung:	zehn 356-mm-, sechzehn 131-mm-Kanonen
Motorisierung:	vier Turbinen mit Getriebewellen
Leistung:	28 Knoten

Principe di Carignano

Die nach Prinz Eugenio von Savoyen-Carignan (1816–1888) benannte *Principe di Carignano* wurde als Fregatte mit Schraube von dem Ingenieur Mattei gestaltet und noch in den Docks in ein Panzerschiff umgewandelt, behielt aber die Barkentakelung. Der Großteil der Bewaffnung des 1865 fertig gestellten Breitseitenschiffs befand sich auf dem Hauptdeck hinter der Eisenpanzerung. Der Motor entwickelte bis zu 1.960 PS. Das Schiff hatte bei 10 Knoten eine Reichweite von etwa 2.200 km. 1865/66 leistete sie ihren Dienst in der Ägäis und beteiligte sich im Juli 1866 an der Schlacht von Lissa, in der sie beschädigt wurde. Nach ihrer Neuausstattung 1869 wurde sie zur Befreiung Roms eingesetzt. 1870 wurde sie neu bewaffnet, wobei ihre 203-mm-Kanonen auf vier Stück verringert wurden, während man ihre 164-mm-Kanonen auf sechzehn erhöhte. 1875 wurde sie ausrangiert. 1877–79 wurde das Schiff schließlich abgewrackt.

Herkunftsland:	Italien
Besatzung:	572
Gewicht:	4.152 t
Maße:	75,8 m x 15,2 m x 7,2 m
Reichweite:	2.220 km (1.200 nm) bei 10 Knoten
Panzerung:	118 mm Schmiedeeisen an den Seiten
Bewaffnung:	zehn 203-mm-, zwölf 164-mm-Kanonen
Motorisierung:	eine Schraube, ein Expansionsmotor
Leistung:	10,2 Knoten

Queen Elizabeth

Die 1915 fertig gestellte *Queen Elizabeth* stellte einen großen Fortschritt der Schlachtschiffentwicklung dar, denn sie war das erste Großkampfschiff mit Öldampfkesseln. Sie war schnell, aber ihre Abhängigkeit vom Öl beunruhigte Kritiker, die bei Unterbrechung der Ölversorgung eine Katastrophe voraussahen. Daher führten die Schiffe der darauf folgenden Revenge-Klasse sowohl Kohle als auch Öl mit. 1915 leistet die *Queen Elizabeth* ihren Dienst bei den Dardanellen. Durch eine Instandsetzung kam sie im folgenden Jahr in der Schlacht von Jütland nicht zum Einsatz. 1937–41 wurde sie neu aufgebaut und in ein Flaggschiff umgewandelt. Als Teil der Mittelmeerflotte operierte sie im Mai 1941 vor Kreta. Im Dezember desselben Jahres wurde sie bei einem kühnen Angriff italienischer Taucher im Hafen von Alexandria schwer beschädigt. 1943/44 diente sie bei der Heimatflotte und fuhr dann in den Indischen Ozean, wo sie ihren Kriegsdienst beendete. 1948/49 wurde sie verschrottet.

Herkunftsland:	Großbritannien
Besatzung:	951
Gewicht:	33.548 t
Maße:	196,8 m x 27,6 m x 10 m
Reichweite:	8.100 km (4.500 nm) bei 10 Knoten
Panzerung:	330–152-mm-Gürtel, 254–102 mm an den Barbetten, 330 mm an den Türmen
Bewaffnung:	acht 380-mm-, sechzehn 152-mm-Kanonen
Motorisierung:	vier Schrauben, Turbinen
Leistung:	23 Knoten

Re d'Italia

Nach ihrer Fertigstellung waren die *Re d'Italia* und ihr Schwesterschiff *Re di Portogallo* Italiens schwerste Kriegsschiffe. In ihrer hölzernen Hülle gab es keine innere Unterteilung. Obwohl sich die Panzerung von einem Ende zum anderen erstreckte, war doch der Schiffsteil mit der Steuerung ungeschützt. Nachdem in der Schlacht von Lissa im Juli 1866 die Steuerung der *Re d'Italia* unbrauchbar gemacht worden war, wurde sie vom österreichischen Flaggschiff *Ferdinand Max* gerammt und versenkt, wobei 383 Menschen umkamen. Das Schiff war zu Ehren von Victor Emmanuel II. benannt, dem ersten König des vereinten Italiens. Die *Re di Portogallo*, die nach König Ludwig I. von Portugal (1838–1889) – dem Schwiegersohn Victor Emmanuels II. – benannt war, wurde vom österreichischen Batterieschiff *Kaiser* in der Schlacht von Lissa gerammt, überstand den Schaden jedoch, und wurde in La Spezia als Schulschiff für Artilleristen eingesetzt. Sie wurde schließlich 1877–89 abgewrackt.

Herkunftsland:	Italien
Besatzung:	565
Gewicht:	5.791 t
Maße:	84,3 m x 16,6 m x 6,7 m
Reichweite:	5.781 km (1.800 nm) bei 12 Knoten
Panzerung:	118 mm schmiedeeiserne Seiten
Bewaffnung:	zwei 200-mm-, zwei 72-Pfünder-, dreißig 160-mm-Kanonen
Motorisierung:	eine Schraube, ein Verbundmotor
Leistung:	12 Knoten

Re Galantuomo

Die italienische Marine wurde 1860 bei der Vereinigung Italiens gegründet, und die neue Regierung bestellte umgehend Panzerschiffe bei ausländischen Werften, darunter auch zwei Panzerfregatten aus den USA. Die *Re Galantuomo* war Italiens einziges dampfgetriebenes Linienkriegsschiff aus Holz. Der Doppeldecker wurde in Castellamare di Stabia auf Kiel gelegt und 1861 fertig gestellt. Ihr Motor entwickelte bis zu 1.351 PS. Ihre Waffen befanden sich auf beiden Decks. In den frühen 1870er Jahren wurde sie neu bewaffnet, wobei sie achtzehn 160-mm-Kanonen erhielt. 1863 transportierte das Schiff die für die *Re d'Italia* und *Re di Portogallo* benötigten Mannschaften von Italien zu den Docks von Webbs in New York, wo die Schiffe gebaut wurden. Die *Re Galantuomo* diente danach als Küstenverteidigungsschiff und befand sich während des Krieges mit Österreich 1866 in Tarent. Sie wurde 1875 verschrottet.

Herkunftsland:	Italien
Besatzung:	976
Gewicht:	3.860 t
Maße:	58,4 m x 15,5 m x 7 m
Reichweite:	4.076 km (2.200 nm) bei 8 Knoten
Panzerung:	keine
Bewaffnung:	64 Kanonen (beim Stapellauf)
Motorisierung:	eine Schraube, ein direkt übersetzter Motor
Leistung:	9 Knoten

Re Umberto

Die von Benedetto Brin entwickelte *Re Umberto* war eines von drei Großkampfschiffen, die nach Fertigstellung die schnellsten ihrer Art waren. Zwei Barbetten, die 343-mm-Kanonen beherbergten, waren auf dem zentralen Drehpunkt befestigt, so dass von allen Seiten geladen und schneller geschossen werden konnte. Dieses System wurde von der britischen Marine 1898 übernommen. Die *Re Umberto* wurde 1884 auf Kiel gelegt und 1893 fertig gestellt. 1912 wurde sie zum Versorgungsschiff und 1914 ausrangiert. Das 1915 wieder in Dienst gestellte Schiff wurde 1918 in ein bewaffnetes Angriffsschiff umgewandelt. Ihre Hauptaufgabe war es, den vom Feind besetzten Hafen von Pola einzunehmen. Zu diesem Zweck wurden ihre Türme und ihre Barbetten entfernt und 76-mm-Kanonen eingebaut, aber der Krieg endete, bevor sie eingesetzt werden konnte. 1920 wurde sie verschrottet. Ihr Schwesterschiff *Sardegna* war das erste Kriegsschiff mit drei Expansionsmotoren und eines der ersten mit drahtlosem Funk.

Herkunftsland:	Italien
Besatzung:	733
Gewicht:	15.701 t
Maße:	127,6 m x 23,4 m x 9,3 m
Reichweite:	11.118 km (6.000 nm) bei 10 Knoten
Panzerung:	75 mm an Deck, 102 mm an Seiten und Türmen, 343 mm an den Barbetten
Bewaffnung:	vier 343-mm-, acht 152-mm-, sechzehn 120-mm-Kanonen
Motorisierung:	Zwillingsschrauben, senkrechte Verbundmotoren
Leistung:	20 Knoten

Regina Margherita

Die *Regina Margherita* wurde von Benedetto Brin entwickelt, wobei besonderer Wert auf eine hohe Geschwindigkeit gelegt wurde. Ursprünglich sollte das Schiff vier 304-mm-Kanonen und zwölf 203-mm-Kanonen besitzen. Nach Brins Tod wurden die Pläne jedoch noch einmal überarbeitet, und sie erhielt die unten aufgelistete gemischte Bewaffnung. Ein ungewöhnliches Merkmal ihres Entwurfs war die doppelte Brücke vorn und achtern. Die *Regina Margherita* sank 1916, nachdem sie auf zwei von dem deutschen U-Boot *UC14* gelegte Minen auflief, wobei 675 Menschen umkamen. Valona war als Kriegsschauplatz von großer Wichtigkeit für die alliierten Streitkräfte im 1. Weltkrieg.

Herkunftsland:	Italien
Besatzung:	900
Gewicht:	13,426 t
Maße:	138,6 m x 23,8 m x 8,8 m
Reichweite:	18.000 km (10.000 nm) bei 12 Knoten
Panzerung:	152 mm an Seiten und Batterie, 203 mm an den Türmen
Bewaffnung:	vier 304-mm-, zwölf 152-mm-, zwanzig 75-mm-Kanonen
Motorisierung:	Zwillingsschrauben, drei Expansionsmotoren
Leistung:	20,3 Knoten

Regina Maria Pia

Italien war sorgsam darauf bedacht, eine starke Flotte zu besitzen, und so bestellten die Italiener in Frankreich vier Breitseiten-Panzerschiffe, zu denen auch die *Regina Maria Pia* gehörte. Sie wurde 1862 auf Kiel gelegt und 1864 fertig gestellt. Ihr Motor entwickelte bis zu 2.924 PS. 1866 wurde sie in Porto San Giorgio eingesetzt. Ihre Takelung wurde von der eines Schoners zu der einer Barke verändert und bei einer Neuausstattung 1888–90 schließlich durch zwei militärische Masten ersetzt. Bei ihrer Neubewaffnung erhielt sie zwei 220-mm- sowie neun 203-mm-Kanonen und später acht 152-mm- sowie fünf 120-mm-Kanonen. 1886 wurde die *Regina Maria Pia* in der Schlacht von Lissa durch Granatfeuer und einen Zusammenstoß mit dem Breitseitenschiff *San Martino* beschädigt. Nach einer Neuausstattung nahm sie 1887 an einer Operation zur Wahrung italienischer Interessen in Saloniki teil. Später operierte sie vor Kreta. 1895 wurde sie wieder als Küstenverteidigungsschiff aufgebaut. Sie wurde 1904 außer Dienst gestellt.

Herkunftsland:	Italien
Besatzung:	900
Gewicht:	4.600 t
Maße:	81,2 m x 15,2 m x 6,3 m
Reichweite:	4.950 km (2.600 nm) bei 10 Knoten
Panzerung:	118-mm-Eisengürtel
Bewaffnung:	zweiundzwanzig 164-mm-, vier 72-Pfünder-Kanonen
Motorisierung:	eine Schraube, ein Kolbenexpansionsmotor
Leistung:	13 Knoten

Renown

Die in nur einem Jahr erbaute *Renown* und ihr Schwesterschiff *Repulse* waren die letzten britischen Schlachtkreuzer. Die *Renown* war schwer bewaffnet, aber die schützende Panzerung war zugunsten einer hohen Geschwindigkeit geopfert worden. So kam sie einen Monat nach ihrem Stapellauf im Oktober 1916 wieder in die Docks zurück, um mit weiteren 500 Tonnen Stahlplatten gepanzert zu werden. Selbst danach hielt man sie noch für zu leicht gebaut – auch für den Rückstoß ihrer 380-mm-Kanonen – und so wurde sie bei Instandsetzungen 1918 und 1923 zusätzlich gepanzert. 1936 wurde die *Renown* in einen schnellen Trägerbegleiter umgewandelt. Sie nahm 1939 an den Operationen gegen die Handelsstörer im Südatlantik teil und wurde im Einsatz im April 1940 vor Norwegen beschädigt. Anschließend jagte sie mit anderen Schiffen die *Bismarck*, eskortierte Konvois nach Malta, im Atlantik und in der Arktis und gehörte zur Schutztruppe bei den alliierten Landungen in Nordafrika. Sie diente 1944/45 bei der Ostflotte. 1948 wurde sie abgewrackt.

Herkunftsland:	Großbritannien
Besatzung:	1.200
Gewicht:	30.356 t
Maße:	242,2 m x 27,4 m x 7,8 m
Reichweite:	6.570 km (3.650 nm) bei 12 Knoten
Panzerung:	152–37,5-mm-Gürtel, 178–102 mm an den Barbetten, 279 mm an den Türmen
Bewaffnung:	sechs 380-mm-, siebzehn 102-mm-Kanonen
Motorisierung:	vier Turbinen mit Getriebewellen
Leistung:	30 Knoten

Retvisan

Die *Retvisan* war das einzige, in einer amerikanischen Werft gebaute Großkampfschiff der Russen. Sie war ein standardisierter US-Entwurf mit versenktem Deck und zentralem Aufbau. Im Russisch-Japanischen Krieg von 1904 wurde sie vor Port Arthur torpediert. Sie überstand den Angriff, wurde aber während einer Schlacht im Gelben Meer von Haubitzen getroffen und sank. Als Port Arthur 1905 fiel, hoben die Japaner das Schiff und benannten sie in *Hizen* um. Sie diente als Übungsziel und sank schließlich 1924. Zahlenmäßig unterschieden sich die russische Fernostflotte und die japanische Flotte kaum voneinander, aber Japan befahl den Anmarsch auf Port Arthur und Wladiwostok. Ersteres wurde ohne Kriegserklärung von japanischen Zerstörern in der Nacht auf den 9. Februar 1904 angegriffen, wobei zwei Schlachtschiffe (darunter die *Retvisan*) und ein Kreuzer beschädigt wurden. Wochen später belagerten japanische Streitkräfte den Stützpunkt und beschworen damit einen Krieg herauf, der letztendlich zur Zerstörung der russischen Flotte bei Tsushima führte.

Herkunftsland:	Russland
Besatzung:	738
Gewicht:	13.106 t
Maße:	117,8 m x 22 m x 7,9 m
Reichweite:	7.412 km (4.000 nm) bei 10 Knoten
Panzerung:	229–127-mm-Gürtel, 229–203 mm an den Türmen
Bewaffnung:	vier 304-mm-, zwölf 152-mm-, zwanzig 11-Pfünder-Kanonen
Motorisierung:	Zwillingsschrauben, drei senkrechte Expansionsmotoren
Leistung:	18,8 Knoten

Riachuelo

Die 1883 vom Stapel gelaufene und nach der Schlacht vom 11. Juni 1865 im Paraguay-krieg benannte *Riachuelo* war ein voll aufgetakeltes Schiff mit Zwillingstürmen. Sie wurde als Ersatz für die *Independencia* gebaut, die an Großbritannien verkauft worden war. Bei einer Verdrängung von 6.100 Tonnen war die *Riachuelo* ein ausgezeichnetes Beispiel für Panzerung und Offensivmacht. Sie war das erste Kriegsschiff mit stählerner Verbundpanze-rung, die durch Eisen hinterlegt war. Viele Jahre lang diente sie in der brasilianischen Ma-rine. Sie hatte eine Stahlhülle mit zwei versetzten Zwillingstürmen mittschiffs und zwei Schornsteine. Ursprünglich sollte sie eine Barkentakelung haben, bekam aber stattdessen zwei Masten, die bei Instandsetzungsarbeiten 1895 durch zwei schwere militärische Masten ersetzt und 1905 ganz entfernt wurden. 1910 sank die *Riachuelo* im Schlepptau auf dem Weg zur Verschrottung in Europa.

Herkunftsland:	Brasilien
Besatzung:	367
Gewicht:	6.100 t
Maße:	92,9 m x 15,8 m x 6 m
Reichweite:	11.118 km (6.000 nm) bei 10 Knoten
Panzerung:	280–178-mm-Gürtel, 254 mm an Türmen und Kommandoturm
Bewaffnung:	vier 234-mm-, sechs 140-mm-Kanonen
Motorisierung:	Zwillingsschrauben, senkrechte Verbundmotoren
Leistung:	16,7 Knoten

Richelieu

Die *Richelieu* war das erste von vier 1935–1938 gebauten Schlachtschiffen einer Klasse, wurde aber als einziges rechtzeitig fertig gestellt, um im 2. Weltkrieg eingesetzt zu werden. Die im März 1940 vom Stapel gelaufene *Richelieu* entkam dem Fall Frankreichs, vereinte sich 1942 mit den Alliierten und wurde Teil einer starken Kampfgruppe, zu der die Schlachtschiffe *Valiant*, *Howe* und *Queen Elizabeth*, der Schlachtkreuzer *Renown* und die Träger *Victorious*, *Illustrious* und *Indomitable* gehörten. Sie eskortierte viele Angriffseinsätze der Träger gegen Java, Sumatra und die verschiedenen vom Feind besetzten Inselgruppen im Indischen Ozean. Sie durchlief 1943 in den USA eine grundlegende Instandsetzung, bei der ein Radar und zusätzliche 100 Flugabwehrkanonen hinzugefügt wurden. 1944 schloss sie sich der britischen Ostflotte an, der sie bis Kriegsende angehörte. Als Frankreich in Indochina Krieg führte, operierte sie vor der dortigen Küste. 1959 wurde die *Richelieu* ausgemustert und 1964 abgewrackt.

Herkunftsland:	Frankreich
Besatzung:	1670
Gewicht:	47.084 t
Maße:	247,85 m x 33 m x 9,63 m
Reichweite:	10.800 km (6.000 nm) bei 12 Knoten
Panzerung:	343–243-mm-Gürtel, 437–169 mm an den Haupttürmen
Bewaffnung:	acht 380-mm-, neun 152-mm-Kanonen
Motorisierung:	vier Turbinen mit Getriebewelle
Leistung:	30 Knoten

Roanoke

Die *Roanoke* war das einzige Panzerschiff mit mehreren Türmen, das im Amerikanischen Bürgerkrieg Dienst tat, und auch das erste, das mit mehr als zwei Türmen eingesetzt wurde. Ursprünglich hatte die 1853 auf Kiel gelegte 40-Kanonen-Dampffregatte eine hölzerne Hülle. Am 9. März 1862 kam es bei Hampton Roads zu einem Kampf zwischen dem Unions-Panzerschiff *Monitor* und dem konföderierten Panzerschiff *Virginia*, der unentschieden endete. Dabei zeigte sich aber, dass die Zeit des Turmschiffs nun gekommen war. Im Mai 1862 wurde die *Roanoke* bis kurz über der Wasserlinie abgeschnitten und der niedrige Freibord mit Eisen gepanzert. Im Januar 1865 wurden drei Türme installiert. Sie erhielt eine neue Bewaffnung, obwohl sich die Hülle als zu schwach für das Gewicht der Türme erwies. Bei Kriegsende 1865 wurde sie außer Dienst gestellt und 1883 verkauft.

Herkunftsland:	USA
Besatzung:	350
Gewicht:	4.465 t
Maße:	80,7 m x 16 m x 7,4 m
Reichweite:	unbekannt
Panzerung:	114 mm an den Seiten, 279 mm an den Türmen
Bewaffnung:	zwei 380-mm-, zwei 280-mm-, zwei 150-Pfünder-Kanonen
Motorisierung:	eine Schraube, horizontale direkt übersetzte Motoren
Leistung:	6 Knoten

Rolf Krake

Dänemark besaß als erstes skandinavische Land eine erwähnenswerte Panzerschiffflotte. Durch die wachsenden Spannungen mit Preußen 1862 verstärkten die Dänen ihre Verteidigung. Sie bestellten bei Napier in Glasgow ein Küstenverteidigungsschiff vom Panzerschifftyp, das im Dezember 1862 auf Kiel gelegt wurde. 1864 kam es zu einem Kampf zwischen der *Rolf Krake* und preußischen Küstenbatterien bei Egernsund. Sie hatte einen niedrigen Tiefgang und daher viel Freibord. Ihre Hauptbewaffnung war paarweise in zwei neuen Coles-Türmen montiert. Dadurch, dass ihre Türme direkt auf dem Hauptdeck befestigt waren und sie nur weiter hinten im Schiff eine kleine Panzerbrücke hatte, besaß sie eine niedrige Silhouette. Schwenkbare Metallschanzkleider, die im Einsatz nach unten geklappt wurden, schützten das Deck vor hohem Wellengang. 1867 wurden die vorderen Waffen durch 203-mm-Kanonen ersetzt. 1893 wurde die *Rolf Krake* zum Schulschiff, bevor sie 1907 verkauft wurde.

Herkunftsland:	Dänemark
Besatzung:	150
Gewicht:	1.341 t
Maße:	56 m x 11,6 m x 3,2 m
Reichweite:	2.130 km (1150 nm) bei 8 Knoten
Panzerung:	112–76 mm an der Hülle, 112 mm an den Türmen (verstärkt durch 229 mm Holz)
Bewaffnung:	vier 68-Pfünder-Kanonen
Motorisierung:	eine Schraube, ein Verbundexpansionsmotor
Leistung:	9,5 Knoten

Roma

Die 1863 auf Kiel gelegte und 1869 fertig gestellte *Roma* war ein Breitseiten-Panzerschiff mit hölzerner Hülle und 2.960 qm Segelfläche. Sie wurde 1874/75 mit elf 254-mm-Kanonen neu bewaffnet. 1870 nahm sie an der Befreiung Roms und 1873 in Spanien an der Blockade Cartagenas teil, welche auf die nach der Einsetzung von König Carlos VII. von Spanien folgenden Aufstände von den führenden europäischen Mächten durchgeführt wurde. Durch Aufständische eroberte Kriegsschiffe sollten am Auslaufen gehindert werden. 1886 diente die *Roma* als Flaggschiff der Verteidigungstruppen, die La Spezia beschützten. 1895 wurde sie aus dem aktiven Dienst entfernt und als Munitionslagerschiff verwendet. Die *Roma* wurde im Juli 1896 versenkt, um eine Explosion zu verhindern, nachdem sie durch einen Blitzeinschlag in Brand geraten war. Im August wurde sie wieder flott gemacht und anschließend abgewrackt.

Herkunftsland:	Italien
Besatzung:	551
Gewicht:	6.250 t
Maße:	79,6 m x 17,5 m x 7,6 m
Reichweite:	3.500 km (1.940 nm) bei 10 Knoten
Panzerung:	150-mm-Gürtel
Bewaffnung:	fünf 254-mm-, zwölf 203-mm-Kanonen
Motorisierung:	eine Schraube, ein Expansionsmotor
Leistung:	13 Knoten

Royal Sovereign

Der Kampf von Hampton Roads zwischen dem Turmschiff *Monitor* und dem Breitseiten-Schiff *Virginia* hatte weitreichende Folgen auf die britische Marineplanung. Es war klar, dass das Turmschiff bei weitem überlegen war, und so wurden Versuchsschiffe wie die *Royal Sovereign* gebaut. Durch die Einführung des Panzerschiffs besaß Großbritannien nun eine große Flotte veralteter Schlachtschiffe aus Holz. 1862 begannen die Umwandlung mit dem 121-Kanonen-Doppeldecker *Royal Sovereign* zu Großbritanniens erstem gepanzerten Turmschiff. Die obersten zwei Decks wurden abgeschnitten, und man befestigte fünf 266-mm-Kanonen in vier Türmen. Der Vorderturm beherbergte zwei Kanonen. Die Einzeltürme waren auf der Mittellinie angebracht. Sie wogen 153–165 Tonnen und wurden manuell bedient. Eine leichte Takelung zur Stabilisierung wurde angebracht. Das erhöhte Gewicht der Panzerung senkte die Geschwindigkeit von 12,2 auf 11 Knoten. 1885 wurde sie zur Verschrottung verkauft.

Herkunftsland:	Großbritannien
Besatzung:	300
Gewicht:	5.161 t
Maße:	73,3 m x 18,9 m x 7,6 m
Reichweite:	2.779 km (1.500 nm) bei 10 Knoten
Panzerung:	140–112-mm-Gürtel, 140–254 mm an den Türmen
Bewaffnung:	fünf 266-mm-Kanonen
Motorisierung:	eine Schraube, Rückschlagmotoren mit Pleuelstange
Leistung:	11 Knoten

Royal Sovereign

Die von Sir William White entworfene *Royal Sovereign* wurde in der Werft von Portsmouth im September 1889 auf Kiel gelegt und 1892 fertig gestellt. Sie war eines der 70 unter dem Marineverteidigungsgesetz von 1889 bestellten Schiffe und setzte den Standard für die meisten folgenden Vorgängermodelle der Dreadnought. Bei dem neuen Entwurf spielte der Gedanke einer gesteigerten Kampfeffizienz bei Beibehaltung der Fahrtgeschwindigkeit eine große Rolle. Dies konnte nur in einem Barbetten-Schiff verwirklicht werden, dessen Kanonen hoch über der Wasserlinie lagen und das zur besseren Hochseetauglichkeit einen hohen Freibord hatte. Die *Royal Sovereign* wurde 1919 verschrottet. Von den Schiffen der Royal-Sovereign-Klasse – der *Empress of India*, der *Ramillies*, der *Repulse*, der *Resolution*, der *Revenge* und der *Royal Oak* – diente nur noch die *Revenge* im 1. Weltkrieg, nachdem sie 1914 für Bombardierungen wieder in Dienst gestellt und im August 1915 in *Redoubtable* umbenannt worden war. Sie wurde 1919 abgewrackt.

Herkunftsland:	Großbritannien
Besatzung:	712
Gewicht:	15.830 t
Maße:	125 m x 22,8 m x 8,3 m
Reichweite:	15.750 km (4.720 nm) bei 15 Knoten
Panzerung:	450–356-mm-Gürtel, 425–279 mm an den Barbetten
Bewaffnung:	vier 343-mm-, zehn 152-mm-Kanonen
Motorisierung:	Zwillingsschrauben, drei Expansionsmotoren
Leistung:	16,5 Knoten

Ryujo

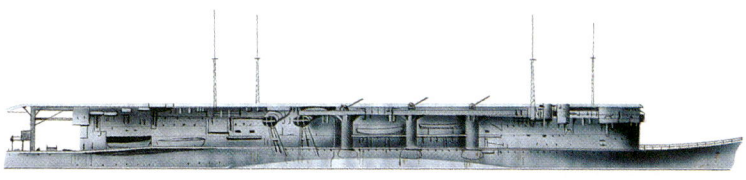

Die 1931 vom Stapel gelaufene *Ryujo* war Japans erster größerer Flugzeugträger. Sie hatte die Hülle eines Kreuzers, was ihre Breite beschränkte, so dass ein zweiter Hangar über den ersten gebaut wurde. Dies führte zu einem erhöhten Schwerpunkt und zu Instabilität. So musste sie fast sofort nach ihrer Fertigstellung im Mai 1933 zu Veränderungen in die Werft zurückkehren. 1934–1936 wurden ihre Hülle verstärkt und ihre Bilgen erweitert. Sie war eines der Schiffe, die im Dezember 1941 die japanischen Landungen auf den Philippinen und im Februar 1942 auf Niederländisch-Indien deckten. Im folgenden April ging die *Ryujo* als Teil der japanischen Trägertruppe auf einen größeren Einsatz in den Indischen Ozean gegen das damalige Ceylon. Sie fuhr anschließend wieder zu Operationen gegen die Insel Midway zurück in den Pazifik und wurde von einem Flugzeug der USS *Saratoga* im August 1942 in der Schlacht bei den östlichen Salomonen versenkt.

Herkunftsland:	Japan
Besatzung:	924 (nach 1936)
Gewicht:	10.150 t
Maße:	175,3 m x 23 m x 5,5 m
Reichweite:	18.530 km (10.000 nm) bei 14 Knoten
Panzerung:	leichte Platten um Magazine und Maschinenräume
Bewaffnung:	zwölf 127-mm-Kanonen
Motorisierung:	Zwillingsschrauben, Turbinen
Leistung:	29 Knoten

Sachsen

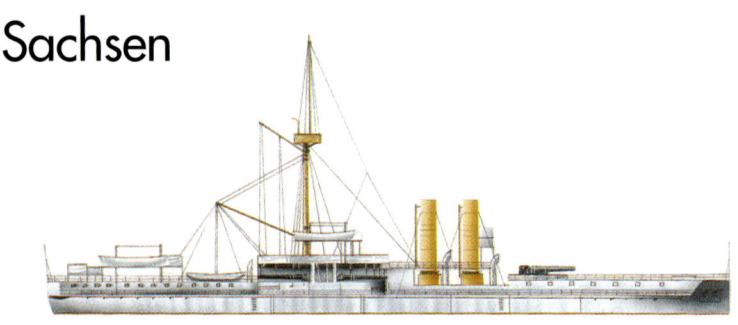

Die 1878 fertig gestellte *Sachsen* gehörte mit der *Baden*, der *Bayern* und der *Württemberg* zu einer Klasse von vier Schiffen, die von früheren Plänen für deutsche zentrale Batterieschiffe und Breitseiten-Panzerschiffe abwichen. Zwei der 260-mm-Kanonen befanden sich in einer birnenförmigen Redoute auf dem Vorderdeck, der Rest in einer rechteckigen Barbette achtern des Schornsteins. Die zentrale Zitadelle, deren Enden durch das Panzerdeck geschützt wurden, war gepanzert. Die *Sachsen* hatte keine Segel, aber einen militärischen Mast achtern. 1886 bekam sie drei Torpedoröhren und in den späten 1890er Jahren eine neue Panzerung und neue Motoren. Sie wurde 1910 ausrangiert. Die *Baden* war das Flaggschiff der Flotte, diente 1920 als Übungsziel und wurde 1938 in Kiel abgewrackt. Die *Bayern* erlitt ein ähnliches Schicksal, während die *Württemberg* als Torpedoschulschiff diente, bevor sie 1920 in Wilhelmshaven abgewrackt wurde.

Herkunftsland:	Deutschland
Besatzung:	317
Gewicht:	5.767 t
Maße:	98,2 m x 18,3 m x 6,5 m
Reichweite:	9.265 km (5.000 nm) bei 12 Knoten
Panzerung:	254–203 mm an der Zitadelle, 63,5–51 mm an Deck
Bewaffnung:	sechs 260-mm-, sechs 86-mm-Kanonen
Motorisierung:	Zwillingsschrauben, ein horizontaler Expansionsmotor
Leistung:	13,5 Knoten

Salamander

Die *Salamander* war Österreichs erstes Panzerschiff. Sie wurde 1861 auf Kiel gelegt und 1862 – nach einer der kürzesten Bauzeiten für einen neuen Fahrzeugtyp – fertig gestellt. Sie war ein Breitseitenschiff mit Holzhülle und hatte an der Wasserlinie einen Panzergürtel, der zum Schutz der Batterie am Fockmast weiter nach oben reichte. 1869/70 wurde sie neu ausgestattet sowie bewaffnet und bekam eine größere Segelfläche. Nachdem sie 1883 außer Dienst gestellt worden war, diente sie bis zu ihrer Verschrottung 1896 als Minenlager. Das andere Schiff ihrer Klasse, die *Drache*, wurde im November 1862 fertig gestellt. Wie ihr Schwesterschiff nahm auch sie an der Schlacht von Lissa 1866 teil, in der sie beschädigt wurde. 1867/68 wurde sie neu ausgestattet und bewaffnet, 1875 außer Dienst gestellt und 1883 abgewrackt. Beide Schiffe wurden als Reaktion auf Sardiniens Formidabile-Klasse gepanzerter Korvetten mit Eisenhülle entwickelt.

Herkunftsland:	Österreich
Besatzung:	346
Gewicht:	3.075 t
Maße:	62,8 m x 13,9 m x 6,3 m
Reichweite:	2.779 km (1.500 nm) bei 10 Knoten
Panzerung:	115-mm-Gürtel
Bewaffnung:	vierzehn 150-mm-, vierzehn 68-Pfünder-Kanonen
Motorisierung:	eine Schraube, horizontale Niedrigdruck-Motoren
Leistung:	11,3 Knoten

Scharnhorst

Die 1936 vom Stapel gelaufenen *Scharnhorst* und die *Gneisenau* wurden als schnelle Handelsstörer entwickelt. Da sie den 400-mm-Kanonen britischer Schlachtschiffe unterlegen waren, existierten Pläne, ihre Hauptbewaffnung auf 380 mm zu vergrößern. Durch den Krieg aber gingen die vorgesehenen Türme für größere Kanonen an die *Bismarck*. Die *Scharnhorst* wurde im April 1940 bei der Besetzung Norwegens beschädigt. Dennoch versenkte sie im nächsten Monat den Träger *Glorious*. Die *Scharnhorst* wurde während der nächsten zwei Jahre von Schiffen, Flugzeugen und Mini-U-Booten angegriffen, blieb jedoch betriebsbereit. Im Februar 1942 entkam sie aus dem französischen Hafen Brest und machte ihre berühmte Fahrt durch den Ärmelkanal. Dabei lief sie unterwegs auf Minen und wurde beschädigt. Als sie auf dem Weg war, einen Arktis-Konvoi anzugreifen, wurde die *Scharnhorst* schließlich im Dezember 1943 von der *Duke of York* und drei Kreuzern versenkt.

Herkunftsland:	Deutschland
Besatzung:	1.840
Gewicht:	38.277 t
Maße:	229,8 m x 30 m x 9,91 m
Reichweite:	16.306 km (8.800 nm) bei 19 Knoten
Panzerung:	343–168-mm-Gürtel, 356–152 mm an den Haupttürmen, 75 mm an Deck
Bewaffnung:	neun 279-mm-, zwölf 150-mm-Kanonen
Motorisierung:	drei Turbinen mit Getriebewellen
Leistung:	32 Knoten

Sewastopol

Die *Sewastopol* war Russlands erstes hochseetaugliches Panzerschiff. Sie wurde 1860 als ungepanzerte Fregatte mit Holzhülle und 28 60-Pfünder-Kanonen auf Kiel gelegt. Ihre Umwandlung zum Schlachtschiff begann 1862 und war 1865 beendet. Ihre Panzerbatterie war 60 m lang und lag mittschiffs. Zwei der 203-mm-Kanonen befanden sich außerhalb der Batterie, über deren ganze Länge Panzerschotten gingen. Die *Sewastopol* wurde in den 1880er Jahren aus dem aktiven Dienst entfernt. Sie war eines von zwei in Panzerschiffe umgewandelten Holzschiffen. Ihnen folgte Russlands erstes Panzerkriegsschiff, die *Perwenez*, und fortschrittlichere Panzerschiffe wie die Panzerfregatten *Poscharskij*, *Minin* und *General Admiral*. In dieser Zeit wurden durch russische Konstrukteure auch einige eher ungewöhnliche Schiffe entwickelt, wie die Klasse runder Panzerschiffe von A.A. Popow.

Herkunftsland:	Russland
Besatzung:	607
Gewicht:	6.228 t
Maße:	89,9 m x 15,8 m x 7,9 m
Reichweite:	4.632 km (2.500 nm) bei 10 Knoten
Panzerung:	112 mm Schmiedeeisen an Seiten und Batterie
Bewaffnung:	sechzehn 203-mm-, eine 152-mm-, acht 86-mm-Kanonen
Motorisierung:	eine Schraube, horizontale Rückschlagmotoren
Leistung:	12 Knoten

Shinano

Bei ihrer Fertigstellung war die *Shinano* der größte Flugzeugträger der Welt, aber sie sollte die kürzeste Laufbahn eines Kriegsschiffs ihrer Art haben, als sie am 29. November 1944 vom amerikanischen U-Boot *Archerfish* versenkt wurde. Die *Shinano* war ein Schlachtschiff der Yamato-Klasse, wurde jedoch nach den Trägerverlusten in der Schlacht von Midway in einen Hilfsträger mit riesiger Ladekapazität, so dass sie nicht nur Treibstoff- und Ersatzteilvorräte, sondern auch Flugzeuge für die japanischen Einsatztruppen transportieren konnte. Ihr einstöckiger Hangar war 168 m lang. Ihr eigenes Luftgeschwader von 40–50 Flugzeugen befand sich vorn, während die Ersatzflugzeuge für die Einsatztruppen achtern untergebracht waren. Sie wurde auf ihrem Weg nach Kure zur endgültigen Ausstattung torpediert und versenkt. Die Schlacht von Midway war für den Ausgang des Krieges im Pazifik sehr bedeutend. Der folgende Mangel an starken Trägergruppen setzte japanischen Hoffnungen auf weitere Erfolge ein Ende.

Herkunftsland:	Japan
Besatzung:	2.400
Gewicht:	74.208 t
Maße:	266 m x 40 m x 10,3 m
Reichweite:	13.340 km (7.200 nm) bei 16 Knoten
Panzerung:	202-mm-Gürtel, 77,5 mm auf dem Flugdeck, 187 mm auf dem Hangardeck
Bewaffnung:	sechzehn 127-mm-, 145 25-mm-Kanonen, 336 Raketenwerfer, 70 Flugzeuge
Motorisierung:	vier Schrauben, Turbinen
Leistung:	28 Knoten

South Dakota

Die 1942 in Dienst gestellte *South Dakota* war das erste von vier Schlachtschiffen ihrer Klasse, die ausdrücklich dafür entworfen wurden, Treffer von 400-mm-Kanonen auszuhalten und gleichzeitig bis zu 27 Knoten schnell zu sein. Die im Juni 1941 vom Stapel gelaufene *South Dakota* wurde als Truppenflaggschiff gestaltet. Vor Guadalcanal war 1942 die Verteidigung der Enterprise-Einsatzgruppe hauptsächlich ihr Verdienst. Später nahm sie an der Nachtaktion teil, die zur Zerstörung des japanischen Schlachtschiffs *Kirishima* führte. 1944 war sie in der Schlacht vor den Philippinen dabei und später in der Bucht von Tokio bei der offiziellen Kapitulation Japans im August 1945, als sie die Flagge des Befehlshabers der US-Pazifikflotte – Admiral Halseys – trug. Im Einsatz wurde sie drei Mal beschädigt: bei der Schlacht von Santa Cruz, bei Guadalcanal und vor Saipan. Die *South Dakota* wurde 1946 außer Dienst gestellt und 1962 verkauft.

Herkunftsland:	USA
Besatzung:	1.793
Gewicht:	43.806 t
Maße:	207,3 m x 34 m x 10,7 m
Reichweite:	27.000 km (15.000 nm) bei 12 Knoten
Panzerung:	304-mm-Gürtel, 282–432 mm an den Barbetten, 450 mm an den Türmen
Bewaffnung:	neun 400-mm-, zwanzig 127-mm-Kanonen
Motorisierung:	vier Schrauben, vier turboelektrische Turbinen
Leistung:	27,5 Knoten

Sparviero

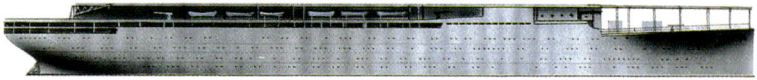

Im Jahr 1936 entstand die Idee, dass das große Linienschiff *Augustus* möglicherweise die Grundlage für einen Flugzeugträger sein konnte. Obwohl anfangs zurückgewiesen, wurde die Idee 1942 überarbeitet, und man entschied sich, die *Augustus* in einen Hilfsträger umzuwandeln. Sie wurde in *Falco* und später in *Sparviero* umbenannt. Als ihre Aufbauten entfernt waren, wurde sie von den Deutschen 1944 zum Einsatz als Blockadeschiff beschlagnahmt. Noch im selben Jahr wurde sie versenkt. Obwohl Italien mit vier Schlachtschiffen bei seiner Kriegserklärung die größte Seemacht im Mittelmeer darstellte, wurde die Schlachtflotte immer nur zur Verteidigung eingesetzt, besonders nach dem Luftangriff britischer Wasserflugzeuge auf Tarent, wobei drei Großkampfschiffe kampfunfähig gemacht wurden.

Herkunftsland:	Italien
Besatzung:	unbekannt
Gewicht:	30.480 t
Maße:	202,4 m x 25,2 m x 9,2 m
Reichweite:	unbekannt
Panzerung:	unbekannt
Bewaffnung:	sechs 152-mm-, vier 102-mm-Kanonen (beabsichtigt)
Motorisierung:	vier Schrauben, Dieselmotoren
Leistung:	18 Knoten (als Linienschiff)

Stonewall

Die in Bordeaux gebaute und 1863 in Dienst gestellte *Stonewall* sollte das letzte Panzerschiff der konföderierten Marine sein. Die 229-mm-Kanone befand sich am Bug über der Ramme und konnte direkt nach vorn oder durch Schießscharten an den Seiten feuern. Wegen der französischen Neutralität wurde das Schiff über Dänemark geliefert, wo sie unter den Namen *Staerkodder* und *Olinde* lief. Nach ihrer Atlantiküberquerung kam sie im Mai 1865 nach Ende des Bürgerkriegs in Havanna an. Die *Stonewall* wurde den Truppen der Union übergeben und anschließend nach Japan verkauft, wo sie in *Adzuma* umbenannt wurde. 1888 wurde sie aus dem aktiven Dienst entfernt und als Unterkunftsschiff verwendet. In konföderierten Diensten wurde sie zu Ehren von General Thomas Jonathan Jackson (1824–1863) nach seinem Spitznamen „Stonewall" getauft, der in der Schlacht von Chancellorsville umkam. Die *Adzuma* wurde nur kurz in japanischen Diensten eingesetzt.

Herkunftsland:	Konföderierte Staaten von Amerika
Besatzung:	130
Gewicht:	1.585 t
Maße:	60 m x 32 m x 16 m
Reichweite:	3.706 km (2.000 nm) bei 8 Knoten
Panzerung:	112–89-mm-Gürtel, 140 mm über der Bugkanone, 850 mm Holzverstärkung hinter der seitlichen Panzerung
Bewaffnung:	eine 228-mm-, zwei 70-Pfünder-Kanonen
Motorisierung:	Zwillingsschrauben, horizontale direkt übersetzte Motoren
Leistung:	10 Knoten

Sultan

Die *Sultan* wurde 1868 auf Kiel gelegt und 1870 in Dienst gestellt. Ihre geriffelten 254-mm-Vorderladerkanonen befanden sich alle in der 25,3 m langen, gepanzerten Batterie, wobei die vordere Kanone durch Schießscharten nach vorn feuerte. Sie war mit 4.590 qm Segelfläche zwar wie ein Vollschiff getakelt, kam aber nur mit langsamer Fahrtgeschwindigkeit voran. Die *Sultan* war dennoch eines der stärksten und am schwersten bewaffneten Schiffe, die jemals mit zentraler Batterie gebaut wurden. 1882 nahm sie an der Bombardierung Alexandrias teil, fuhr aber im selben Jahr vor Malta auf einen Felsen. Nach ihrer Bergung wurde sie 1893–96 instand gesetzt. 1906 leistete sie als Schulschiff für Feuerwerker in Portsmouth inaktiven Dienst und wurde in *Fisgard IV*. umbenannt. Sie war viele Jahre ein mechanisches Schulschiff und kehrte 1932 zu ihrem ursprünglichen Namen zurück. Ihre letzten Tage verbrachte die *Sultan* als minensuchendes Lagerschiff. 1945 wurde sie verschrottet.

Herkunftsland:	Großbritannien
Besatzung:	633
Gewicht:	9.693 t
Maße:	99 m x 18 m x 8 m
Reichweite:	3.965 km (2.140 nm) bei 10 Knoten
Panzerung:	304–152-mm-Gürtel (304–254 mm Holzverstärkung), 229 mm an der Hauptbatterie, 203 mm an der oberen Batterie
Bewaffnung:	acht 254-mm-, vier 228-mm-Kanonen
Motorisierung:	eine Schraube, horizontale Motoren mit Laufrad
Leistung:	14,1 Knoten

Taiho

Die *Taiho* war Japans größter Flugzeugträger und der erste mit Panzerdeck. Sie wurde im Juli 1941 auf Kiel gelegt und ging im März 1944 in Dienst. Die zweistöckigen Hangars waren 150 m lang und an den Seiten ungepanzert. Der untere Hangar war über den Dampfkessel- und Maschinenräumen 124 mm dick und an den Seiten zusätzlich mit 150 mm gepanzert. Das Flugdeck hatte eine 75-mm-Panzerung, um einer 455-kg-Bombe standzuhalten. Insgesamt wog die Panzerung 8.950 Tonnen. Die *Taiho* wurde nur wenige Wochen, nachdem sie in Dienst gestellt worden war, vom amerikanischen U-Boot *Albacore* am 19. Juni 1944 bei der Schlacht im Philippinenmeer in die Luft gesprengt. Noch zwei weitere Schiffe dieser Klasse waren geplant (Nr. 801 und 802), zusammen mit fünf weiteren eines modifizierten Taiho-Typs (Nr. 5021–5025), aber keines von ihnen wurde jemals auf Kiel gelegt. Die *Taiho* war im Entwurf der *Shokaku* ähnlich.

Herkunftsland:	Japan
Besatzung:	1751
Gewicht:	37.866 t
Maße:	260,6 m x 30 m x 9,6 m
Reichweite:	14.824 km (8.000 nm) bei 18 Knoten
Panzerung:	150–55-mm-Gürtel, 77,5 mm auf dem Flugdeck
Bewaffnung:	zwölf 100-mm-, 71 25-mm-Kanonen
Motorisierung:	vier Schrauben, Turbinen
Leistung:	33,3 Knoten

Tegetthoff

Die 1878 vom Stapel gelaufene und 1881 in Dienst gestellte *Tegetthoff* war Österreichs letztes Panzerschiff mit zentraler Batterie und gleichzeitig das größte Großkampfschiff, das die Marine in den nächsten 20 Jahren erhielt. Sie war nach Admiral Wilhelm von Tegetthoff, dem Sieger der Schlacht von Lissa, benannt. 1897 wurde sie zur schwimmenden Batterie bei Pola und 1912 in *Mars* umbenannt. 1918 wurde sie Italien als Reparation abgetreten und 1920 verschrottet. Die österreichische Marine erholte sich nach einer Flaute mit dem Bau der Monarch-Klasse 1893. Sechs Jahre später wurde die Habsburg-Klasse auf Kiel gelegt. Auch wenn neue Schiffe immer schneller produziert werden konnten, bremsten fehlende Finanzen den Fortschritt des Schiffsbaus. Schließlich trug die Unkenntnis einiger Schiffswerften dazu bei, dass minderwertige Schiffe gebaut wurden.

Herkunftsland:	Österreich
Besatzung:	575
Gewicht:	7.550 t
Maße:	92,5 m x 21,8 m x 7,6 m
Reichweite:	6.114 km (3.300 nm) bei 10 Knoten
Panzerung:	356 mm an Gürtel und Kasematten
Bewaffnung:	sechs 280-mm-, sechs 90-mm-Kanonen
Motorisierung:	eine Schraube, ein horizontaler Tiefdruckmotor
Leistung:	14 Knoten

Temeraire

Die 1877 in Dienst gestellte *Temeraire* war Großbritanniens erstes Barbetten-Schiff, das an jedem Ende des Oberdecks eine 280-mm-Kanone in einer birnenförmigen Barbette hatte. Die 254-mm-Kanonen befanden sich in einer zentralen Batterie. Als größtes Fahrzeug ihrer Art war die *Temeraire* ursprünglich mit 2.320 qm Segelfläche wie eine Brigg getakelt, obwohl ihre Takelung später verringert wurde. 1882 nahm sie an der Bombardierung Alexandrias teil. 1902 wurde sie ein Lager- und Werkstattschiff. Sie wurde 1904 in *Indus II.* umbenannt und später in *Akbar.* 1921 wurde sie verkauft. Die *Temeraire* fuhr zu einer Zeit bedeutsamer Änderungen in Europa. Das 1871 gegründete Deutsche Reich hatte 1882 mit Österreich-Ungarn und Italien den geheim gehaltenen Dreibund geschlossen. Diesem Verteidigungsbündnis stellten Russland und Frankreich 1891/92 ihren Zweibund entgegen. Die Machtblöcke, die später am 1. Weltkrieg teilnahmen, formten sich.

Herkunftsland:	Großbritannien
Besatzung:	580
Gewicht:	8.677 t
Maße:	86,9 m x 18,9 m x 8,2 m
Reichweite:	5.000 km (2.700 nm) bei 10 Knoten
Panzerung:	279–5,5-mm-Gürtel (mit 305 mm Holzverstärkung), 203 mm an der Batterie
Bewaffnung:	vier 280-mm-, vier 254-mm-Kanonen
Motorisierung:	Zwillingsschrauben, senkrecht hängende Verbundmotoren
Leistung:	14,7 Knoten

Tennessee

Als die Konföderierten Staaten von Amerika am 21. Februar 1861 gegründet wurden, hatten sie keine Marine außer einigen bei Norfolk (Virginia) eroberten Schiffen. Der Bau von Kriegsschiffen und Waffen war problematisch. Beim Bau von kasemattierten Panzerschiffen orientierte man sich an der erfolgreichen *Merrimac*. Alle Schiffe waren in den Südhäfen isoliert. Die *Tennessee* war das größte von der Konföderation gebaute Panzerschiff und die Hauptmacht bei der Verteidigung der Bucht von Mobile in Alabama. Die 1862 auf Kiel gelegte *Tennessee* wurde nach ihrem Stapellauf zu ihrer Fertigstellung von dem Panzerschiff *Baltic* nach Mobile hinabgeschleppt. Der abwärts strömende Fluss machte es fast unmöglich, die Tennessee über Hindernisse zu schleppen, und so wurden riesige hölzerne Schwimmer gebaut und an das Schiff gebunden, damit sie beweglicher wurde. Die *Tennessee* wurde von Truppen der Union nach einem dreistündigen Kampf am 5. August 1864 erobert. Sie wurde später in den Dienst der US-Marine gestellt.

Herkunftsland:	Konföderierte Staaten von Amerika
Besatzung:	113
Gewicht:	1.293 t
Maße:	64 m x 14,6 m x 4,3 m
Reichweite:	unbekannt
Panzerung:	152–127 mm an den Seiten, 50 mm an Deck
Bewaffnung:	zwei 181-mm-, vier 152 mm-Kanonen
Motorisierung:	eine Schraube, ungekühlte Motoren
Leistung:	7 Knoten

Texas

Die *Texas* war letztere größere Kriegsschiff im Dienst der Konföderierten Staaten von Amerika. Sie war eines der stärksten Panzerschiffe und das einzige mit Zwillingsschrauben. Sie wurde in Rocketts, einem Vorort Richmonds, auf Kiel gelegt und nach ihrem Stapellauf in die Stadt gebracht. Vier ihrer Kanonen wurden auf Drehpunkte montiert, von denen aus sie nach vorn, achtern und durch Schießscharten auch seitwärts feuern konnten. Die beiden übrigen Kanonen kamen an die Seiten des Schiffs. Bei den Kanonen handelte es sich um starke und fortschrittliche Brooke-Geschütze. Als Richmond am 3. April 1865 fiel, versäumten es die Konföderierten, die *Texas* zu sprengen, und so wurde sie von der Union beschlagnahmt und in die Marinewerft nach Norfolk gebracht. Im gesamten Amerikanischen Bürgerkrieg konnte die konföderierte Marine nie die Hoheit zur See gewinnen. Am Ende des Krieges waren alle Schiffe versenkt, erobert oder angebohrt worden.

Herkunftsland:	Konföderierte Staaten von Amerika
Besatzung:	50
Gewicht:	unbekannt
Maße:	66 m x 15,3 m x 3,9 m
Reichweite:	unbekannt
Panzerung:	102 mm an der Batterie
Bewaffnung:	sechs 163-mm-Kanonen
Motorisierung:	Zwillingsschrauben, horizontale direkt übersetzte Motoren
Leistung:	8 Knoten

Texas

Die *Texas* wurde 1886 bewilligt, im Juni 1889 auf Kiel gelegt und 1895 fertig gestellt. Sie wurde in Großbritannien entwickelt und erwies sich als sehr seetüchtig, aber ihre Hülle musste nach ersten Probefahrten verstärkt werden. Bis 1904 war der Schornstein erhöht und den Turmhebevorrichtungen mehr Panzerung hinzugefügt worden. Die *Texas* nahm am 3. Juli 1898 im Spanisch-Amerikanischen Krieg an der Schlacht von Santiago teil. Die spanischen Kreuzer hatten nur geringe Chancen gegen die amerikanischen Kriegsschiffe, zu denen auch das Schlachtschiff *Iowa* mit vier 305-mm- und acht 203-mm-Kanonen gehörte. Die Schlacht unterstrich den Bedarf nach verbesserter Marineartillerie. Die siegreichen Amerikaner feuerten 9.500 Schuss ab, konnten aber nur 123 Treffer erzielen. 1911 wurde die *Texas* in *San Marcos* umbenannt und 1912 als Übungsziel zerstört.

Herkunftsland:	USA
Besatzung:	508
Gewicht:	6.772 t
Maße:	91 m x 19,5 m x 6,8 m
Reichweite:	5.373 km (2.900 nm) bei 10 Knoten
Panzerung:	305–152-mm-Gürtel, 305 mm an Türmen und Redouten
Bewaffnung:	zwei 305-mm-, zwei 152-mm-Kanonen
Motorisierung:	Zwillingsschrauben, drei senkrechte Expansionsmotoren
Leistung:	17 Knoten

Tiger

Die 1914 fertig gestellte *Tiger* sollte mit kleinen Röhrendampfkesseln und verzahnten Turbinen ausgerüstet werden. Wäre der Plan tatsächlich umgesetzt worden, hätte ihre Höchstgeschwindigkeit 32 Knoten betragen. Aber auch so war die *Tiger* das schnellste und größte Großkampfschiff ihrer Zeit. Ebenso war sie das letzte Kohle verbrennende Großkampfschiff der britischen Marine und der einzige britische Schlachtkreuzer mit 152-mm-Kanonen. Sie nahm 1915 an der Schlacht bei der Dogger Bank und 1916 an der Schlacht von Jütland teil, bei der sie 15 Volltreffer erhielt. Schlachtkreuzer wie die *Tiger* waren verwundbar, wenn sie ihre Geschwindigkeit und Feuerkraft nicht ausnutzen konnten, aber das Überleben hing nicht nur von der Zahl, sondern vor allem vom Ort der Treffer ab. Die *Tiger* überstand die Schlacht also mit 15 Treffern, während die drei versenkten Schiffe gerade einmal von sechs 279-mm- und 305-mm-Granaten getroffen wurden. Nach dem 1. Weltkrieg diente die *Tiger* bei der Atlantikflotte, bis sie 1924 zum Schulschiff wurde. 1933 wurde sie ausgemustert.

Herkunftsland:	Großbritannien
Besatzung:	1.121
Gewicht:	35.723 t
Maße:	214,6 m x 27,6 m x 8,6 m
Reichweite:	8.370 km (4.650 nm) bei 12 Knoten
Panzerung:	229–75-mm-Gürtel, 229 mm an Türmen und Barbetten
Bewaffnung:	acht 343-mm-, zwölf 152-mm-Kanonen
Motorisierung:	vier Schrauben, Turbinen
Leistung:	30 Knoten

Tsessarewitsch

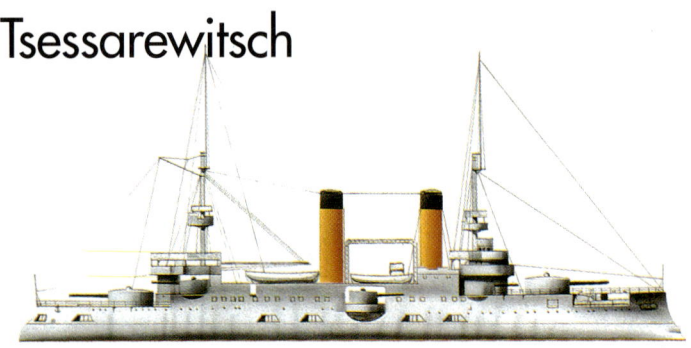

Die im Juni 1899 in La Seyne-sur-Mer auf Kiel gelegte und 1903 fertig gestellte *Tsessare-witsch* war Teil des russischen Marineerweiterungsprogramms von 1898. Ihr Entwurf folgte der französischen Praxis und hatte ausgeprägte Schwalbennester und ein hohes Vor-derdeck. Sie wurde der Pazifikflotte zugeteilt und trug die Flagge von Konteradmiral Vitgeft, der das erste Pazifikgeschwader befehligte. Beim japanischen Überraschungsangriff auf Port Arthur am 9. Februar 1904 wurde sie beschädigt. Am 7. August desselben Jahres wurde sie von den Belagerungsbatterien vor Port Arthur getroffen und drei Tage später durch 15 Treffer in der Schlacht im Gelben Meer beschädigt, wobei der Konteradmiral umkam. Sie floh nach Jia-zhou in China und wurde dort interniert. Während des 1. Weltkriegs leistete sie ihren Dienst in der Ostsee, wo sie sich einen Kampf mit dem deutschen Dreadnought *Kronprinz* lieferte, und wurde in *Graschdanin* umbenannt. 1922 wurde sie verschrottet.

Herkunftsland:	Russland
Besatzung:	782
Gewicht:	13.122 t
Maße:	118,5 m x 23,2 m x 7,9 m
Reichweite:	10.192 km (5.500 nm) bei 10 Knoten
Panzerung:	254–178-mm-Gürtel, 254 mm an den Hauptürmen, 152 mm an den Sekundärtürmen
Bewaffnung:	vier 304-mm-, zwölf 152-mm-, zwanzig 3-Pfünder-Kanonen
Motorisierung:	Zwillingsschrauben, drei senkreche Expansionsmotoren
Leistung:	18,5 Knoten

Tsukuba

Die *Tsukuba* wurde 1904 als Ersatz für eines der beiden starken, im Krieg mit Russland verlorenen Schlachtschiffe bestellt. Sie wurde 1905 in der Marinewerft Kure auf Kiel gelegt und ursprünglich als Panzerkreuzer klassifiziert. Zur Zeit ihrer Fertigstellung 1907 wurden wesentlich stärkere Schlachtkreuzer für die japanische Marine gebaut, und so stufte man ihr Schwesterschiff *Ikoma* 1921 als Kreuzer erster Klasse neu ein. Im Januar 1917 fing ihr Magazin Feuer, und sie explodierte in der Yokosuka-Bucht, wobei 305 Mann umkamen. Sie wurde später gehoben und abgewrackt. 1914 nahm die *Tsukuba* als Teil des 1. Südmeergeschwaders der japanischen Marine an der Suche nach dem Kampfgeschwader des deutschen Admirals von Spee teil, das östlich der Marshall-Inseln gesichtet worden war. Admiral von Spee entzog sich seinen Verfolgern und gewann im November 1914 die Schlacht von Coronel, wurde aber am 8. Dezember bei den Falklandinseln besiegt und getötet.

Herkunftsland:	Japan
Besatzung:	879
Gewicht:	15.646 t
Maße:	137 m x 23 m x 8 m
Reichweite:	7.412 km (4.000 nm) bei 14 Knoten
Panzerung:	178–102-mm-Gürtel, 178 mm an Türmen und Barbetten, 75 mm an Deck
Bewaffnung:	vier 304-mm-, zwölf 152-mm-Kanonen
Motorisierung:	Zwillingsschrauben, drei senkrechte Expansionsmotoren
Leistung:	20,5 Knoten

Unicorn

Die 1941 vom Stapel gelaufene *Unicorn* wurde als Teil des Marineerweiterungsprogramms von 1938 gebaut und sollte ein Lager- bzw. Wartungsschiff sein. Während des Baus wurde sie verändert, so dass sie sowohl selbst mit Flugzeugen operieren als auch die Flugzeuge anderer Träger warten konnte. Ihre Maschinen entwickelten bis zu 40.000 PS, und sie hatte bei einer Geschwindigkeit von 13 Knoten eine Reichweite von 20.900 km. Nach ihrer Fertigstellung 1943 diente sie im Mittelmeer und patrouillierte anschließend im Atlantik, bevor sie in den Pazifik verlegt wurde. Später wurde sie zum Lagerschiff in Hongkong. 1959/60 wurde sie verschrottet. Bei der britischen Marine erinnert man sich gut an die *Unicorn*, die im Koreakrieg Flugzeuge, Ersatzteile und Mannschaften übersetzte. Die Luftstreitkräfte des britischen Commonwealths in Korea umfassten ein Geschwader Gloster-Meteor-Kampfflugzeuge und dreizehn Seeluftgeschwader auf fünf leichten Flottenträgern.

Herkunftsland:	Großbritannien
Besatzung:	1.200
Gewicht:	20.624 t
Maße:	186 m x 27,4 m x 7,3 m
Reichweite:	20.900 km (11.000 nm) bei 13 Knoten
Panzerung:	112,5 mm auf dem Flugdeck, 100-mm-Gürtel
Bewaffnung:	acht 102-mm-Kanonen
Motorisierung:	Zwillingsschrauben, Turbinen
Leistung:	24 Knoten

Vanguard

Die *Vanguard* war ein erfolgreiches, zentrales Batterieschiff, das für den Dienst in Übersee gebaut worden war. Deshalb wurde großer Wert auf gute Segelfähigkeiten gelegt, da man wahrscheinlich auf kreuzende Panzerschiffe anderer Marinen stoßen würde. Die Schiffe dieser Klasse – neben der *Vanguard* die *Audacious*, die *Invincible* und die *Iron Duke* – wurden als Reaktion auf die französische Alma-Klasse entwickelt, die als erste Panzerschiffe in Barbetten montierte Waffen trug. Die Schiffe der Vanguard-Klasse dienten als schwimmende Geschützplattformen mit guter Segelleistung und der Möglichkeit, axial zu feuern. Die 1870 fertig gestellte *Vanguard* hatte ursprünglich eine Vollschifftakelung, ab 1871 die einer Barke mit 2.200 qm Segelfläche. 1875 sank sie, nachdem sie zuvor im dichten Nebel vor der irischen Küste unabsichtlich von der *Iron Duke* gerammt worden war.

Herkunftsland:	Großbritannien
Besatzung:	450
Gewicht:	6.106 t
Maße:	85,3 m x 16,4 m x 6,8 m
Reichweite:	2.334 km (1.260 nm) bei 10 Knoten
Panzerung:	203–152-mm-Gürtel (verstärkt durch 254–203 mm Teakholz), 152 mm an der Batterie
Bewaffnung:	zehn 229-mm-, vier 152-mm-Kanonen
Motorisierung:	Zwillingsschrauben, horizontale Rückschlagmotoren mit Pleuelstange
Leistung:	14,5 Knoten

Vanguard

Die *Vanguard* war das letzte für die britische Marine gebaute Schlachtschiff. Sie wurde 1941 unter dem Notfallkriegsplan von 1940 bestellt, trat aber erst 1946 in Dienst. Die *Vanguard* war eigentlich eine verlängerte *King George V.* und hatte vier Zwillingstürme auf der Mittellinie. Man beendete den Bau der *Vanguard*, um zumindest ein modernes Großkampfschiff zu haben. Außerdem baute man die 381-mm-Kanonen ein, die zuvor bei Umbauten der Flugzeugträger *Courageous* und *Glorious* entfernt worden waren. 1947 reisten Mitglieder der britischen Königsfamilie mit ihr nach Südafrika. Nach einer Instandsetzung diente sie 1949–51 im Mittelmeer – in erster Linie als Schulschiff. In den 1950er Jahren kam sie zur NATO-Reserve. Sie wurde 1960 zur Verschrottung verkauft.

Herkunftsland:	Großbritannien
Besatzung:	1.893
Gewicht:	52.243 t
Maße:	248 m x 32,9 m x 10,9 m
Reichweite:	16.677 km (9.000 nm) bei 20 Knoten
Panzerung:	356–112-mm-Gürtel, 330–152 mm an den Haupttürmen, 330–280 mm an den Barbetten
Bewaffnung:	acht 380-mm-, sechzehn 140-mm-Kanonen
Motorisierung:	vier Schrauben, Turbinen
Leistung:	30 Knoten

Vasco da Gama

Die 1878 vom Stapel gelaufene *Vasco da Gama* war Portugals einziges Großkampfschiff und ursprünglich in erster Linie für die Verteidigung Lissabons bestimmt. Sie war von Thames Ironworks in London gebaut worden und ein kompaktes und starkes Schiff. Ihre achteckige Batterie, in der sich die zwei 260-mm-Kanonen befanden, erhob sich über dem Hauptdeck. Sie hatte einen 0,9-m-Überbau auf jeder Seite, damit sie axial feuern konnte. In den 1890er Jahren wurde die Takelung auf zwei Masten reduziert. 1901–1903 erlebte sie einen größeren Neuaufbau, bei dem sie neue Kanonen bekam und strukturelle Änderungen durchgeführt wurden. Das 1917 bei Kämpfen nahe Lissabon schwer beschädigte und gestrandete Schiff wurde erst 1937 außer Dienst gestellt und abgewrackt. Sie stand länger als ihre Zeitgenossen in Dienst, da der Plan von 1895, die portugiesische Marine u. a. durch den Bau zweier Küstenkampfschiffe zu vergrößern, nicht umgesetzt werden konnte.

Herkunftsland:	Portugal
Besatzung:	232
Gewicht:	2.518 t
Maße:	65,8 m x 12 m x 5,4 m
Reichweite:	3.335 km (1.800 nm) bei 10 Knoten
Panzerung:	228-mm-Gürtel (verstärkt durch 254 mm Holz), 254 mm an der Batterie,
Bewaffnung:	zwei 260-mm-, ein 152-mm-, zwei 40-Pfünder-Kanonen
Motorisierung:	Zwillingsschrauben, Verbundmotoren
Leistung:	10,3 Knoten

Vauban

Das französische Schlachtschiff *Vauban* war der Inbegriff des gepanzerten französischen Kreuzers. Sie basierte auf der vorangegangenen Bayard-Klasse, hatte aber statt einer Holz- eine mit Holz ummantelte und verkupferte Stahlhülle. Bei ihrer Fertigstellung 1885 war die *Vauban* wie eine Brigg getakelt und besaß 2.155 qm Segelfläche. Diese Takelung wurde jedoch später entfernt, und sie erhielt stattdessen zwei militärische Masten. 1885 wurde sie ausrangiert. Die *Vauban* wurde zu einer Zeit gebaut, als sich die französische Marine in einer Krise befand. 1884 hatte der Marinereformer Admiral Aube den Schlacht-schiffbau ausgesetzt und damit Frankreichs Marinepolitik auf den Kopf gestellt. Erst einige Jahre zuvor hatte Frankreich die technologische Führung zur See durch den Stapellauf der *Gloire* – des ersten Panzerschiffs der Welt – erobert, was zu einem Wettrüsten der Marine zwischen Frankreich und Großbritannien geführt hatte.

Herkunftsland:	Frankreich
Besatzung:	440
Gewicht:	6.210 t
Maße:	81 m x 17,5 m x 7,7 m
Reichweite:	4.632 km (2.500 nm) bei 12 Knoten
Panzerung:	254–150-mm-Gürtel, 198 mm an den Barbetten
Bewaffnung:	vier 238 mm-, zwei 190-mm, sechs 150-mm-Kanonen
Motorisierung:	Zwillingsschrauben, senkrechte Verbundmotoren
Leistung:	14,5 Knoten

Vitoria

Mit ihrer Fertigstellung 1867 wurde Spanien hinter Großbritannien, Frankreich, Italien und Österreich zur fünftgrößten Seemacht der Welt. Sie war eine Breitseiten-Fregatte mit Eisenhülle und Ramme am Bug. Ihre gesamten Kanonen waren auf dem Hauptdeck montiert. Die Vitoria hatte eine wechselhafte Karriere. 1873 wurde sie in Cartagena von Aufständischen geentert. Sie ergab sich dem britischen Schlachtschiff *Swiftsure* und der deutschen *Friedrich Carl*, nachdem ihre Besatzung in Escombera an Land gegangen war. Sie wurde an die spanische Regierung zurückgegeben und im Oktober 1873 gegen aufständische Kriegsschiffe vor Cartagena eingesetzt. Im Januar 1874 war sie an einem Zusammenstoß mit dem britischen Dampfer Ellen Constant beteiligt, welcher daraufhin sank. Sie wurde 1897/98 in Frankreich instand gesetzt und erhielt Schnellfeuerwaffen. Nach 1900 wurde sie als Schulschiff verwendet und 1912 außer Dienst gestellt.

Herkunftsland:	Spanien
Besatzung:	500
Gewicht:	7.250 t
Maße:	96,3 m x 17,3 m x 8 m
Reichweite:	4.447 km (2.400 nm) bei 10 Knoten
Panzerung:	140-mm-Eisengürtel, 125 mm an der Batterie
Bewaffnung:	dreißig 68-Pfünder-Kanonen
Motorisierung:	eine Schraube, ein Verbundmotor
Leistung:	12,5 Knoten

Vittorio Emanuele

Die *Vittorio Emanuele* war eines von vier Schlachtschiffen der Regina-Elena-Klasse. Diese wurden nach einem revolutionären Entwurf gebaut, der eine starke Bewaffnung mit gutem Schutz und hoher Geschwindigkeit bei einer relativ geringen Wasserverdrängung miteinander verband. Die 304-mm-Kanonen befanden sich in Einzeltürmen vorn und achtern, die 203-mm-Kanonen in Zwillingstürmen auf der Ebene des Hauptdecks. Die *Vittorio Emanuele* wurde 1901 auf Kiel gelegt und 1908 fertig gestellt. 1911 nahm sie an Seeoperationen vor Tobruk und an der Bombardierung Bengasis teil. Im folgenden Jahr kreuzte sie in der Ägäis und unterstützte die italienischen Truppen, welche die Insel Rhodos besetzten. 1915–17 diente sie in der Südadria und kehrte 1918 wieder in die Ägäis zurück. Ihr letzter aktiver Einsatz fand bei Konstantinopel in der Türkei statt. Die *Vittorio Emanuele* wurde 1923 außer Dienst gestellt.

Herkunftsland:	Italien
Besatzung:	764
Gewicht:	ca. 12.800 t
Maße:	144,6 m x 22,4 m x 8 m
Reichweite:	18.000 km (10.000 nm) bei 12 Knoten
Panzerung:	245 mm an den Seiten, 37,5 mm auf Deck, 203 mm an den Türmen
Bewaffnung:	zwei 304-mm-, zwölf 203-mm-, sechzehn 76-mm-Kanonen
Motorisierung:	Zwillingsschrauben, drei senkrechte Expansionsmotoren
Leistung:	21,3 Knoten

Vittorio Veneto

Die *Vittorio Veneto* wurde im 2. Weltkrieg mehrmals schwer beschädigt, als ein Torpedo sie im März 1941 traf. Während dieses Angriffs, der von Swordfish-Flugzeugen des Trägers HMS *Formidable* ausgeführt wurde, entkam die *Vittorio Veneto* knapp ihrer Zerstörung. Von drei nahe der Backbordseite und zwei an Steuerbord abgeworfenen Torpedos traf einer direkt über der äußeren Backbordschraube, was zu einem großen Wassereinbruch führte. Sie konnte zwar entkommen, aber die Italiener verloren an diesem Tag drei Kreuzer, zwei Zerstörer und 2.400 Mann. Nach ihrer Reparatur wurde sie erneut torpediert, dieses Mal von dem U-Boot *Urge*. 1943 wurde sie schließlich auch noch auf ihrem Weg nach Malta, um sich den Alliierten zu ergeben, bombardiert. Nach der Kapitulation Italiens wurde die *Vittorio Veneto* im Suezkanal stillgelegt und zwischen 1948 und 1950 abgewrackt.

Herkunftsland:	Italien
Besatzung:	1.950
Gewicht:	46.484 t
Maße:	237,8 m x 32,9 m x 9,6 m
Reichweite:	8.487 km (4.580 nm) bei 16 Knoten
Panzerung:	279–75-mm-Gürtel, 350–279 mm an den Barbetten, 350–200 mm an den Türmen
Bewaffnung:	neun 381-mm-, zwölf 152-mm-, vier 120-mm-, zwölf 89-mm-Kanonen
Motorisierung:	vier Schrauben, Turbinen
Leistung:	31,4 Knoten

Vittorio Veneto

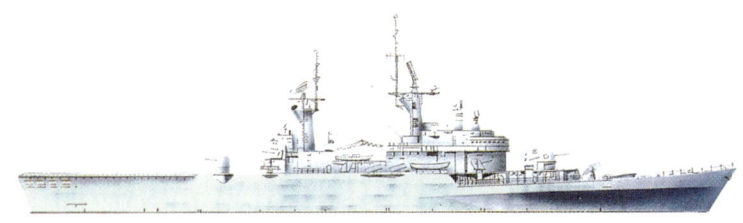

Die 1965 auf Kiel gelegte und 1969 fertig gestellte *Vittorio Veneto* war ein Hubschrauber-kreuzer, der auf die kleinere Andrea-Doria-Klasse aus den 1950er Jahren folgte. Durch ein zusätzliches zweites Deck achtern hatte ihr Hangar eine größere Kapazität. Ein großer zentraler Aufzug befindet sich direkt achtern der Aufbauten, und zwei Sätze von Kielflossen-stabilisatoren machen sie zu einer festen Hubschrauberplattform. Sie erlebte 1981–84 eine größere Neuausstattung, bei der ihre Raketenbewaffnung und ihr Radar verbessert wurden. Ihr normales Luftgeschwader besteht aus sechs U-Boot-Abwehrhubschraubern vom Typ Sea King oder neun AB212-Hubschraubern. Sie ist mit einem Aster-SAM/ASW-Raketenwerfersystem mit drei Drehtrommeln versehen, die mit 40 Boden-Luft-Raketen und 20 ASROC-U-Boot-Abwehrgeschossen geladen sind. Ihr Operationszentrum kann den Raketentyp frei wählen. Ihr Status als Flaggschiff der italienischen Marine ging 1995 an den Träger *Giuseppe Garibaldi* über.

Herkunftsland:	Italien
Besatzung:	550
Gewicht:	8.991 t
Maße:	179,5 m x 19,4 m x 6 m
Reichweite:	9.000 km (5.000 nm) bei 10 Knoten
Panzerung:	100-mm-Gürtel
Bewaffnung:	zwölf 40-mm-, acht 76-mm-Kanonen, vier Teseo-Boden-Luft-Raketenwerfer, ein ASROC-Raketenwerfer
Motorisierung:	Zwillingsschrauben, Turbinen
Leistung:	32 Knoten

Von der Tann

Die 1911 fertig gestellte *Von der Tann* war Deutschlands erster Schlachtkreuzer und das erste größere deutsche Kriegsschiff mit Turbinen. Am 16. Dezember 1914 beschossen die *Von der Tann* und andere Kriegsschiffe – nach einem bereits erfolgten Angriff auf Yarmouth – die Städte Hartlepool, Whitby and Scarborough an der Nordostküste Englands. Der Panzerschutz der *Von der Tann* war gut. 1916 wurde sie in der Schlacht von Jütland von vier Granaten getroffen, die einen schweren Feuerschaden anrichteten und ihre gesamte Hauptbewaffnung lahm legten. Dennoch erreichte sie ihren Heimathafen ohne Schwierigkeiten. Am Ende des 1. Weltkriegs wurde sie ausgeliefert und versenkte sich selbst im Juni 1919 bei Scapa Flow. Im Dezember 1930 wurde sie gehoben und 1931–34 in Rosyth abgewrackt.

Herkunftsland:	Deutschland
Besatzung:	1.174 (bei Jütland)
Gewicht:	22.150 t
Maße:	172 m x 26,6 m x 8 m
Reichweite:	7.920 km (4.400 nm) bei 10 Knoten
Panzerung:	248–100-mm-Gürtel, 228 mm an Barbetten und Türmen
Bewaffnung:	acht 280-mm-, zehn 150-mm-Kanonen
Motorisierung:	vier Schrauben, Turbinen
Leistung:	27,7 Knoten

Voragine

Die 1866 vom Stapel gelaufene *Voragine* wurde bei La Foca (Genua) zur Verteidigung von Italiens Küste gebaut. Die Kanonen befanden sich in einer erhöhten, großen Batterie mittschiffs. Ihre Motoren entwickelten bis zu 588 PS. Sie besaß zudem eine leichte Takelage. Im März 1875 wurde sie ausrangiert. Ihr Schwesterschiff, die *Guerriera,* lief im Mai 1866 vom Stapel. Die Waffenhersteller waren den Schiffsbauarchitekten jener Zeit voraus. Sie hatten Kanonen entwickelt, die die Panzerung durchdringen konnten. Die Marinearchitekten reagierten mit noch dickerer Panzerung, aber Eisenplatten haben ein hohes Gewicht, zudem musste eine große Fläche an den Schiffsseiten gepanzert werden. Daher wurde das zentrale Batterieschiff entwickelt, bei dem einige große Kanonen in einer kurzen, gut geschützten Batterie mittschiffs über einem schmalen Panzergürtel befestigt waren, der die volle Länge der Wasserlinie schützte.

Herkunftsland:	Italien
Besatzung:	unbekannt
Gewicht:	2.389 t
Maße:	56 m x 14,4 m x 4,2 m
Reichweite:	unbekannt
Panzerung:	140 mm an Batterie und Wasserlinie
Bewaffnung:	12 Kanonen
Motorisierung:	eine Schraube, ein Expansionsmotor
Leistung:	6,9 Knoten

Warrior

Die von Isaac Watt entwickelte und im Mai 1859 auf Kiel gelegte *Warrior* war das erste Großkampfschiff mit Eisenhülle. Nach ihrer Fertigstellung war sie das stärkste Kriegsschiff der Welt und schneller sowie schwerer bewaffnet als die französische *Gloire*. Die hohe Geschwindigkeit wurde durch die V-Form der Vorderhülle erreicht. Die ursprünglich als Fregatte klassifizierte *Warrior* – sie hatte nur ein Deck – und ihr Schwesterschiff *Black Prince* wurden 1880 als Panzerkreuzer neu klassifiziert. Die *Warrior* wurde 1902 zum Lagerschiff und 1923 zum Hulk umgewandelt. Schließlich diente sie als Pipeline-Pier. In den 80er Jahren wurde ihr ursprünglicher Zustand wiederhergestellt. Sie ist jetzt in Portsmouth, England, stationiert. Als Lagerschiff hieß sie kurzzeitig *Vernon III.*, bevor sie wieder ihren Originalnamen erhielt. Die *Black Prince* wurde in Queenstown zu einem Schulschiff und zuerst in *Emerald*, später in *Impregnable III.* umbenannt.

Herkunftsland:	Großbritannien
Besatzung:	707
Gewicht:	9357 t
Maße:	115,8 m x 17,8 m x 8 m
Reichweite:	3780 km (2100 nm) bei 12 Knoten
Panzerung:	114 mm an Gürtel und Batterie (verstärkt durch 457 mm Holz)
Bewaffnung:	zehn 110-Pfünder-, vier 70-Pfünder-, sechsundzwanzig 68-Pfünder-Kanonen
Motorisierung:	eine Schraube, ein Koffer-Expansionsmotor
Leistung:	17 Knoten (mit Dampf- und Segelkraft)

Warspite

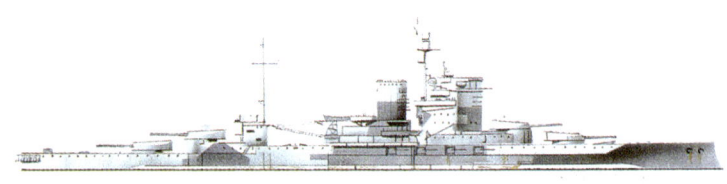

Die 1916 fertig gestellte *Warspite* gehörte zu der aus der Iron-Duke-Klasse entwickelten Queen-Elizabeth-Klasse, wobei die Verdrängung um 2.500 t zunahm und die Länge um 6 m. Die 380-mm-Kanonen konnten eine 871 kg schwere Granate mit großer Treffgenauigkeit über eine Entfernung von 32.000 m abfeuern. Bei Jütland wurde die *Warspite* durch 15 Treffer von 279-mm- und 304-mm-Granaten schwer beschädigt. 1934–37 wurde sie gründlich modernisiert. Im 2. Weltkrieg wurde sie bei ihren Operationen von deutschen Bomben vor Kreta und später vor Salerno (Italien) beim Decken der dortigen alliierten Landungen schwer beschädigt. Nach ihrer teilweisen Instandsetzung fungierte sie 1944 als Schutz bei den alliierten Landungen in der Normandie. Am 13. Juni 1944 wurde sie von einer Mine vor Harwich weiter beschädigt. 1945 wurde die *Warspite* ausgemustert und 1948 verschrottet.

Herkunftsland:	Großbritannien
Besatzung:	951
Gewicht:	33.548 t
Maße:	197 m x 28 m x 9 m
Reichweite:	8.100 km (4.500 nm) bei 10 Knoten
Panzerung:	330–168-mm-Gürtel, 330–127 mm an den Türmen, 254–102 mm an den Barbetten
Bewaffnung:	acht 380-mm-, sechzehn 152-mm-Kanonen
Motorisierung:	vier Schrauben, Turbinen
Leistung:	23 Knoten

Washington

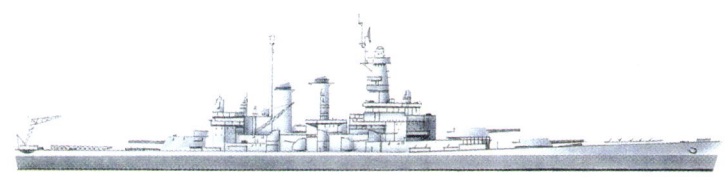

Die *Washington* und ihr Schwesterschiff *North Carolina* waren die ersten nach Aufhebung des Washingtoner Seevertrages gebauten US-Schlachtschiffe. Die Originalpläne entsprachen der 356-mm-Kanonenbeschränkung des späteren Londoner Vertrages. Der Entwurf wurde jedoch bei Japans Weigerung, den Vertrag zu ratifizieren, umgearbeitet. So bekam sie drei Dreifachtürme mit 400-mm-Kanonen. Das zusätzliche Gewicht der größeren Waffen verursachte eine Verringerung der Höchstgeschwindigkeit um 2 Knoten. Im 2. Weltkrieg eskortierte die *Washington* zuerst Arktis-Konvois in die Sowjetunion und wurde dann in den Pazifik verlegt, wo sie bei Guadalcanal, Leyte, Okinawa und Iwo Jima kämpfte. Bei einem Zusammenstoß mit dem Schlachtschiff *Indiana* im Februar 1944 wurde die *Washington* beschädigt. Gemeinsam mit der *South Dakota* versenkte sie im November 1942 bei Guadalcanal den japanischen Schlachtkreuzer *Kirishima*. 1960/61 wurde sie verschrottet.

Herkunftsland:	USA
Besatzung:	1.880
Gewicht:	47.518 t
Maße:	222 m x 33 m x 10 m
Reichweite:	31.410 km (17.450 nm) bei 12 Knoten
Panzerung:	168–304-mm-Gürtel, 178–406 mm an den Haupttürmen
Bewaffnung:	neun 400-mm-, zwanzig 127-mm-Kanonen
Motorisierung:	vier Schrauben, Turbinen
Leistung:	28 Knoten

Wivern

John Bullock, der Vertreter der amerikanischen konföderierten Marine, gab die *Wivern* 1861 bei den Brüdern Laird in Auftrag. Sie wurde als *Mississippi* auf Kiel gelegt, von der britischen Regierung jedoch 1864 beschlagnahmt und in HMS *Wivern* umbenannt. Sie wurde 1865 fertig gestellt und war das erste Schiff, das Cowper Coles' neue Stativmasten hatte. Da sie bei schwerer See instabil wurde, setzte man sie bei der Küstenverteidigung ein. 1898 nahm sie ihren Dienst im Hafen von Hongkong auf. 1922 wurde sie verkauft. Ihr Schwesterschiff *Scorpion* wurde unter dem Namen *North Carolina* ebenfalls für die Konföderierten Staaten von Amerika auf Kiel gelegt und unter dem Tarnnamen *El Tousson* gebaut. Auch sie wurde von der britischen Regierung beschlagnahmt, 1865 fertig gestellt und als Küstenverteidigungsschiff zu den Bermudas gesandt. Sie wurde 1901 als Zielschiff versenkt. Ihren Schiffsrumpf verkaufte man zwei Jahre später. 1903 kenterte sie auf dem Weg zur Verschrottung in Boston.

Herkunftsland:	Großbritannien
Besatzung:	153
Gewicht:	2.794 t
Maße:	68,4 m x 12,9 m x 4,9 m
Reichweite:	2.409 km (1.300 nm) bei 10 Knoten
Panzerung:	112–50-mm-Gürtel (verstärkt durch 254–203 mm Holz), 254–127 mm an den Türmen
Bewaffnung:	vier 228-mm-Kanonen
Motorisierung:	eine Schraube, ein horizontaler, direkt übersetzter Motor
Leistung:	10,5 Knoten

Yamato

Die *Yamato* und ihr Schwesterschiff *Musashi* waren bei ihrem Stapellauf die größten und stärksten Schlachtschiffe der Welt. Für die *Yamato* wurden 1934–37 bis zu ihrer Kiellegung 23 verschiedene Entwürfe angefertigt. Bei ihrem Stapellauf wurde ihre Wasserverdrängung nur noch von dem britischen Linienschiff *Queen Mary* übertroffen. Ihre Haupttürme wogen jeweils 2.818 Tonnen. Jede 460-mm-Kanone konnte zwei 1.473-kg-Granaten pro Minute über eine Entfernung von 41.100 m abfeuern. Als Flaggschiff der japanischen Flotte diente sie in den Schlachten von Midway, vor den Philippinen und im Golf von Leyte. Am 25. Dezember 1943 wurde sie von dem US-U-Boot *Skate* südlich von Truk torpediert. Im Oktober 1944 erhielt sie zwei Bombentreffer im Golf von Leyte. Am 7. April 1945 wurde die *Yamato* von Flugzeugen amerikanischer Träger 240 km südwestlich von Kagoshima versenkt, wobei 2.498 Mann umkamen.

Herkunftsland:	Japan
Besatzung:	2.500
Gewicht:	71.110 t
Maße:	263 m x 36,9 m x 10,3 m
Reichweite:	13.340 km (7.200 nm) bei 16 Knoten
Panzerung:	408-mm-Gürtel, 231–200 mm an Deck, 546 mm an den Barbetten, 650–193 mm an den Haupttürmen
Bewaffnung:	neun 460-mm-, zwölf 155-mm-, zwölf 127 mm-Kanonen
Motorisierung:	vier Schrauben, Turbinen
Leistung:	27 Knoten

Zaragosa

Die *Zaragosa* war ein Breitseiten-Schlachtschiff mit Holzhülle. Ihre ursprüngliche Bewaffnung bestand aus 68-Pfünder-Kanonen, 1885 erhielt sie jedoch vier 228-mm-Kanonen auf dem Hauptdeck, eine 180-mm-Kanone unter dem Vorderdeck und zwei weitere 180-mm-Kanonen auf den Sponsen. Sie gehörte zu der 1873 nach Kuba entsandten spanischen Flotte. Bei Ausbruch des Bürgerkriegs wurde sie nach Spanien zurückbeordert. 1895 wurde sie zum Torpedoschulschiff und 1899 außer Dienst gestellt. Zur damaligen Zeit gab es auf Kuba ständige Unruhen und verschiedene Versuche, einen unabhängigen Staat ins Leben zu rufen. Diese wurden oft vom Ausland unterstützt, jedoch mit Hilfe der spanischen Marine militärisch vereitelt. Diese Ereignisse mündeten in den 1890er Jahren in den Kubanischen Bürgerkrieg.

Herkunftsland:	Spanien
Besatzung:	500
Gewicht:	5.618 t
Maße:	85,3 m x 16,6 m x 8 m
Reichweite:	3.335 km (1.800 nm) bei 6 Knoten
Panzerung:	127–102-mm-Gürtel, 133 mm an der Batterie (verstärkt durch 660 mm Holz)
Bewaffnung:	einundzwanzig 68-Pfünder-Kanonen
Motorisierung:	eine Schraube, ein horizontaler Expansionsmotor
Leistung:	8 Knoten

Zealous

Im Jahr 1861 wurden als Reaktion auf Frankreichs ehrgeiziges Schiffsbauprogramm sieben hölzerne Doppeldecker zur Umwandlung in Panzerschiffe ausgewählt. Nur vier wurden fertig gestellt, eines davon war die *Zealous.* Ihre Motorenleistung erbrachte nur eine geringe Geschwindigkeit von 11,7 Knoten. In späteren Dienstjahren im Pazifik operierte sie nur mit ihren Segeln. Sie konnte dennoch mit ihren 2.700 qm Segelfläche größere Entfernungen bewältigen als andere damalige Schiffe. 1873 wurde sie zum Wachschiff und 1886 verkauft. Der Pazifik, in dem die *Zealous* sechs Jahre ihres aktiven Dienstes verbrachte, war einer von 15 unabhängigen Befehlsbereichen. Eine königliche Kommission richtete schließlich dringend notwendige Kohlenstationen u. a. bei Labuan, Borneo, und auf Halbinsel York in Australien ein, aber der Pazifik blieb weiterhin ein Bereich von geringer Priorität für die britische Marine.

Herkunftsland:	Großbritannien
Besatzung:	510
Gewicht:	6.197 t
Maße:	76,8 m x 17,8 m x 7,7 m
Reichweite:	2.779 km (1.500 nm) bei 10 Knoten
Panzerung:	114–63,5-mm-Gürtel, 114 mm an der Batterie
Bewaffnung:	zwanzig 178-mm-Kanonen
Motorisierung:	eine Schraube, Rückschlagmotoren mit Pleuelstange
Leistung:	12,5 Knoten

Zuikaku

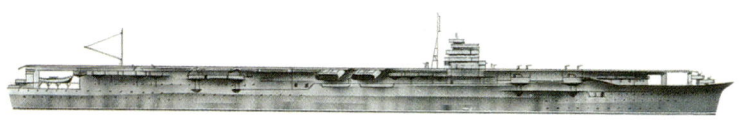

Die *Zuikaku* und ihr Schwesterschiff *Shokaku* waren wesentlich größer, besser bewaffnet und gepanzert und beförderten mehr Flugzeuge als frühere japanische Träger. Das hölzerne Flugdeck war 240 m lang und 29 m breit und besaß drei Aufzüge. Sie war ein Teil der Trägereinsatzgruppe, deren Flugzeuge im Dezember 1941 den amerikanischen Stützpunkt Pearl Harbor angriffen. Anschließend nahm sie an vielen wichtigen Flottenaktionen im Pazifik teil – bei Java, Ceylon, im Korallenmeer, bei den östlichen Salomonen, bei Santa Cruz, vor den Philippinen und im Golf von Leyte. Ihr Schwesterschiff *Shokaku* wurde im Juni 1944 vom amerikanischen U-Boot *Cavalla* versenkt. Die *Zuikaku* wurde am 25. Oktober 1944 von den Amerikanern in der Schlacht von Kap Engano im Golf von Leyte ebenfalls versenkt.

Herkunftsland:	Japan
Besatzung:	1.660
Gewicht:	32.618 t
Maße:	257 m x 29 m x 8,8 m
Reichweite:	17.974 km (9.700 nm) bei 18 Knoten
Panzerung:	45-mm-Gürtel, 162,5 mm über den Magazinen, 97,5 mm auf dem Flugdeck
Bewaffnung:	sechzehn 127-mm-Kanonen
Motorisierung:	vier Schrauben, Turbinen
Leistung:	34,2 Knoten

Register